バイオ化学分野の中国特許出願

何 小萍［著］

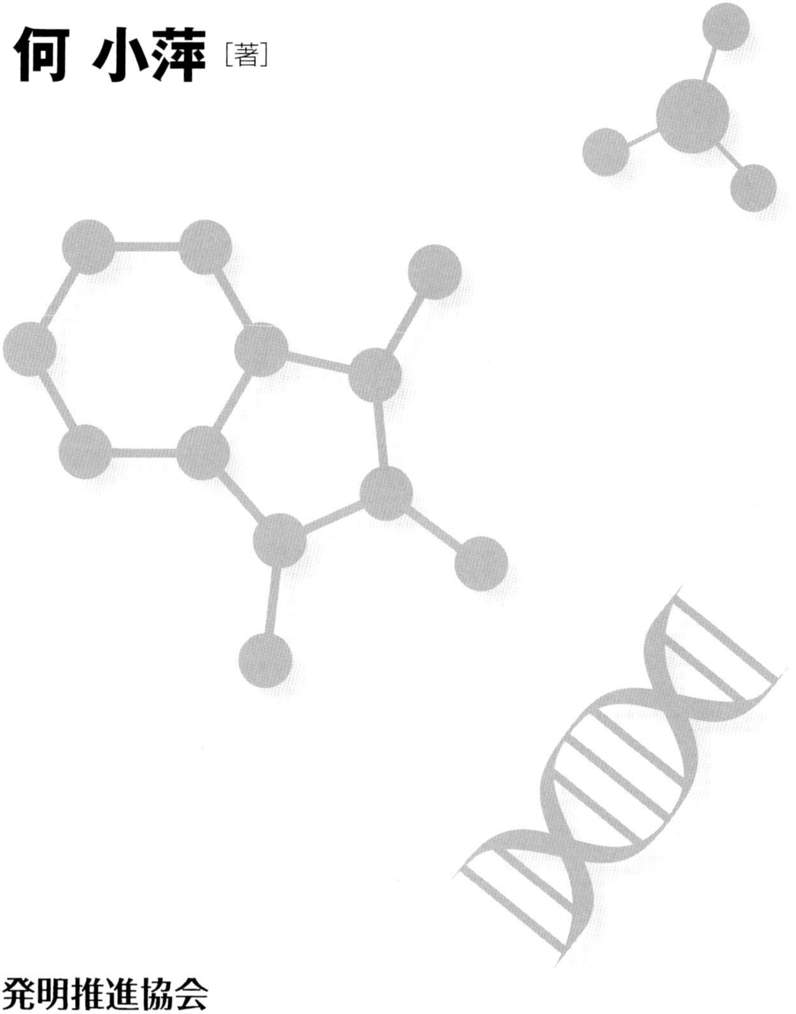

発明推進協会

推薦のことば

ご存知のように、中国は今や世界経済を牽引するほどの経済大国となり、今後、中国においても、知的財産や知的財産制度が果たす役割は、ますます大きくなると思われます。

これに伴い中国の知的財産法はＷＴＯ加盟にともなう改正などを経て、諸外国と比べても遜色のないものとなるに至っています。

しかし、審査実務に関しては、日米欧が実体審査のハーモナイズが進んでいるのに反し、日中間、特にバイオ化学の分野では、特許実務に関する情報も十分ではなく、実際の運用のなかではよく争いのもとにもなり、なかなか思うような保護がなされていないというのが、日本の実務家の実感ではないかと思われます。

これまでも、中国特許実務に関する書籍はいくつも出版されていますが、それらのほとんどは中国の特許事務所に勤務する中国人弁理士によるものであって、日本の実務家にとって必ずしも必要ではない部分に多くの項が割かれていたり、逆に本当に必要な部分が言葉足らずになっているものもありました。

この点、本書の著者の何小萍氏は、日本の大学でバイオ化学関連の学位を取得した後、日本の特許事務所である弊所において、中国知財関連業務を幅広く経験しながら、中国弁理士資格を取得した中国人の技術者にであります。

したがって、何小萍氏は、中国に限らず、日本の特許の制度的なあり方にも精通しており、特にバイオ化学分野における日中実務の相違点を深く理解しています。

そんな、何小萍氏が日本の出願人及び弁理士に紹介すべきと判断した審決・判例の事例をわかりやすく解説した本書は、日本の実務家にとって極めて有用なものであると言えましょう。

平木国際特許事務所
所長　弁理士
平木　祐輔
2014年２月

はじめに

バイオ化学分野の特許出願について、発明が実験科学に属し且つ医療、食品などの生命に関わる場合が多いため、各国の審査において多くの相違が存在しています。近年、バイオ化学分野の特許に関する日米欧の三極比較研究などが多く報告されていますが、中国の関連情報はまだ少ない。ただし、中国の特許実務において、特にバイオ化学分野の特許に関して、例えば出願書類に対する十分な開示要件、特許権を付与されない発明、サポート要件などの審査では、日本と異なる場合が多く見られます。

中国において強く且つ安定した特許を取得し、大切な発明を適切に保護するため、中国の関連規定及び審査、審決、判決の事例に対する理解がとても重要です。中国の特許制度及び実務の紹介などがよくありますが、バイオ化学分野に特化した関連規定及び関連事例の紹介はあまり見られません。

筆者は、バイオ化学特許出願を多く扱っている日本の特許事務所において長年に渡って中国特許の関連業務に従事し、日中特許実務の相違に戸惑う特許関係者と多く付き合ってきました。これらの経験に基づいて、筆者は、日本知的財産協会の会誌の【知財管理】にて４回に亘って、中国特許出願の留意点などを紹介してきましたが、本書では、日本から中国へのバイオ化学特許出願に特化し、中国の関連規定及びそれらの規定を相応する審査、審決、判決の事例を紹介します。

本書に紹介する関連規定は、主に中国特許法、特許法実施細則及び特許審査基準が引用されています。これらの規定に対する筆者が追加した説明又は留意点などは、主に中国国家知識産権局が制定した審査業務を指導する内部の審査操作規程に記載の説明や、中国国家知識産権局化学審査部が編集作成した化学特許出願審査などの書籍に記載の留意点、及び筆者の個人的経験により留意すべき内容を含んでいます。

また、本書に紹介する審査事例は、主に特許審査基準及び審査操作規程に挙げている事例です。本書に紹介する審決・判決事例は、主に特許復審委員会が作成編集した復審決定の事例解析の書籍に挙げた事例、中国特許庁又は特許復審委員会が公式ウェブサイトにおいて開示された典型的な復審決定及びその事例解析、又は中国の特許業界に大きく影響を与えた有名な審決取消訴訟の判決事例から、選んだバイオ化学分野に特化した事例です。

日中の特許実務を比較するため、本書に紹介する合計27件のバイオ化学分野に特化した審決・判決事例は、主にはＰＣＴ国際出願などの日本にも出願している事例を選んでおり、中国出願に対応する日本出願の審査結果も挙げています。日本で特許され中国では拒絶される事例がありますが、日本で拒絶され中国では特許される事例もあります。更に、日中両国で拒絶されても拒絶理由が異なる場合もあります。本書が、実務者の皆さんが日中両国間の相違を理解するための一助になることを願っています。

なお、本書において、筆者は自らの経験により関連規定及び事例を紹介しており、筆者の知識不足や言葉足りない部分などもあると思いますが、各章各節ごとに、それぞれの関連規定及び事例解析の根拠となる参考資料及びその詳細な出所について、詳細に提示しています。読者の方は必要に応じて元の参考資料を探してより深く理解することもできます。

本書の作成にあたって、平木国際特許事務所の平木祐輔所長弁理士、島村直己弁理士、遠藤真治弁理士など多くの方から、ご教示ご提言を頂いたことに対して感謝申し上げます。また、作成期間にわたって、支援してくれた私の家族にも感謝申し上げます。

2013年11月末

中国弁理士

何小萍

本書の用語の説明：

日中両国の法制度の相違によって、翻訳しにくい用語もあります。本書の用語は、日本出願人が理解しやすいように、できるだけ中国語の漢字ではなくその中国語原文の意味に対応した日本語を使用しています。ただし、参考資料の出所では、原文を入手しやすいように、中国語漢字の原文を使用しています。以下に、本書正文の用語に対応した中国語の原文及びその意味を説明します。

1．特許：中国語原文では発明専利、日本の特許に対応したもの。
2．実用新案:中国語原文では実用新型専利、日本の実用新案に対応したもの。
3．意匠：中国語原文では外観設計専利、日本の意匠に対応したもの。
4．特許法：中国語原文では専利法、日本の特許法、実用新案法及び意匠法の三法に対応した一つの法律。
5．特許法実施細則：中国語原文では専利法実施細則、日本の特許法、実用新案法及び意匠法の施行規則に対応した一つの法令。
6．特許審査基準：中国語原文では専利審査指南、日本の特許、実用新案、及び意匠の審査基準を含めた審査基準。
7．中国特許庁：中国語原文では国家知識産権局、日本の特許庁に対応した機構だが、機能的に若干違います。例えば商標は、中国特許庁では扱っていません。
8．弁理士：中国語原文では専利代理人、日本弁理士に対応した資格。
9．裁判所：中国語原文では人民法院、日本の裁判所に対応する機構。
10．クレーム：中国語原文では権利要求、日本の特許請求の範囲に対応したもの。
11．明細書：中国語原文では説明書、日本の発明な詳細の説明に対応した書類
12．実体審査：中国語原文では実質審査、日本の実体審査に対応した審査。
13．拒絶理由通知書：中国語原文では審査意見通知書、日本の拒絶理由通知書に対応した書類。
14．特許査定：中国語原文では授権通知、日本の特許査定に対応した書類。
15．拒絶査定：中国語原文では駁回通知、日本の拒絶査定に対応した書類。
16．復審請求：中国語原文では復審請求、日本の拒絶査定不服審判に対応した手続。
17．無効審判：中国語原文では無効宣告、日本の無効審判に対応した手続。
18．復審決定：日本の拒絶査定不服審判の審決に対応したもの。

19. 無効決定：日本の無効審判の審決に対応したもの。
20. 特許復審委員会：中国語原文では特許復審委員会、日本の審判部に対応した機構。
21. 復審通知書：日本の拒絶査定不服審判における審判官合議体から発行される拒絶理由に類似する通知書。ただし、中国では新規な拒絶理由でない場合でも発行される。
22. 審決取消訴訟：中国語原文では専利行政訴訟、日本の審決取消訴訟に対応した訴訟。

目　次

第2節 化合物の発明

第3節 化学組成物の発明

第4節 用途の発明

第5節 微生物の関連発明

第6節 遺伝子工学の関連発明

第3章　中国において特許を付与しないバイオ化学発明

第1節　公序良俗に反するバイオ化学分野の発明

第2節　遺伝資源の違法取得又は利用により完成された発明

第3節 産業上利用できないとされるバイオ化学発明

第4節　第25条の不特許事項に該当する発明

第4章 中国において適切な保護を受けるための中間対応の留意点

第1節 単一性に関する拒絶理由

第2節 新規性に関する拒絶理由

第3節 進歩性に関する拒絶理由

第4節 サポート要件に関する拒絶理由

第6節 必要な技術的特徴に関する拒絶理由

第7節 新規事項に関する拒絶理由

第8節　時期による補正の内容的な制限

第９節　その他の拒絶理由

第５章 中国の医薬品保護に関するその他の規定

第1章・中国の特許制度及び中国でのバイオ化学特許出願の簡単な紹介

1. 中国特許制度の簡単な紹介

中国において、1984年3月に初めて特許法が公布され、1985年1月に特許法実施細則が公布された。1985年4月1日から、公布された特許法及び特許法実施細則は正式に施行され、中国の特許制度を施行し始めた(1)。前記の法律において、中国の特許には発明特許、実用新案特許、意匠特許の三種類が含まれる。そして発明特許、実用新案、意匠のいずれも、前記の法律の中で規定され、保護されている。

中国特許法は、1985年に施行されて以来、1992年に第1回、2000年に第2回、2008年に第3回の法改正が行われた。中国特許法の変遷については、既に多くの文献によって紹介されているので、ここでは紹介しないが、現行中国特許法による日中の相違点を選んで、以下、簡単に説明する。

① 特許法は発明特許、実用新案及び意匠に関する法律である。

② 審査において、発明特許出願だけに対して実体審査を行い、実用新案と意匠の出願に対しては方式審査のみで権利の取得ができる。

③ 発明特許権は、出願日から20年の保護期間を受けられるが、実用新案権と意匠権では、出願日から10年の保護期間しか受けられない。

④ 職務発明に対する特許を出願する権利は、最初から発明者ではなく、発明者の所属する機関又は組織に属することである。

⑤ 一定な条件によって、実用新案と特許の同日出願が認められる。

---

(1)中国国国家知識産権局条法司元司長の伊新天が作成した『中国専利法詳解』、第4～6頁（2011年2月、知識産権出版社）

⑥　中国国内で完成した発明については、最初に中国での特許出願する、あるいは中国国家知識産権局で秘密審査を受ける必要がある。

2. バイオ化学特許出願に関する中国特許法改正の変遷

1984年に公布された中国特許法の第25条において、“薬品及び化学方法で取得した物質”、“疾患の診断及び治療の方法”、及び“動物と植物の品種”について特許を付与しないと規定されていた。即ち、その当時、中国において、“薬品及び化学方法で取得した物質”の生産方法は保護を受けられたが、医薬品、食品、飲料、調味品、化学物質の製品については保護されなかった。更に、当時の特許法は、特許に対して15年の保護期間しかを与えていない(2)。

その後、中国特許法は1992年に第１回改正された時に、第25条の不特許規定に含まれる“薬品及び化学方法で取得した物質”を削除改正し、1993年１月１日から初めて医薬品、食品、及び微生物、遺伝子などを含む化学物質に対しても保護を与えるようになった(2)。“疾患の診断及び治療の方法”、及び“動物、植物品種”については、現在でも不特許事由である。

2009年に実行された第３回改正中国特許法において、更に、①遺伝子資源保護、②公衆健康に関する強制許可、③並行輸入、医薬品と医療機器の試験免責などに関する規定が追加された。特許法第５条第２項として、違法により得られた遺伝子資源に依存して完成した発明について特許を付与しないと追加した。特許法第26条第５項において、出願書類において遺伝子資源の由来が開示されなければならず、由来を開示できない場合は理由を説明すべきと追加規定された。また、特許法第50条において、公衆健康のために製造及び一定な条件に満たした国への輸出の強制許可規定が追加された。更に、中国特許法第69条第５項において、米国でのボーラー条項と類似した医薬品と医療機器の試験免責規定が追加された。

3. 2011年までの中国バイオ医薬分野の特許出願の概況

中国国家知識産権局のウェブサイトに開示している特許統計簡報第114期の

(2)中国国家知識産権局化学審査部元部長の張清奎が在職中に中心となって作成編集した『医薬及び生物領域発明専利申請文書の作成及び審査』、第44～45頁、(2002年11月、知識産権出版社)

【生物医薬産業の特許状況分析】[3]によると、2011年３月までに、中国で公開したバイオ医薬分野の合計特許出願件数は31,844件である。そのうち、外国出願人の出願件数は14,930件であり、占める割合は46.9％となる。中国国家知識産権局の統計データにより、近年の中国国内出願人によるバイオ医薬の特許出願も大幅に増加しており、中国国内出願人によるバイオ医薬特許の出願件数については、1991年の７件から2008年の1,588件になり、継続的に増加している。また、外国出願人の出願件数については、2003年から安定的に増加していたが、2007年からは減少する傾向が示されている。

2011年３月までの出願人について、バイオ医薬分野の特許出願をしている上位外国企業は、ドイツのシェリング社（197件)、スイスのノバルティス社（168件)、アメリカのワイス社（152件）である。また、バイオ医薬分野の特許出願をしている上位中国企業は、上海博徳基因開発有限公司（3,283件)、蘇州艾杰生物科技有限公司（826件)、複旦大学（623件）である。ただし、前記外国出願人は、中国出願以外にも、米国、日本及び欧州においても大量に出願をしているが、前記中国出願人による外国出願はわずかである。例えば、上海博徳基因開発有限公司では、3,000件以上の中国バイオ医薬特許出願をしているにも関らず、米国に10件出願のみで、日本と欧州には全く出願していない。他の中国出願人も米国、日本、欧州には僅かの出願しかしていないのが、現状である[3]。

4. 2011年度の化学分野の中国特許出願の件数及びそれぞれの技術分野

中国国家知識産権局のウェブサイトに開示されている特許統計簡報第119期の【2011年発明特許出願及び付与年度報告】[4]の表５及び表６の統計データによると、2011年度に化学分野の中国特許出願の合計件数は134,541件である。また、2011年度に特許権が付与された化学分野の中国特許の合計件数は、50,339件である。化学分野における具体的な技術分野及びそれぞれ技術分野の出願件数又は特許査定件数を次の表１又は表２に示す。

(3) http://www.sipo.gov.cn/ghfzs/zltjjb/201112/P020111220598252701475.pdf、2011年12月９日に中国国家知識産権局発展司が公開した国家知識産権局の専利統計簡報総第114期の生物医薬産業の特許状況分析、(最終参照日：2014年２月５日)。

(4) http://www.sipo.gov.cn/ghfzs/zltjjb/201204/P020120401603826476885.pdf、2012年２月27日に中国国家知識産権局発展司が公開した国家知識産権局の専利統計簡報第119期、（最終参照日：2014年２月５日)。

表１：2011年度化学分野における中国特許出願の技術分野及びその件数

技術分野	合計件数	中国出願人件数	外国出願人件数
化学全体	134541	111664	22877
有機化学	14665	10779	3886
バイオテクノロジー	11631	9230	2401
医薬品	18912	16521	2391
高分子化学、ポリマー	9654	7023	2631
食品化学	16368	15641	727
基礎材料化学	15955	12959	2996
材料、冶金	17538	15264	2274
塗装、加工技術	8597	6640	1957
微細構造とナノテク	447	311	136
化学工程	11982	9817	2165
環境技術	8792	7479	1313

以上のデータは中国国家知識産権局の専利統計簡報第119期表５に基づきます。

表２：2011年度化学分野において中国特許権付与の技術分野及びその件数

技術分野	合計件数	中国権利人件数	外国権利人件数
化学全体	50339	39437	10902
有機化学	5768	3964	1804
バイオテクノロジー	4265	3595	670
医薬品	8642	7756	886
高分子化学、ポリマー	5732	3720	2012
食品化学	2964	2721	243
基礎材料化学	4241	3073	1168
材料、冶金	7335	6164	1171
塗装、加工技術	3335	2178	1157
微細構造とナノテク	186	129	57
化学工程	4566	3444	1122
環境技術	50339	39437	612

以上のデータは中国国家知識産権局の専利統計簡報第119期表６に基づきます。

5. 中国の特許審査基準

中国特許法実施細則第122条に基づいて、中国特許庁は、特許関連の出願及び請求を、法律に基づいて客観的、公正、正確、且つ迅速に処理するため、特許審査基準を制定している。また、中国の特許審査基準は、特許法及び特許法実施細則をより具体化したもので、特許庁が業務を処理していく根拠及び基準であり、関係当事者が上記各段階で守らなければならない規定である。英文又は中文の特許審査基準は、中国特許庁のウェブサイトにて開示されているが(5)、日本語に仮翻訳した特許審査基準は、日本特許庁のウェブサイトにて開示されている(6)。

中国の審査実務において、審査官は、特許審査基準に基づいて行動又は審査をしなければならない。日本の実務と異なって、中国の審査官が拒絶理由通知書において、発明が特許法及び特許実施細則の規定を満たしていない根拠として、特許審査基準の第X章第X節の具体的な規定を引用し、説明することが多くある。また出願人又は代理人が作成した意見書においても、特許審査基準の第X章第X節の具体的な規定を引用し、審査官の拒絶理由の論理が合理ではない反論の根拠として説明することもよく見られる。

特に実体審査の段階で、例えば、新規性、進歩性、不特許事項、十分な開示要件（実施可能要件)、サポート要件などの特許要件について、中国特許法では一言で簡単に規定されているが、その解釈又は具体的な判断や運営については、ほぼ中国特許審査基準において規定されている。また、審査実務の応用において、中国特許法に全く規定されておらず審査基準にのみ規定されている規定なども多く存在している。

更に、中国弁理士試験は、特許審査基準の詳細的な規定を完全に把握しないと合格できない試験と言われている。筆者も含め中国弁理士試験の受験生は受験勉強中に、ほぼ全員が中国特許審査基準を丸ごとに暗記しようとした経験があるといわれている。中国の弁理士試験では、日本の弁理士試験と違って、法

---

(5) http://www.sipo.gov.cn/zlsqzn/sczn2010.pdf 中国国家知識産権局の専利審査指南（2010年)、(最終参照日：2014年2月5日)。

(6) http://www.jpo.go.jp/torikumi/kokusai/kokusai3/china_patent_law.htm 本書籍において専利審査指南（2010年）の日文翻訳文は、日本特許庁で以下のホームページに開示されている専利審査指南（2010年）の日文翻訳文の一部を参考にしている、(最終参照日：2014年2月5日)。

律の趣旨より日常の代理人業務を中心とする試験なので、発明特許、実用新案特許、意匠特許の合計76条のみの規定が含まれる中国特許法だけの勉強では、弁理士としての知識には遠く及ばないからである。

前記に説明したとおり、特許審査基準は中国の特許実務において大変重要な位置にあるので、出願人にとっても、中国で適切な特許保護を受けたい場合は、特許審査基準をよく理解しなければならない。

特許審査実務を理解するために、特許審査基準以外に、特許審査基準の下位規程である「中国特許審査操作規程」も存在している。特許審査操作規程は、審査実務の標準化、審査の品質及び効率の向上のために、中国特許庁が制定した審査官の審査実務を指導する内部規程である。内部審査規程のため、法的な約束力はないが、中国の審査実務を理解するために有益な情報となる。現在使用されている2011年版中国特許審査操作規程は、全文200万字で、2009年中国特許法の改正及び2010年中国特許審査基準の改正に合わせて2011年に改正された内容となっている(7)、(8)。

2011年版中国特許審査操作規程には、分冊「初審分冊」、「実用新案分冊」、「意匠分冊」、「実体審査分冊」及び「復審無効分冊」の五部分が含まれている。特許審査操作規程は、審査官の審査業務に対して、審査の公正、正確、一致のために、特許審査基準よりそれぞれの具体的な審査状況や事例などについて、更に詳細的に規定している。

特許審査操作規程の使用説明によると、審査官は、例えば拒絶理由通知書に特許審査操作規程の規定あるいは説明を引用することができるが、特許審査操作規程は中国特許庁が制定した内部規定であるため、それを審査結論の根拠と

(7)http://www.sipo.gov.cn/mtjj/2011/201104/t20110413_597578.html、(最終参照日：2014年２月５日)。2011年版『審査操作規程』の修正及び実施開始に関する中国国家知識産権局の公告。『審査操作規程・実質審査分冊』2011年修訂版は、知識産権出版社により2011年２月に出版され、2011年４月１日に正式施行されたもの。2010年修正した専利審査指南に対応して修正した内容となっている。『審査操作規程』は『専利審査指南』の下位の規定であり、審査官を指導する及び標準化するための内部審査規程である。法的な約束力がないが、実務の参考になれる。

(8)http://www.sipo.gov.cn/jldzz/hh/zyjh/201207/t20120724_728945.html、中国国家知識産権局副長官賀化の署名文章『走向十二五の中国創新』において2011年版専利審査操作規程の200万字の内容及びその目的を説明している、(最終参照日：2014年２月５日)。

することができない。最後の審査結論は、中国特許法、中国特許法実施細則、あるいは中国特許審査基準の関連規定を根拠にしなければならない。

本書において、審査官の審査実務を理解するため、特許審査操作規程の一部説明と事例を参考として引用している。

6. 中国の発明特許出願手続の流れ

本書は、バイオ化学分野の特許出願に特化して関連規定及び事例を紹介し、中国において適切な保護を受けることを目的とするもので、主な内容はバイオ化学特許出願の実体審査に注目する。ただし、特許出願の手続については大変重要なので、ここでは、特許出願の実務に関係する日中両国の相違点に注目し、日本出願人の視線から見る中国特許出願手続の流れを以下のフロー図で示す。加えて、日本出願人にとって中国特許出願の手続上の留意すべき点を纏めた。

日本から中国への特許出願の流れ（図１）

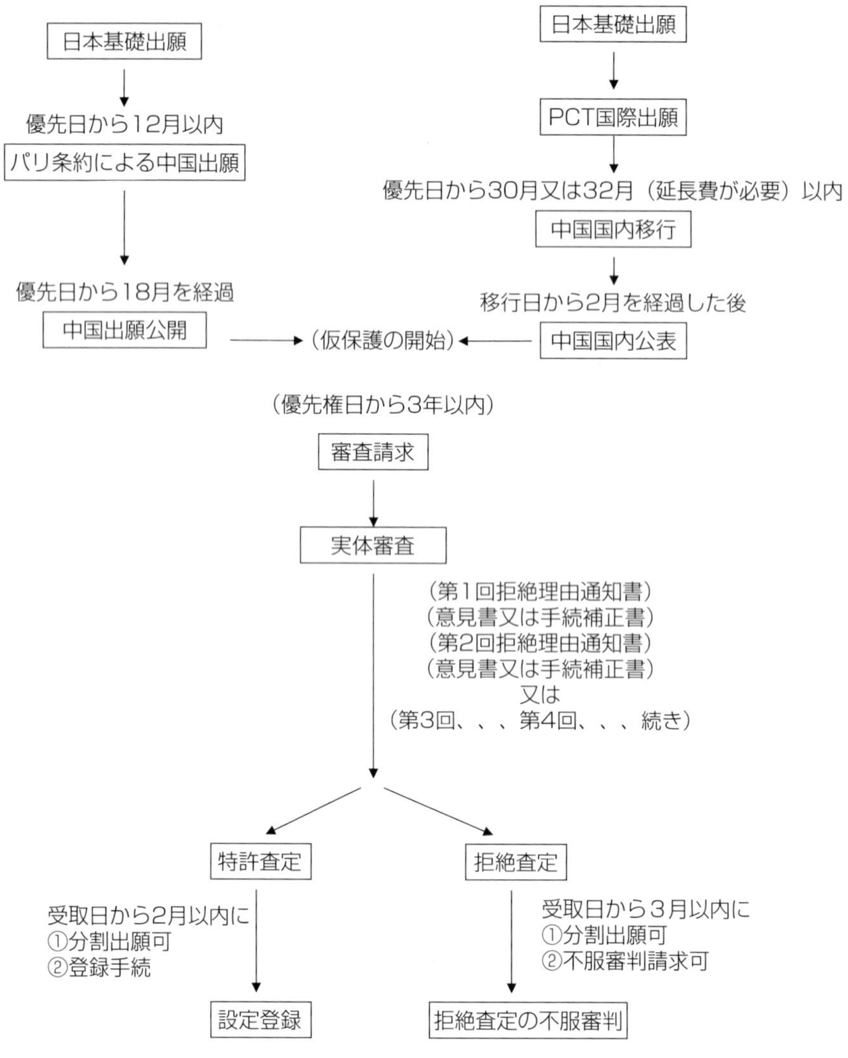

拒絶査定を受けた場合の対応の流れ（図２）

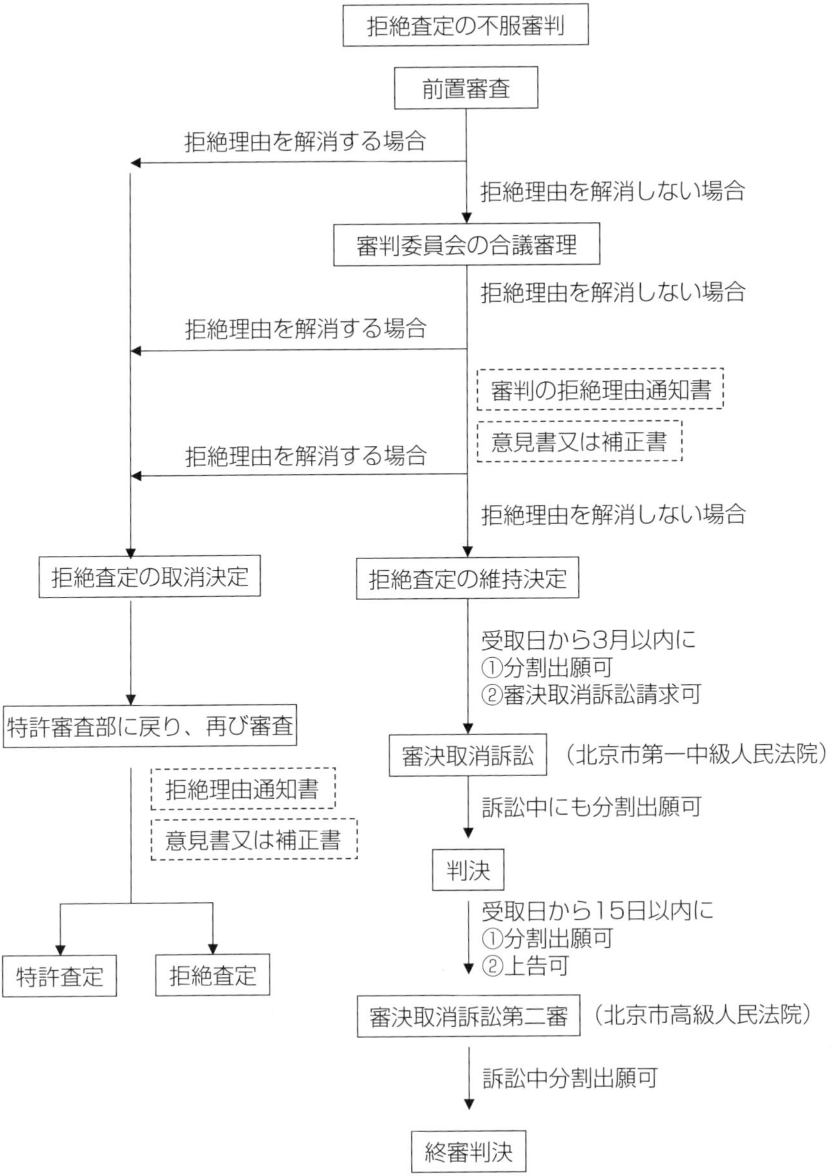
拒絶査定の不服審判
前置審査
拒絶理由を解消する場合
拒絶理由を解消しない場合
審判委員会の合議審理
拒絶理由を解消しない場合
拒絶理由を解消する場合
審判の拒絶理由通知書
意見書又は補正書
拒絶理由を解消する場合
拒絶理由を解消しない場合
拒絶査定の取消決定
拒絶査定の維持決定
受取日から3月以内に
①分割出願可
②審決取消訴訟請求可
特許審査部に戻り、再び審査
審決取消訴訟
（北京市第一中級人民法院）
拒絶理由通知書
意見書又は補正書
訴訟中にも分割出願可
判決
受取日から15日以内に
①分割出願可
②上告可
特許査定
拒絶査定
審決取消訴訟第二審
（北京市高級人民法院）
訴訟中分割出願可
終審判決

7. 中国の特許出願手続の留意点

7．1．出願書類の言語及び提出時期(9)

日本は、日文出願書類以外に“外国語書面出願”制度があり、英語書類によっても出願することができるが、中国では、出願書類を中文に翻訳してから出願しなければならない。

パリ条約の優先権を主張する場合は、優先日から12月以内に中国語に翻訳して出願する必要がある。PCT 出願で中国国内移行をする場合は、優先日から30月以内、又は期限猶予料を納付すれば32月以内に、中国語に翻訳してから中国国内移行することができる。

留意点：中国において、日本特許法第36条の２のような翻訳文の提出についての２ヶ月の猶予期間が設けていないが、PCT 出願の中国国内移行において、優先日から30月を過ぎた場合でも、32ヶ月以内であれば、期限猶予料を払えば中国国内移行することができる。

7．2．自発補正(10)

日本は、特許出願又はPCT 出願の日本国内移行をした後から、最初の拒絶理由通知書を受取るまで又は拒絶理由がない場合の特許査定の謄本が送達されるまで、新規事項を追加しない要件を満たせば、いつでも自発補正ができる。それに対して、中国では、審査請求時と審査開始通知書を受け取った日から３月以内の時期しか自発補正ができない。ただし、PCT 出願の中国国内移行の場合は、国内移行の時点にPCT 国際段階の自発補正として認められる。

留意点：中国において、実体審査を開始する際に官庁から実体審査開始通知書が発行される。それは日本にない制度だが、実体審査開始通知書の受取った日から３月以内の時期は、中国の最後の自発補正の時期になる。以降は、厳しい補正の制限がかけられている。

7．3．出願費用などの規定(11)

---

(9)中国専利法実施細則第３条、中国専利法第29条、中国専利法実施細則第103条。

(10)中国専利法実施細則第51条。

(11)中国国家知識産権局ホームページに開示した専利費用。

日本特許に関する費用について、主要なものは以下のとおりである。

① 請求項数などに依らない定額の出願料。

② 実際に審査される請求項の項数に応じた審査請求料。

③ 実際に特許される請求項の項数に応じた特許年金。

それに対して、中国特許に関する主な費用は、以下のとおりである。

① 出願時の請求項数に応じた出願料（請求項10項以降又は明細書30頁以降の割増料がある）。

② 実際に審査される請求項数に依らない定額の審査請求料。

③ 実際に特許される請求項に依らない定額の特許年金。

留意点：中国において、料金については実際に審査、特許される請求項の項数と関係しない。出願日以降の請求項の追加などによる審査料、年金の追加はない。

7．4．優先審査(12)

日中両国間のPPH以外に、2012年8月1日に施行され始めた中国の優先審査制度がある。当該制度は日本の早期審査制度と類似する制度である。

優先審査の適用範囲は、①省エネルギー環境保護、次世代情報技術、バイオテクノロジー、ハイエンド装置の製造、新エネルギー、新素材、新エネルギー自動車などの技術領域における重要特許出願；②低炭素技術、省エネルギーなど、環境発展に寄与する重要特許出願；③同一主題について初めて中国に提出した特許出願であり、かつ、その他の国家又は地域に申請を提出した中国での最初の出願；④その他の国家利益又は公共利益に対し、重大な意義を有し、優先審査を必要とする特許出願。

なお、③は外国出願を条件に優先審査を認める趣旨であるが、第1国に中国出願をしていることが必要とされる。

7．5．審査請求(13)

① 時期：日中両国共に出願日から3年以内に審査請求をしなければなら

(12) http://www.sipo.gov.cn:8080/zwgs/ling/201206/t20120621_712805.html 中国国家知識産権局令第65号『発明専利申請優先審査管理弁法』。（最終参照日：2014年2月5日）。

(13)中国専利法第35条、中国専利法実施細則第11条、中国専利法実施細則第51条。

ない。日本は、優先権を主張する場合でも、実際の出願日から３年以内になるが、中国では、優先権を主張する場合は、出願日とみなす優先日から３年以内が期限となる。

② 請求人：日本は、何人でも実体審査を請求することができるが、中国では、出願人のみが審査を請求できる。また、中国は特許庁による職務審査の制度もある。

③ 実体審査開始通知書：日本は、審査を開始する際に出願人にお知らせる制度はないが、中国では、審査を開始する際に中国特許庁から出願人に実体審査開始通知書を送る義務がある。それに関連して自発補正の最後の時期が決められている。

７．６．新規性喪失の例外[14]

日本は、特に2012年改正した特許法30条の規定によると、特許を受ける権利を有する者の行為に起因して新規性をなくした場合、6ヶ月以内であれば、新規性喪失の例外規定の適用を受けることができる。それに対して、中国では、新規性喪失の例外を受けることに対して、非常に厳しい、国際博覧会以外の中国国外での発表は、新規性喪失の例外としてほぼ認められない。後文では関連規程を詳細に説明する。

７．７．復審の手続[15]

日本の不服審判において、補正しない場合は、前置審査をしないで直接に審判部の合議体の審理を受けるが、中国では、全ての復審請求に対して前置審査を行う。

また、日本の不服審判は、続審の性格から、新たな拒絶理由がない場合は、直接に拒絶審決を下すことがある。即ち、審判を請求する際に、適切な補正が行っていなければ、直接に拒絶審決になることもありえる。それに対して、中国の復審では、補正せず、拒絶査定と全く同じ拒絶理由の場合でも、拒絶審決の前に、審判官の合議体は必ず１回は拒絶理由通知書を発行しなければならない。手続の相違によって対応も変わるので、後文で詳細に説明する。

⒁中国専利法第24条、中国専利審査指南（2010年）第２部第３章第５節。
⒂中国専利審査指南（2010年）第四部第２章。

7．8．分割出願の時期⒃

日本は、補正できる期間などの限られた時期にのみ分割することができるが、中国では、原出願の特許登録又は拒絶査定の確定までの間、例えば、復審請求の審理中、審決取消訴訟の審理中など、いつでも分割できる。ただし、分割出願に対して更に分割することができない。

⒃中国専利審査指南（2010年）第一部第１章第５．１．１節。

第2章
・
バイオ化学分野の中国特許出願の明細書作成の留意点

本章では、それぞれのバイオ化学分野の発明に特化して、中国特許法第26条第3項の十分な開示要件（実施可能要件）、又は第26条第4項のサポート要件を満たすために、明細書を作成する際に留意すべき点を説明する。内容として、まず、バイオ化学分野発明の特許出願に関する規定を紹介する。その後に、前記の関連規定の理解を深めるため、関連する審査事例、復審、無効の審決、又は審決取消訴訟の判決の事例を紹介する。

本章で紹介する関連規定については、主に中国特許法、特許法実施細則又は特許審査基準が引用されている。事例については、中国国家知識産権局が制定した審査官の審査業務を指導する審査操作規程、中国特許復審委員会が共同編集作成した確定審決への事例説明、有名な審決取消訴訟の確定判決、及び中国知的財産出版社から出版した「バイオ化学特許出願書類の作成と審査」の書籍に掲載された事例から選択した。

日中両国の審査実務の相違によって、日本で作成された明細書は、日本の特許要件を満たしても、中国では同様な保護を受けられない場合がよくある。本章では、日中両国の相違点を注目し、最初の特許出願書類を作成する際に、中国での特許取得及び権利行使に強く、中国の関連規定に合致する、特許明細書作成の留意点を紹介する。

第１節　特許明細書に関する一般的な規定

1.　明細書の機能[1]

中国特許法によって、明細書は出願人から中国特許庁に提出する発明の技術内容を開示する法律書類であり、特許出願の審査及び特許権の行使などの法律手続において、主に以下の機能を果す。

１）当業者が実現することができる程度に、発明を十分に開示する。

中国特許法第26条第３項において、**“明細書には、発明又は実用新案について、その技術分野に属する技術者が実施することができる程度に、明りょうかつ完全な説明を記載しなければならない。必要なときには、図面を添付しなければならない。要約には、発明又は実用新案の技術の要点を簡潔に説明しなければならない”**と規定されている。

即ち、特許請求する発明を、明細書において明確に且つ十分に開示する場合のみ、特許することができる。

２）特許請求する発明を支持するために、発明の技術内容を十分に開示する。

中国特許法第26条第４項において、**“特許請求の範囲には、明細書に基づき、明りょう且つ簡潔に特許の保護を求める範囲を記載しなければならない”**と規定されている。

即ち、出願人が特許請求する範囲は、明細書において公衆に開示した技術情報の範囲と一致しなければならない、且つ明確、簡潔にする必要がある。

３）元の明細書は、審査段階に出願書類を補正するための根拠である。

中国特許法第33条において、**“出願人は、その特許出願の書類について補正することができる。ただし、発明及び実用新案の特許出願書類の補正**

(1)『発明専利審査基礎教程』（第３版）、第36～37頁（2012年７月、知識産権出版社）。『発明専利審査基礎教程』は当時の国家知識産権局局長の田力普が主編し、中国専利局人事教育部が作成した専利審査員の培訓教材である。

は、元の明細書と特許請求の範囲に記載した範囲を超えてはならない。意匠の特許出願書類の補正は、元の図面又は写真に示された範囲を超えてはならない”と規定されている。

即ち、特許要件を満たすために、審査段階において、出願書類を補正する場合はよくあるが、全ての補正に対して、出願時に提出した明細書に記載した内容に基づけなければならず、新規事項を有してはいけない。

4）明細書は、特許請求する発明の範囲の解釈を用いることができる。

中国特許法第59条において、“**発明又は実用新案特許権の保護範囲は、その特許請求の範囲の内容を基準とし、明細書及び図面は特許請求の範囲の内容の解釈に用いることができる**”と規定されている。

即ち、特許権が付与された後に、例えば、侵害訴訟の時に、特許権の保護範囲を確定するために、明細書及びその図面は請求項の内容を解釈する補佐手段として認められる。

2. 明細書の作成

2．1．明細書の構成(2)

明細書の構成に対して、中国特許法実施細則第17条第１項において、以下の規定がある。

“発明又は実用新案の特許出願の明細書には発明又は実用新案の名称を明記しなければならず、当該名称は願書の名称と一致しなければならない。明細書には以下に列記する内容が含まれていなければならない。

(1) **技術分野：保護を要求する技術構想が属する技術分野を明記する。**

(2) **背景技術：発明又は実用新案の理解、検索、審査に役立つ背景技術を明記し；可能な場合、これらの背景技術を反映した書類を証拠として引用する。**

(3) **発明内容：発明又は実用新案が解決しようとする技術課題及びその技術課題の解決に採用した技術構想を明記し、且つ既存技術と対照させて、発明又は実用新案の有益な効果を明記する。**

(4) **図面の説明：明細書に図面が付されている場合、各図面に対し簡単な説明をする。**

(2)『発明専利審査基礎教程』（第３版）、第37～38頁（2012年７月、知識産権出版社）。

⑸　具体的実施形態：出願人が発明又は実用新案を実現するのに最適と考える形態を詳細且つ明りょうに記載し；必要な場合、例を挙げて説明する。図面がある場合には、図面を参照する。”

前記の⑶の『発明の内容』に対して、中国特許審査基準第二部第２章（明細書と特許請求の範囲）第２．２．４節において、以下の構成が明確に規定されている。①発明が解決しようとする技術課題；②発明の技術案（技術課題を解決するための手段）；③発明の有意な効果。

２．２．明細書作成の全体的な要求[3]

中国特許法第26条第３項によると、明細書の作成に対して、以下の要件が要求される。

２．２．１．明確性

明細書の作成において、記載の内容が明確でなければならない。例えば、

①　内容明確：公知技術から、発明が解決しようとする技術課題、技術課題を解決するための手段、及び該発明の手段が達成できる有意な効果の全てを記載しなければならない。

②　記載明確：明細書の記載は、当該技術の分野での技術用語によって、明確に記載しなければならない。

２．２．２．完全性

明細書の作成において、発明を理解及び実施することができる程度の全ての技術内容を記載しなければならない。具体的に、以下の内容を含むべきである。

①　発明を理解するために必要な全ての内容。

②　発明が新規性、進歩性及び実用性を有することを確認できる内容。

③　発明を実施することに必要な内容。

ここで留意すべきことは、当業者が既存技術から直接に、唯一に得ることができない、発明を実施することに必要な全ての内容について、明細書において記載すべきである。

⑶『発明専利審査基礎教程』（第３版）、第38頁（2012年７月、知識産権出版社）。

２．２．３．実施可能性

実施可能性とは、明細書に記載の内容に基づいて、当業者は当該発明の技術案（技術課題を解決するための手段）を実施し、技術課題を解決し、且つ予測する技術的な効果を達成できることである。

当業者が当該発明を実施することができる程度に、明細書において、発明の技術案を明確に記載すべきであり、当該発明を実施するための具体的な実施方式を詳細に記載すべきであり、当該発明を理解及び実施するために不可欠な技術内容を完全的に開示しなければならない。即ち、当該発明を実施できるか否かは、明細書の明確性と完全性の判断の根拠である。

２．３．明細書作成のその他の規定(4)

中国特許審査基準第二部第２章（明細書と特許請求の範囲）第２．２．７節によると、明細書の作成は、以下の規定を満たさなければならない。

１）明細書は規範的な用語、明確な語句を使用しなければならない。つまり、当業者が理解しやすいように、明細書の内容は明確なものでなければならない。意味が不明りょう、前後矛盾したところがあってはならない。

２）明細書は発明の属する技術分野の技術用語を使わなければならない。自然科学関連の名詞について、国で規定された場合には、統一した用語を採用しなければならない。国家で規定されていない場合には、属する技術分野で一般的に認められた用語を使うか、若しくはあまり知られていないもの、又は最新の科学技術用語を採用するか、あるいは外来語（中国語により音訳又は意訳される単語）をそのまま使っても良いとする。ただし、その意味は、当業者にとっては明確なものであって、誤解されないものでなければならない。必要な場合は、カスタマイズ単語を使っても良いとするが、この場合に、明確な定義又は説明を記載しなければならない。

３）明細書は中国語を使用すべきであるが、アンビギュイティが生じないことを前提に、個別の単語は中国語以外の言語を使っても良いとする。明細書において中国語以外の技術名詞を最初に使う際は、中国語訳文で注釈する、又は中国語で説明しなければならない。

---

(4)『発明専利審査基礎教程』（第３版）、第42頁（2012年７月、知識産権出版社）。

4）明細書に引用された外国特許文献、特許出願、特許文献の出所や名称は原文を使用しなければならない。必要な際は中国語の訳文を記載し、訳文を括弧に入れるものとする。

5）明細書における計量単位は、国際単位系計量単位及び国で選定されたその他計量単位を含めた国家法定計量単位を使用しなければならない。必要な際は、括弧にその分野における公知のその他計量単位を併記しても良い。

6）明細書における商品名の使用が避けられない場合は、その後には型番、仕様、性能及び製造元を明記しなければならない。

7）明細書においては登録商標による物質又は製品の特定は避けるべきである。

２．４．日本から中国へ出願する明細書作成の留意点

中国特許実務において、進歩性は、その発明が**“突出した実質的特徴”**及び**“顕著な進歩”**の二つの要件を有するか否かによって判断される。従って、中国では、発明の技術的特徴によって直接に生じる有意な技術効果あるいは必ず生じる有意な技術効果は、非常に重視する。その有意な技術効果は、発明の進歩性を判断する際の最も重要な根拠である(5)。

日本において、進歩性を判断する際に、主に“容易に想到できる”か否かを中心に、動機付け、有利な効果の参酌、阻害要因などのさまざまな観点があるが、中国では、発明と最も近い公知技術との相違点による有意な技術効果が最も重要な判断根拠となる。後文では、また詳細に中国進歩性の判断法を説明するが、ここでは、中国に出願する場合は、それぞれ技術的特徴によるそれぞれ技術効果を詳細に記載するように提案する。

中国の実体審査において、審査官は最も近い公知技術を見つけて、元の請求項と比べて、新規性又は進歩性を指摘する。出願人は、発明が解決する技術課題を、最初に明細書に記載した技術課題から、審査官の認定した最も近い公知技術に基づいて実際に解決する技術課題に換えなければならない場合がある。中国の特許審査基準の進歩性判断において、“発明が実際に解決した技術課題”は最も重要な判断要素である。

技術課題は技術効果の反面である。前記の“発明が実際に解決した技術課

---

(5)中国専利法第22条第３項、中国専利審査指南（2010年）第二部第４章第３．２．２節。

題”は、引用文献との相違点がもたらす技術効果によるものである。審査段階において、拒絶理由を受けて、進歩性を主張する際に、発明と引用文献との相違点がもたらす技術効果は、明細書に記載されていないと認められないので、審査段階に補正及び反論をしやすいため、明細書にそれぞれ技術的特徴のそれぞれの技術的効果を明確に記載することを提案する。

3. バイオ化学特許明細書作成に対する特別的な要求

中国特許審査基準において、特別的な状況が多い化学分野の出願に対して、特別的な規定が多く設けられている。後文にそれぞれのバイオ化学分野の特許出願に対して、それぞれの中国の関連規定及びそれらの事例を詳細的に説明するが、ここでは、中国特許庁の説明資料に従って、バイオ化学の特許明細書に対する共通の留意点を紹介する[6]。

3.1. 実施例及び実験データを重視する

化学分野が実験科学分野に属するため、発明の結果に影響する因子が多く存在する。化学分野の発明について、単なる発明の構想あるいは理論的な考えでは､発明が実施できるか否かを予測できない｡実施例の実験データによって裏付けなければ、実施可能とはいえない。従って、バイオ化学特許出願において、実施例は特別重要な地位を有し、実施例及び実験データを重視すべきである。

具体的に、バイオ化学特許出願において実施例は以下の機能を有する。

① 発明の内容を十分に開示し、具体的実施方式で発明を実施できることを証明する。

② 事実及び実験データに基づいて発明の技術効果を説明し、既存技術に対する進歩性を証明する。

③ 十分な数の代表的な実施例によって、請求項に記載の特許請求の範囲をサポートする。

④ 審査段階において、出願人が補正するための根拠になる。

つまり、実施例は、バイオ化学特許出願において不可欠な重要な役割を有し、バイオ化学特許出願の明細書において、十分な数の実施例を含まなければならない。

---

(6)『発明専利審査基礎教程』(第３版)、第44頁（2012年７月、知識産権出版社)。

３．２．発明の効果について証明する必要がある

バイオ化学特許出願の実体審査において、技術的な効果に対する審査は大変重要である。バイオ化学の発明において、発明は既存技術に比べて僅かの差しかない場合でも、予測できない技術的な効果をもたらすこともよくある。その技術的な効果によって発明の進歩性を持たせる。

バイオ化学発明の技術効果を説明する際に、以下の点を留意すべきである。

①　実験データを使用して定性又は定量的に説明しなければならない。

②　実験データ測定の方法及び条件を説明しなければならない。

③　発明の効果を証明する実験データは、発明が解決しようとする課題と予測する技術効果に対応するものでなければならない。

上記のように、中国において、明細書に発明の効果を記載するのみではなく、当業者が当該発明の効果が本当に有することを確信できるように、実験データなどによって証明されなければならない。

３．３．生物材料に依存して完成した発明の生物材料の寄託

生物技術の分野において、文字のみの記載ではその生物材料の具体的な特徴を特定しにくい場合がある。当業者は、文字で記載した方法によって当該生物材料を得ることができない、当該発明を実施できない場合もよくある。発明の完成に必ず使用する生物材料は、公衆が一般に入手できない場合、特許法第26条第３項の十分な開示要件を満たすために、特許法実施細則第24条の規定によって当該生物材料を、出願日（優先日がある場合は優先日）までに寄託しなければならない。また、願書及び明細書において、当該生物材料の分類名称、ラテン語の学名、当該生物材料のサンプルの寄託機関の名称や所在地、寄託日及び寄託番号を明記しなければならない。そして、出願日に又は遅くても出願日から起算した４ヶ月以内に、寄託機関が発行する寄託証明書及び生存証明書を特許庁に提出しなければならない。

ここで留意すべきことは、中国の生物材料の寄託について、日本の関連規定と異なり、優先日前に国際寄託していなければ優先権主張をできない。即ち、一部の日本出願人が国内基礎出願の際に国内寄託のみを行い、PCT 国際出願の際に国際寄託に変更することをやっているが、このような場合、中国では、日本の基礎出願の際に国内寄託を認めないため、ついでに優先権を主張できなくなる。後文では、また詳細に説明する。

3．4．遺伝子資源の開示

2009年の第三回中国特許法の改正の際に、『生物多様性条約』の規定と一致するため、中国特許法は、遺伝子資源に依存して完成した発明に対して、遺伝子由来の開示義務を追加規定した。発明に利用された遺伝子資源について、出願願書での説明以外に、規定された“遺伝子資源由来登録表”も記入しなければならない。

日本はまた遺伝子資源の開示制度がないので、日本の出願人に理解しにくいかもしれないが、後文で詳細に説明する。

以上のように、バイオ化学の特許出願は、他の分野の特許出願と異なる点が多く存在している。中国に適切な保護を受けるために、中国特許法及び特許法実施細則の共通の規定を満たす以外に、バイオ化学発明の特徴及びバイオ化学分野に対する中国の特別規定を理解しながら、特許明細書を作成しなければならない。次の節から、それぞれ分野のバイオ化学発明に対して、中国特許出願をする場合に、留意すべき中国の関連規定、実務中の留意点、及び審査、審決、行政訴訟の判決などを紹介する。

第２節　化合物の発明

ここで紹介する化合物は、通常原料とする単一化学物質である。本節は、化合物発明について、中国特許法第26条第３項の十分な開示要件を満たすために、中国の関連規定、及び審査、確定した審決、判決事例などを紹介し、明細書に記載すべき内容を説明する。

1.　審査基準の関連規定

特許審査基準第二部第10章３節によると、化合物発明の明細書において、特許法第26条第３項の十分な開示要件を満たすために、化合物の特定、化合物の製造、また化合物の用途を記載しなければならない。十分な開示要件の判断では、前記の三つの内容の記載を総合的に考慮し、当業者が当該化合物を取得し、技術課題をが解決し、且つ予測される技術的な効果を達することができるか否かによって判断される。

１．１．化合物の特定

特許審査基準第二部第10章第３．1(1)節において、以下の規定がある。

“化合物発明について、明細書では当該化合物の化学名及び構造式（各種の官能基や分子の立体配置など）又は分子式を説明しなければならない。化学構造についての説明は、当業者が当該化合物を特定することができる程度に明確にしなければならない。更に、発明が解決しようとする技術的課題に関連する化学･物理性能のパラメータ（例えば、各種の定性又は定量データ、スペクトログラムなど）を記載することにより、特許請求する化合物が明りょうに特定されるようにしなければならない。

また、高分子化合物については、その繰返し単位の名称や構造式又は分子式を、前記化合物と同一な要求に従って記載する他、分子量及び分子量分布、繰返し単位の配列の状態（例えば、単独重合、共重合、ブロック、グラフトなど）など要素についても適宜説明しなければならない。もしもこれらの構造要素でも当該高分子化合物を完全に特定することができない場合には、更に結晶度や密度、二次転移点などの性能パラメータを記載しなければならない。”

１．２．化合物の製造

特許審査基準第二部第10章第３．１⑵節において、以下の規定がある。

“化学製品の発明については、明細書において少なくても１つの製造法を記載する必要がある。また、当該製造法において使用される原料、製造の工程と条件、専用設備などを当業者が実施することができるように説明しなければならない。化合物発明については通常、製造実施例が必要になる。”

１．３．化合物の用途

特許審査基準第二部第10章第３．１⑶節において、以下の規定がある。

“化学製品発明については、当該製品の用途及び／又は使用効果を完全に開示しなければならない。例えば、構造創製の化合物であっても、少なくとも１つの用途を記載しなければならない。

当業者が既存技術に基づき、発明によって記載された用途及び／又は使用効果が実現できることを予測できない場合には、当業者にとって、発明の技術案では記載された用途の実現及び／又は想定される使用効果が達成できることを証明するのに十分な定性又は定量化実験データを、明細書に記載しなければならない。

新規な医薬化合物又は医薬組成物については、具体的な医薬用途あるいは薬理作用を記載すると同時に、有効量及び使用方法を記載しなければならない。当業者が既存技術に基づき、発明に記載された医薬用途や薬理作用が実現できることを予測できない場合には、当業者にとって、発明の技術案が想定された技術的課題を解決できる、あるいは想定された技術的効果に達成できることを証明するための十分なラボ試験（動物試験を含む）又は臨床試験における定性・定量データを記載しなければならない。明細書では、有効量及び使用方法、又は製剤方法について、当業者が実施できる程度に記載しなければならない。

発明の効果を示す性能データについて、もしも既存技術には、異なる結果に導く複数の測定方法が存在しているなら、その測定方法を説明しなければならない。特殊な方法であれば、当業者が実施できる程度にこれを詳細に説明しなければならない。”

2.　留意点

2．1．化合物の特定

前記の化合物の特定の審査基準の規定に対して、審査操作規程において、更に以下のように説明している[1]。

化学合成の又は天然物から分離した化合物について、明細書において、当該化合物の化学名及び構造式又は分子式を説明するべきであり、更に、特許請求する化合物が明りょうに特定されるように、当該化合物の化学・物理性能のパラメータも記載しなければならない。

特に、天然物から分離した化合物について、通常、理論上又は取得法そのものによって当該化合物の構造を予測又は特定することができない。従って、新規な化合物が分離された場合は、通常、明細書に当該化合物を明確に特定することができるように当該化合物の構造に関するデータ、例えば、核磁気、紫外、赤外又はマススペクトルのデータを記載しなければならない。

一般式の化合物について、明細書に一般式の化合物の構造式（化学式の置換基の定義を含む）を説明しなければならない。化学構造についての説明は、当業者が当該化合物を特定することができる程度に明確にしなければならない。また、明細書において、一般式の化合物の範囲内の少なくても一部の具体的な化合物の化学名称、構造式又は分子式、及び化学･物理性能のパラメータを記載しなければならない。

化学・物理性能のパラメータは、融点、核磁気共鳴（NMR）、赤外分光法（IR）、紫外分光法（UV）、マススペクトル（MS）、X線回折データ（X-ray Diffraction）などで良い。

場合によって、化合物の用途及び／又は効果の実験データは、化合物を特定する根拠になることもできる。例えば、明細書に化合物に関するいずれの化学・物理性能のパラメータも記載されていないが、当該化合物の製造法及び当該化合物の具体的な用途及び／又は効果の実験データが記載された場合がある。このような場合では、審査官は、当業者が前記の製造法で必ず当該化合物を製造することができ、且つ前記の効果が当該化合物と併用する他の化合物によるものではなく、当該化合物によって直接に至った効果であるこ

(1)『審査操作規程・実質審査分冊』第10章第１．３．１節（2011年２月、知識産権出版社）。

とを確認できる、と判断した時、このような効果の実験データでも当該化合物を特定できる根拠になれる。

2.2. 化合物の製造

前記の化合物の製造の審査基準の規定に対して、審査操作規程において、更に以下のように説明している(2)。

明細書において少なくても1つの製造法を記載する必要がある。また、当該製造法において使用される原料、製造の工程と条件、専用設備などを当業者が実施することができるように説明しなければならない。

明細書に当業者が入手することができる程度に原料の製造法あるいは由来を説明しなければならない。慣用原料の場合では、その入手法又は由来は当業者にとって公知であるため、明細書にその製造法と由来を記載しなくても良い。

一般式の化合物を特許請求する場合は、当該一般式の化合物の合成ルートを記載する以外に、更に一つあるいは複数の製造実施例を記載しなければならない。明細書において一般式の化合物の具体的な化合物の製造実施例が記載されていない、一般式の化合物の合成ルートも記載されていない、あるいは“化合物は通常の有機合成方法によって製造される”しか言及していない場合、明細書又はクレームに記載の内容並びに公知常識に従って、当業者が当該一般式の化合物の範囲内の全ての化合物を製造することができる場合を除き、当該一般式の化合物の製造法が十分に開示されていない。

具体的な化合物を特許請求する場合は、明細書に当該化合物の製造実施例を記載しなければならない。

2.3. 化合物の用途

前記の審査基準の規定に対して、審査操作規程において、更に以下のように説明している(3)。

明細書において、当該化合物の用途及び／又は使用効果が開示されなけれ

---

(2)『審査操作規程・実質審査分冊』第10章第1.3.2節（2011年2月、知識産権出版社）。

(3)『審査操作規程・実質審査分冊』第10章第1.3.3節（2011年2月、知識産権出版社）。

ばならない。また、当業者は既存技術に基づいて、特許請求する化合物が前記の用途及び／又は使用効果を実現できることを予測できない場合は、明細書において、当該化合物が前記の用途及び／又は所期の使用効果を達成できることを証明するのに、十分な定性又は定量化実験データを記載しなければならず、更に実験方法も説明しなければならない。

2．3．1．効果実験データに対する一般的な要求

明細書において、当業者が当該発明の用途及び／又は使用効果を実現できることを確信する程度に、実験方法及び実験データは明確かつ完全に記載されなければならない。ただし、実験方法が明細書に記載されていないが、その分野において慣用の方法であり、あるいは明細書に明確な文献で案内された方法である場合では、それを認めるべきである。

化合物の用途及び／又は使用効果について、明細書において、基本的に以下の内容を明確に説明しなければならない。

2．3．1．1．実験に採用された具体的な化合物

明細書の効果実験において、“本発明のいずれの化合物”、“本発明の化合物”などのみが記載されている場合、当業者は実験結果が何のサンプルによって得られたのか、知ることできないので、当業者が特許請求する化合物が出願人の主張する用途及び／又は使用効果を有することを確認できないため､特許法第26条第３項の十分な開示要件を満たさない。

ただし、明細書において、実験に採用された化合物が、“好ましい化合物”“製造例の化合物”などと記載され、且つ明細書の他の部分に既に前記化合物がいずれかの具体的な化合物であるのが明確に記載された場合は、実験に採用された具体的な化合物は明細書において明確に説明されていることになる。

2．3．1．2．実験方法

明細書の効果実験において、具体的な実験手順及び実験条件を記載しなければならない。

2．3．1．3．実験結果

実験結果は、定性実験結果又は定量実験結果のいずれでも良い。“前

記実験によって本発明の化合物は…の効果（用途）を有する”のような断言的な結論では、実験結果として認められない。

定量データによって実験結果を記載するときに、“…のIC50値はXXである”、“…のX効果指数はXX値より低い”、“…の有効抗菌濃度はXX値より低い”、あるいは“…のIC50値は、XX値からXX値までの範囲にある”のような記載方式は認められる。

2．3．1．4．実験結果と用途及び／又は使用効果の対応関係

既存技術及び／又は当該出願の明細書の記載によって、当業者が実験結果と当該出願に記載の用途及び／又は使用効果との対応関係を確認できるようにしなければならない。

全ての実験データによっても、実験に採用された化合物が出願に記載の用途及び／又は使用効果を有することを説明できない場合は、当該出願の明細書は、中国特許法第26条第3項の十分な開示要件を満たしていない。例えば、明細書に特許請求する化合物が殺虫効果を有すると記載されているが、具体的な化合物Aの水溶性に関する実験データを挙げているとしても、当業者がこのような実験データから化合物Aが殺虫効果を有する結論を得ることができないため、当該明細書は十分な開示要件を満たしていない。

明細書に提供された実験データによって、実験に採用された化合物が記載の用途及び／又は効果を有することを証明できるが、特許請求する全ての化合物が記載の用途及び／又は効果を有することを証明できない場合は、中国特許法第26条第4項のサポート要件を満たしていないことになる。

2．3．2．予測可能性の判断

化合物の用途及び／又は使用効果が予測できるか否かの判断については、発明の性質、既存技術の状況、特許請求の範囲などの要素と関係する。

特許請求する化合物と既存技術の化合物との構造が類似しない、あるいは特許請求する化合物の用途は構造的に近い既存技術の化合物との用途と異なる場合、当業者は当該用途及び／又は使用効果を予測することができない。このような場合は、特許請求する化合物が前記の用途を有する及び／又は使用効果を奏することができる定性・定量的な実験データを明細

書に記載しなければならない。

ただし、前記の用途及び／又は使用効果の定性・定量的な実験データが明細書に提供されていない場合でも、理論的な分析あるいは既存技術の開示によって、明細書の記載に基づいて特許請求する化合物が前記の用途及び／又は使用効果を有することが必ず予測できる場合は、当該化合物の用途及び／又は使用効果が十分に開示されていると判断される。

3. 審査事例

３．１．具体化合物の事例(4)

請求項：具体化合物ＣあるいはＤ。

明細書の開示：化合物Ｃ及びＤの製造実施例及び物理・化学性能パラメータが記載されている。化合物Ｃ及びＤの用途及び／又は使用効果の実験データが記載されていないが、構造的に化合物Ｃ及びＤと非常に近い化合物Ａ及びＢの用途及び／又は使用効果が記載されてあり、更に化合物Ａ又はＢの製造及び確認データが記載されている。

解説：

明細書において、化合物Ａ及びＢに対する開示は十分である。明細書に記載の内容に従って、化合物Ａ及びＢが有する用途及び／又は使用効果から化合物Ｃ及びＤも必ず同様な用途及び／又は使用効果を有することが予測できる場合、当該明細書は、化合物Ｃ及びＤに対する開示も十分である。例えば、ＡとＣ、ＢとＤの構造が一つのメチレン基のみの差である場合、所属の技術分野において構造が非常に近いと判断されるため、その用途及び／又は使用効果が同様であると予測できる。

３．２．一般式の化合物の事例(5)

請求項：式(I)の化合物（構造式は省略)。

明細書の開示：前記化合物の物理・化学性能パラメータを確認できる程度に開示し、化合物の製造法も開示した。明細書において、式(I)の化合物が殺

---

(4)『審査操作規程・実質審査分冊』第10章第１．３．４．１節の事例２（2011年２月、知識産権出版社)。

(5)『審査操作規程・実質審査分冊』第10章第１．３．４．２節の事例（2011年２月、知識産権出版社)。

虫効果を有する以外に除草効果も有することを主張したが、ただし、前記化合物が殺虫効果あるいは除草効果有することを証明できる実験データを挙げていない。

先行技術の開示：構造的に式(I)の化合物と近い化合物の殺虫剤としての用途及びその殺虫効果の実験データは、開示されている。

解説：

① 明細書に式(I)の化合物の殺虫効果の実験データが記載されていないが、先行技術において、式(I)の化合物と近い化合物が殺虫剤としての用途が開示されているので、当業者であれば、式(I)の化合物が殺虫効果を有することを予測でき、且つ当該化合物の製造法も記載されているので、明細書において当該化合物に対する開示が、特許法第26条第3項の十分な開示要件を満たしている。

② 明細書に式(I)の化合物の除草効果の実験データが記載されていない、先行技術から(I)の化合物が除草効果を有することを予測もできないので、明細書において、(I)の化合物の除草効果の用途を十分に開示していない。

なお、本事例において、もしも審査官から先行技術に殺虫効果を有する式(I)の化合物と構造的に近い化合物が既に開示されたから、当該請求項が進歩性を有しないとの拒絶理由が出されたら、出願人が進歩性を説明するために除草効果の実験データを追加提供する場合でも、審査官は前記実験データを考慮しないで、(I)の化合物が進歩性を有しないとの結論になる。

4. 審決・判決の事例説明

4.1. 製造実施例の生産物が特定されていないと判断された審決事例

2007年12月24日に、中国特許復審委員会は第12343号復審決定を下した(6)。当該復審決定において、出願人米国ファイザー株式会社の出願（PCT 国際出願番号 PCT ／ IB99／01803、PCT 出願日1999年11月9日、中国出願番号第99813464.3）に関する復審請求について、生産物が特定されていないため、特許法第26条第3項の十分な開示要件を満たしていないと結論つけ、拒絶査

(6) http://app.sipo-reexam.gov.cn/reexam_out/searchdoc/search.jsp 中国国家知識産権局専利復審委員会の前記ウェブサイトに復審決定号を入れれば、中国語原文の復審決定が得られる（最終参照日：2014年2月5日）。

定を維持する拒絶審決が下された。出願人が審決取消訴訟を提出していないため、審決は確定した(7)。

4．1．1．拒絶査定の概要

本件特許出願の発明の名称は、“13員アザリド類および抗生物質としてのそれらの使用”である。発明は、式(1)の化合物の製造方法およびその医薬上許容しうる塩に関する。式(1)の化合物は各種の細菌感染および原虫感染の処置に使用できる抗菌薬である。式(1)の分子式は、以下のようである。

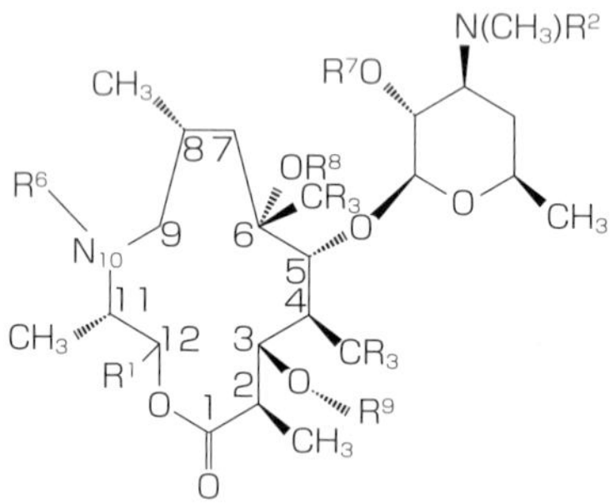

(1)

（ここでは、化学式の置換基の定義を省略される。詳細な内容については、日本特許出願番号2000-583925、特表2002-530422、特許第3842973号の文献をご参考下さい。）

明細書において、発明の化合物の合成ルートや、代表的な化合物の製造過程などの製造実施例、及び抗菌薬としての薬理効果の実施例が開示されている。

審査官は以下の理由で本願の拒絶査定を行った。本願の明細書は、17つの製造実施例において最終産物の色、形態、収率しか記載していないため、当業者は、製造反応が設計されたとおりに行ったか否かを知ることができず、また生産物の色、形態、収率のみに従って所期の目標化合物を得たか否かも判断できない。更に、明細書に記載した薬理試験において、単なる“本発明の化合物”と記載し、当業者はいずれの化合物を用いて、当該薬理試験の結果を得られたのかを知ることができないので、本件の明細書は

(7)中国国家知識産権局専利復審委員会が作成編集した『専利権付与の他の実質性要件』pp221～227（2011年９月、知識産権出版社）。

発明について明確に且つ完全的に開示しているとはいえない。化学は実験科学として、製品の定義は十分な開示の必須要件ではないが、化合物の特定については、当業者が当該化合物の存在が確認することができるように開示しなければならない。審査段階において、出願人は特許請求する化合物を大幅に減縮し、更なる実験データも提出したが、製造実施例に最終産物のいかなる定性データの記載もなく、所期の化合物を得たことを確認できるいかなる化学・物理のパラメータもない、更に審査段階に追加提出した実験データも出願日以前に完成したものであると判断できない。よって、本件の出願は、中国特許法第26条第3項の十分な開示要件を満たしていないので、拒絶される。

4．1．2．復審請求の審理及び審決

出願人は、2004年2月6日に拒絶査定に対して復審を請求し、更に関連化合物の化学・物理パラメータデータの添付資料も提出した。

復審請求の理由は以下のとおりである。明細書において、本願発明化合物の合成ルートや、代表的な化合物の製造過程などの製造実施例などが詳細に記載されている。明細書に記載した反応物及び製造経過によって必ず所期の産物を得ることができる。また、明細書において、化合物作用のメカニズムやその活性の検査法も詳細に記載されているので、当業者は本発明の記載から関連データを予測する又は取得することができる。更に、添付資料において、代表的な化合物の化学・物理データを挙げている。明細書に記載の内容と前記化学・物理データが証明する化合物構造との間に一致しない事項がない。よって、本願明細書は、本発明を明確に記載しており、中国特許法第26条第3項の規定を満たしている。

前記の審判請求の理由に対して、復審委員会が以下の審判通知書を発行した。

本願の明細書には合成ルート1及び合成ルート2が記載されている。前記の合成ルートには、使用された酸、塩、温度、加熱時間、溶液、精製条件などの内容が記載されているが、このような記載は、単なる合成ルート反応過程の一般的な記載である。このような反応ルートによって最終的にどの具体的な化合物が得られるが、更に関連の化学・物理性能パラメータなどのデータによる確認をしなければならない。しかしながら、本願の明細書の全ての実施例において、得られた目的産物の色、形態及び収率しか

記載されていない、当業者は目的化合物と副産物、原料物との区別をすることができない。最終的に得られた化合物が本願の特許請求する化学構造あるいは分子式及びその指定される全ての置換基を有することは証明できない。

また、抗菌効果についても、明細書に本発明の化合物が抗菌活性を示すことを記載し、活性測定の実験を設定し、“本発明の化合物が活性測定の実験の一つ、特にアッセイＶにおいて抗菌活性を示す”（日本出願明細書の第【0148】段落に対応したもの）と記載しているが、明細書ではいずれの構造のいずれの具体的な化合物を利用して、抗菌効果の実験データを得たがは明確に記載されていない。従って、当業者は本願の特許請求する化合物が抗菌活性を有する結論を得ることができない。更に、請求人が提出した添付資料のデータについて、出願日以前の公知技術でもないし、本願の元の明細書に記載されたものでもないので、本願明細書の十分な開示の判断に採用できない。

前記の復審通知書に対して、出願人は特許請求の範囲を全般的に補正し、以下の請求項１のみを残した。

１、以下の化学式１

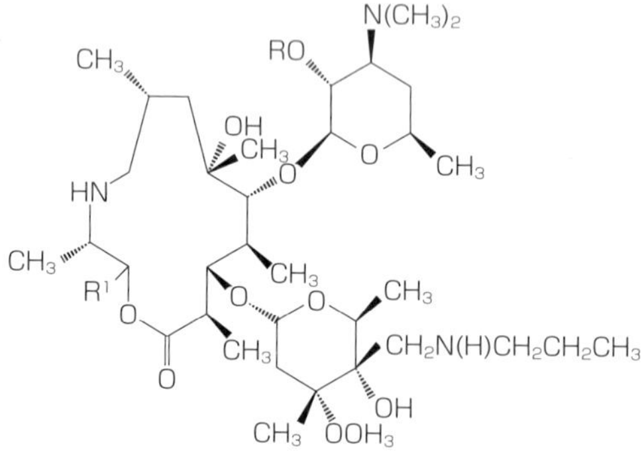

を有する化合物1N又はその医薬上に許容しうる塩、

ここで、R1は 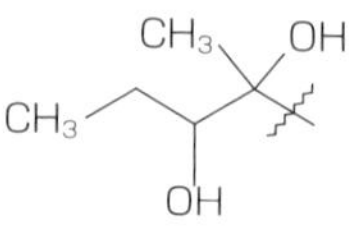 である。

出願人は特許請求の範囲を補正する同時に、以下の反論も挙げている。補正後の化合物1Nについて、明細書の実施例15、16において当該化合物の詳細製造法が記載されている、特に合成中にTCLとHPLCによって反応過程を測定していた。また、明細書において、当該化合物の作用、活性測定も記載されている。当業者は、明細書の教示に従って所期の化合物の活性及び関連の化学・物理データ又は抗菌活性を必ず得ることができる。更に、化合物の化学・物理データも添付資料として添付している。

復審委員会は前記補正及び反論を認めず、以下の復審決定書を下した。実施例15と16と共に、合成された最終産物に対していずれの定性的な記載もないし、所期化合物が得られたことを確認できるいずれの化学・物理パラメータも挙げていない。出願人が実施例15、16の反応物及び製造経過によって必ず所期の産物を得ることができると主張しているが、請求する化合物の構造から分かるように、製造過程において副産物を生成しやすく、最終的に当該化合物を得たことに対して実験結果によって証明しなければならない。なお、請求人は、試行錯誤を要らずに実施例15、16の方法で必ず所期の化合物を得ることができる既存技術による証拠も提出していない。よって、当業者は、所期の化合物1Nを製造できることを合理的に想定できない。

従って、本願明細書は、中国特許法第26条第3項の十分な開示要件を満たしていないので、拒絶査定を維持する。

出願人が前記復審決定に対して審決取消訴訟を提出せず、前記復審決定は確定した。

4.1.3. 復審委員会の事例説明

本審判は、"化合物の特定"の十分な開示要件に関する判断を示している。本出願において、出願人の補正によって大量な化合物を含む一般式の化合物が放棄され、前記具体的な化合物1Nに限定した。前記の具体的な化合物について、実施例15、16によって2種の製造法も詳細に記載された。ただし、復審委員会は、以下の考えにより特許請求の化合物が特定できないとして、その特許性を否定した。

明細書の製造実施例には、二種類の合成ルートが記載されたが、その最終産物については色、形態、収率しか記載されていない。このような特性では、化合物の構造を正確に表すことができず、且つ操作者、操作条件などの要素の変化によって結果が変わりやすい場合があるので、化合物の本質的な特性ではない。所期の化合物の構造から分るように、当該化合物の製造過程において副産物が生成しやすく、当該製造法により得られた最終産物が所期の化合物であることを証明するのに実験データが必要である。当業者は明細書の記載から、実施例15、16の製造法で得られた生産物が確実に所期の化合物 1N であることを特定できない。

4．1．4．考察及び留意点

本出願は中国特許法第26条第３項の十分な開示要件を満たさず、拒絶が確定した。同出願人（米国ファイザー社）の同 PCT 国際出願の日本出願（日本特許出願番号2000-583925、特表2002-530422、特許第3842973号）については、審査段階で日本特許法第36条第４項、第６項に関する拒絶理由も指摘されたが、化合物の限定補正により拒絶理由が解消され、特許査定になった。異なる審査結論から、日中両国の特許実務の違いが見える。

前文に、既に中国の“化合物の特定”に関連する審査基準の規定が引用されていた。中国において、通常、化学合成の又は天然物から分離した化合物について、明細書に当該化合物の構造を特定できるように、化学・物理性能データ、例えば核磁気、紫外、赤外又はマススペクトルなどのデータを記載すべきである。また、製造法実施例の生産物について、最終産物が所期の化合物であることを確認する実験結果のデータを記載しなければならない。本事例の審決は前記の要求に従って結論をつけた。

ただ、類似事例である中国復審委員会の第14365号復審決定において、以下の状況も説明している。新規化合物の特定について、化学・物理性能データによるものが確実であるが、もしも既存技術の開示により、当該化合物の製造法が必ず順調に実施でき且つ所期の化合物を必ず得ることができることを証明できる場合は、特定する化学・物理性能データが記載されていなくても、十分な開示要件を満足すことができる[(8)]。

ここで留意すべきことは、中国において、新規化合物の発明である場合は、化合物の特定について、記載の製造法が必ず実施でき、且つ所期の化合物が必ず得られることが既存技術により十分に証明できる場合を除き、明細書に化合物を特定するための化学・物理性能データを記載しなければならず、また、その製造法の生産物が所期の化合物であることを実験デー

(8)中国国家知識産権局専利復審委員会が作成編集した『専利権付与の他の実質性要件』pp231（2011年９月、知識産権出版社）。

タによって確認する必要がある。

4．2．製造法が十分に開示されていないと判断された審決事例

2004年11月25日に、中国特許復審委員会は第5368号復審決定を下した[(6)]。当該復審決定において、出願人ドイツヒユールズ社の中国出願（PCT 国際出願番号 PCT／EP95／04531、PCT 出願日1995年11月17日、中国出願番号第95197649.4）に関する復審請求に対して、製品の製造法が十分に開示されていないため、特許法第26条第３項の十分な開示要件を満たしていないと結論つけ、拒絶査定を維持する拒絶審決が下された。出願人は審決取消訴訟を提出していないため、審決は確定した[(9)]。

4．2．1．拒絶査定の概要

本件特許出願の発明の名称は、“ジカルボン酸ジエステルを基本構造とする、少なくとも２個の親水性基および少なくとも２個の疎水性基を有する両親媒性化合物”である。発明は、ジカルボン酸ジエステルを基本構造とする、少なくとも２個の親水性基および少なくとも２個の疎水性基を有する、一般式(I)（構造式は省略）の両親媒性化合物に関する。

本願は、ジカルボン酸ジエステルを基本構造とする、少なくとも２個の親水性基および少なくとも２個の疎水性基を有する両親媒性化合物を特許請求しているが、明細書において、前記化合物の製造について、“例えばジカルボン酸ジ脂肪アルコールエステルのスルホン化によるか又は短いアルキル鎖を有するジカルボン酸ジアルキルエステルをスルホン化し、引き続き脂肪アルコールとエステル交換し、スルホン酸を中和することによって製造することができるスルホン化両親媒性ジカルボン酸ジエステルにより解決される”及び“上記の化合物は、例えばジカルボン酸ジ脂肪アルコールエステルの二回スルホン化によるか又は短いアルキル鎖を有するジカルボン酸ジアルキルエステルの二回スルホン化、および引き続く脂肪アルコールとのエステル交換および水酸化アルカリ又はアルカリ土類水溶液又はアンモニア又はアルカノールアミンでのスルホン酸の中和によって製造することができる”しかの内容と記載されていない。

---

(9)中国国家知識産権局専利復審委員会が作成編集した『専利権付与の他の実質性要件』pp232～238（2011年９月、知識産権出版社）。

審査官は、本願明細書において、化合物の製造に対して一般的な記載しかなく、いずれの製造実施例も提供しておらず、更に、実験データによって、出願人が出願日の前に当該化合物を実際に得たこと及びそれに対して発明目的及び技術課題に関する性能測定もしていないことによって、拒絶査定を行った。

４．２．２．復審請求の審理及び審決

出願人は、2001年12月17日に拒絶査定に対して復審を請求し、更に製造実施例の実験データも添付した。復審請求の理由は以下のとおりである。明細書に記載の化合物の２種の製造法に関する化学反応は、共に当業者の公知の化学反応である。拒絶理由の対応時に提出した既存技術の記載及び追加提出した製造実施例に従って、当業者であれば、過度の試行錯誤をいらずに必ず本発明の化合物を製造することができるので、十分な開示要件を満たしている。

前記の復審請求の理由に対して、復審委員会が以下のような復審通知書を発行した。明細書において、一般式(I)化合物の製造法の一般的記載のみを開示し、いずれの具体的な化合物のいずれの製造実施例も開示されていない。更に、出願人が出願日の前に発明の化合物を実際に得たこと及びそれに対して発明課題に関連する性能の測定もしていない。よって、特許法第26条第３項の規定を満たさない。

前記の復審通知書に対して、出願人は、参考文献を提供し、当業者であれば過度の試行錯誤をいらずに必ず本発明の化合物を製造することができるので、必ずしも具体的な化合物の製造実施例は必要ではないと反論した。更に、当該PCT国際出願のEP806628B1とUS5997610Aの審査資料を提出し、同様な明細書に対して、他国において指摘されていないことも主張したが、復審委員会は前記反論及び主張を認めず、拒絶査定を維持した。

出願人が前記復審決定に対して審決取消訴訟を提出せず、前記復審決定は確定した。

４．２．３．復審委員会の事例説明

科学技術の発達によって、現在、パソコンで構造と効果の関係で新しい一般式の化合物及び具体的な化合物をシミュレートすることができる。また、公知の合成反応からシミュレートした化合物に対して、可能的な合成

ルートを設計することができる。更に、その化合物が有しうる効果を検証する実験モデルも選出することができる。しかしながら、このような内容は、あくまでも構想の段階であり、実験科学である有機化学分野において発明が完成したとは言えない。

化合物の発明に対して、中国特許法第26条第３項の十分な開示要件を満たすために、以下の内容を記載しなければならない。

① 化合物の特定に関する内容：ａ）当業者が化合物を特定できるための化学名、構造式又は分子式、ｂ）当該化合物と公知化合物と区別できるための該発明が解決する技術課題に関する化学･物理パラメータ、及びｃ）出願日の前に当該化合物が確実に製造されたことの確認、が含まれていなければならない。

② 化合物の製造に関する内容：少なくても１つの製造法を記載し、且つ該製造法の実施で用いられる原料物、製造の工程と条件、専用設備なども記載しなければならず、また製造実施例も必須である。

③ 化合物の用途や使用効果に関する内容。

特に、一般式の化合物の発明は、一般式により多数の化合物が含まれる。明細書において、一般式の定義における具体的な化合物及びその製造実施例が開示しなければならない。具体的に、

Ａ 化合物の特定において、一般式の化合物の定義以外に、その定義の下の具体的な化合物化学名、構造式又は分子式、及び化学・物理パラメータが含まれていなければならない。

Ｂ 化合物の製造において、一般式の化合物の製造プロセス以外に、当業者が実施できるように、具体的な化合物の製造実施例及び該製造法の実施で用いられる原料物、製造の工程と条件、専用設備などを記載しなければならない。

Ｃ 化合物の用途や使用効果において、公知技術でその用途と効果を予測できる場合を除き、具体的な化合物の用途と効果に関連する実験データを記載しなければならない。

４．２．４．考察及び留意点

本出願は中国において十分な開示要件を満たさず、拒絶が確定した。同出願人の同PCT国際出願の日本出願（特願平8-524597、特表平11-501299）を調べた結果、第29条第１項、第２項および第36条第４項、第６

項の規定により、最終的に拒絶された。

本事例で留意すべき点としては、中国の新規化合物の発明について、化合物の製造に対して、理論上公知技術により製造できるとしても、明細書に発明の具体的な化合物の製造実施例を開示しなければならない。更に、該製造法で用いられる原料物、製造の工程と条件、専用設備なども詳細に記載しなければならない。

第３節　化学組成物の発明

組成物は２つ以上の成分が含まれ、一定な比率で組成した特定な性能あるいは用途を有する物質である。　組成物の発明は、化合物の発明と違い、原料物質である各成分の組合せと組成を構成し、特定な性能あるいは用途を有するものと考える。

本節では、化学組成物の発明について、中国特許法第26条第３項の十分な開示要件と第４項のサポート要件を満たすために、特許法、特許法実施細則及び特許審査基準の関連規定に基づいて、審査事例、確定した審決・判決の事例を紹介し、明細書を作成する際に留意すべき点を説明する。

1.　審査基準の関連規定

１．１．明細書の十分な開示要件

中国特許審査基準第二部第10章第３．1⑴節において、以下のように規定されている。

“組成物発明について、明細書においては組成物の成分を記載する以外、各成分の化学及び／又は物理的状態や、各成分の選択範囲、各成分の含有量の範囲及びその組成物の性能に対する影響などを記載しなければならない。”

即ち、組成物発明の明細書において、成分を記載する以外、その成分である原材料に対して十分な開示をしなければならない。

また、化学製品として、組成物の製造、用途あるいは性能も詳細に開示する必要がある。前記第２節に化学製品の製造、用途の開示に関する審査基準の規定を詳細に紹介しているため、ここでは省略する。前文をご参考ください。

１．２．請求項のサポート要件

中国特許法第26条第４項において、以下のように規定されている。

“特許請求の範囲には、明細書に基づき、明りょう且つ簡潔に特許の保護を求める範囲を記載しなければならない”

中国特許審査基準第二部第10章第４．２節において、組成物発明の請求項が明細書によるサポートされる要件について、以下のように規定されている。

１．２．１．請求項の開放式、閉鎖式及びその使用条件

“開放式、閉鎖式及びその使用条件：

組成物の請求項は、組成物の成分、若しくは成分と含有量など組成の特徴により特徴づけなければならない。組成物の請求項は、開放式と閉鎖式の２つの表現方式に分けられる。開放式とは、請求項で示していない成分を組成物から排除しないことを指す；閉鎖式とは、組成物には示された成分だけを含み、その他の要成分を全て排除することを指す。開放式と閉鎖式でよく使う用語は以下に掲げる。

⑴　開放式：例えば、「含有」、「含める」、「含まれる」、「基本的に含む」、「本質として含む」、「主に…からなる」、「主な構成は…である」、「基本的に…からなる」、「基本的な構成は…である」などが挙げられる。これらの用語は、当該組成物には、請求項で示していないなんらかの成分が、含有量に占める割合が高くても、含ふくまれてもよいことを示唆している。

⑵　閉鎖式：例えば、「…からなる」、「構成は…である」、「残量は…である」などが挙げられる。これらの用語は、特許請求する組成物は示された成分からなるものであって、ほかの成分を含めないことを示唆している。ただし、通常の含有量を以って存在する程度の不純物を有してもよい。

開放式あるいは閉鎖式の表現方式を使用する時は、明細書にサポートされる必要がある。例えば、請求項における組成物Ａ＋Ｂ＋Ｃは、もしも明細書では実際にこれ以外の成分が説明されていなければ、開放式請求項を用いてはならない。

更に説明すべきなのは、ある組成物の独立請求項がＡ＋Ｂ＋Ｃである場合に、もしもその下の請求項がＡ＋Ｂ＋Ｃ＋Ｄであれば、開放式のＡ＋Ｂ＋Ｃの請求項にとっては、Ｄを含めた請求項が従属請求項になる。なお、閉鎖式のＡ＋Ｂ＋Ｃの請求項にとっては、Ｄを含めた請求項が独立請求項になる。”

１．２．２．請求項における成分と含有量の限定

“組成物の請求項における成分と含有量の限定：

⑴　もしも発明の本質あるいは改良が、成分自体のみにあって、その技術的課題の解決は、成分の選択のみにより決定されており、そして成

分の含有量は当業者が既存技術に基づいて、あるいは簡単な実験により確定することができるなら、独立請求項において成分のみを限定することが認められる。ただし、もしも発明の本質あるいは改良が、成分にありながら、含有量にも関連しており、その技術的課題の解決は、成分の選択により決定されるだけでなく、当該成分の特定の含有量の確定によっても決定されるものであれば、独立請求項においては、成分と含有量の両方を同時に限定しなければならない。そうしないと、当該請求項が必要な技術的特徴を欠き、不完全なものとなる。

(2) 一部の分野において、例えば合金分野の場合には、合金の必要成分及びその含有量は通常、独立請求項において限定しなければならない。

(3) 成分の含有量を限定する際に、「約」、「前後」、「近く」などあいまいで不明りょうな語彙は許されない。そのような言葉があると、一般的には削除すべきである。成分の含有量は「0～X」、「＜X」又は「X以下」などで示すことができる。「0～X」で示されるのは、選択成分であり、「＜X」、「X以下」などは、X＝0を含むという意味である。通常は、「＞X」で含有量の範囲を示すことは許さない。

(4) 1つの組成物における各成分の含有量のパーセンテージの合計値は100％になるべきである。複数の成分の含有量範囲は以下の条件に合致しなければならない。

ある1つの成分の上限値＋ほかの成分の下限値≦100

ある1つの成分の下限値＋ほかの成分の上限値≧100

(5) 文字や数値で組成物の各成分間の特定の関係を示すことが難しい場合には、特性関係又は使用量の関係式、あるいは図面で請求項を定義することを許可してよい。図面の具体的な意味は明細書において説明しなければならない。

(6) 文字による定性的な説明で、数字による定量的な表示を代替する方式は、その意味が明りょうなものであり、かつ該当技術分野で周知されるものであれば、例えば「ある材料を濡らすに足る含有量」、「触媒量の」などは、受けられるものとする。”

1．2．3．請求項の非限定型、性能限定型及び用途限定型

“組成物の請求項における他の限定

組成物の請求項は一般的に、非限定型、性能限定型及び用途限定型の3

つのカテゴリーがある。例えば、

⑴　「分子式⑴のポリビニルアルコール、鹸化剤と水を含むハイドロゲル組成物」（分子式⑴を省略する）；

⑵　「10％～60％（重量）のＡと90％～40％（重量）のＢを含む磁性合金」；

⑶　「Fe3O4とK2O、…を含むブテン脱水素触媒」。

上述⑴は非限定型、⑵は性能限定型、⑶は用途限定型である。

当該組成物が２つ又は複数の使用性能及び使用分野を有する場合には、非限定型請求項を用いることが許される。例えば、上述⑴のハイドロゲル組成物は、明細書では成形性や吸湿性、成膜性、粘結性及び大熱容量などの性能を有し、食品添加剤や糊剤、接着剤、塗料、微生物培養媒体及び断熱媒体など多分野で利用されることができると説明されている。

明細書において、組成物の１つの性能や用途のみが開示されている場合には、⑵、⑶のように、性能限定型又は用途限定型として作成すべきである。合金など一部の分野では通常、発明の合金に固有の性質及び又は／用途を明記すべきである。薬品の請求項のほとんどは用途限定型として作成すべきである。”

2.　留意点

２．１．明細書の作成について

特許法及び特許法実施細則に規定する十分な開示要件の要求以外に、中国特許庁化学審査部が作成した書籍には、特許審査実務に基づいて、以下のように組成物の発明に特有な十分な開示要件の留意点を説明している[1]。

２．１．１．組成物の成分、含量、及びその性質あるいは用途を明確に記載する

組成物発明が属する技術分野又は具体的な特徴に従って、組成物の成分とその含量に相応した記載方法で表示することができるが、組成物の成分及びその含量を記載する同時にその含量を採用した理由と根拠も説明すべ

⑴中国国家知識産権局化学審査部元部長の張清奎が在職中に中心となって作成編集した『化学領域発明の専利申請文書の作成及び審査（第３版）』、第118～120頁、(2010年10月、知識産権出版社)。

きである。
また、組成物が有する性質と用途について、発明の進歩性と実用性に関わる重要な根拠なので詳細に開示する必要がある。定性的な説明のみではなく、できるだけに実験データによる定量的に説明し、また、実験の条件及び実験データの検査法と測定単位なども開示すべきである。

2．1．2．組成物の製造法を実施できる程度に説明する

十分な開示要件を満たすため、特許請求する組成物の製造法を当業者が実施できる程度に説明しなければならない。即ち、当業者にとって、該分野の常識的な慣用技術を採用している場合が、簡単に当該方法を説明すればよいが、該組成物の製造に特徴がある場合でも、明細書において、詳細にその特徴を記載しなければならない。

2．1．3．必要な時に組成物の各成分の由来と製造法を説明する

組成物の成分が当業者にとって公知物質である場合は、“成分 A は公知物質で、X 会社の Y 商品名である、あるいは Z 文献に記載の方法で得られる”などの簡単な記載で良いが、組成物の成分が新規化合物あるいは出願人が特製した化合物である場合は、その化学構造及び製造法を実施できる程度に開示しなければならない。その開示要求は、前節に紹介した新規な化合物発明の十分な開示要件と同程度である。

2．1．4．正確な組成物成分の名称を使用する

組成物成分の名称は、学術上に通用する国際理論化学あるいは応用化学学会が規定する命名法で表示する名称にしなければならない。例えば、502ゴム、赤泥、黒液などの公知していない簡略名称、コード名、指定名などは使用してはならない。適切な名称がなく、特有な名称を使用避けられない場合、明確な定義を挙げなければならない。商品名を使用する場合は、メーカー名と化学構造を明記する必要がある。

2．1．5．組成物中の不純物について

組成物の性能と用途に重大な影響を与えない不純物について、通常、その含量を定義しなくてもよい。必要な場合は許可範囲を言及してもよい。製品の性能と用途に重大な影響を与える不純物については、その含量と許

可できる範囲を説明しなければならない。

２．２．サポート要件について

特許法及び特許法実施細則の一般規定以外に、中国特許庁化学審査部が作成した書籍には、以下のように、特許審査実務に基づいて、組成物の発明に特有なサポート要件の留意点を説明している[(2)]。

２．２．１．請求項の開放式、閉鎖式

中国の審査段階において、組成物発明に対して、“含む”による開放式の請求項に対して、サポート要件を満たさない拒絶理由がよくある。前記の審査基準の規定によると、明細書において、請求項に記載の成分以外の成分が含まれても発明を実施できることを記載されていなければ、組成物の開放式を認めない。

開放式の表現方式で特許請求したい場合は、明細書の作成段階において、明細書に、特に実施例に、請求項に記載の成分以外の具体的な成分を記載し、開放式の請求項の根拠にすることが留意すべきである。

開放式の請求項について、それに含まれる全ての発明が技術課題を解決できなければならない、例えば、そのたの成分を加えた後でも、技術課題を解決でき且つ製品の性能と用途が改善できる、あるいはそのたのメリットがある、少なくても製品の性能又は用途が劣化もしくは改変されない。

２．２．２．請求項における成分と含有量

前記の審査基準に規定によると、独立請求項において成分のみを限定することが許されるが、明細書において、発明の実施は成分の含量に頼らず、複数の実施例によって証明しなければならない。なお、中国は、日本と違って、必要な技術的特徴を欠くことに関する中国特許法実施細則第20条第２項（日本特許法第36条第５項に相当する条文）は、法定の拒絶理由と無効理由と共になっているので、前記の規定を満たしていない場合は、例え審査段階に指摘されていなくても、無効にされる可能性がある。

⑵中国国家知識産権局化学審査部元部長の張清奎が在職中に中心となって作成編集した『化学領域発明の専利申請文書の作成及び審査（第３版）』、第120～123頁、(2010年10月、知識産権出版社)。

ここで留意すべきことは、成分のみを限定する組成物発明について、明細書の作成段階において、成分の含量に頼らず特徴を証明する必要がある。

2．2．3．請求項の性能限定型、用途限定型又は非限定型

前記の審査基準に規定によると、組成物発明の特徴により、特許請求の範囲において通常、性能限定又は用途限定型の形式にするべきであるが、当該組成物が2つ又は複数の使用性能及び応用分野を有する場合では、非限定型の組成物請求項も許される。

明細書において、組成物の1つの性能や用途しか開示されていない場合は、請求項は、通常、性能限定型又は用途限定型の形式で作成しなければならない。

3. 審査事例

3．1．組成物成分に対する開示が不十分な事例(3)

請求項：胃癌を治療する漢方薬あって、ここで…、及び人字草20～50重量部を含む。

明細書の開示：明細書において、特許請求する発明が記載されているが、その漢方薬の成分の一つである人字草について、植物の由来及びその機能について説明されていない。

事例解析：

明細書において、胃癌を治療する漢方薬が開示され、且つその漢方薬の成分の一つである“人字草”が記載されている。ただし、『漢方薬大辞書』の記載によると、“人字草”の通用名は、漢方薬成分の“金銭草”、“鳥目草”及び“丁癸草”の三種類の成分の正式名を指すことができる。前記の三種類の漢方薬成分の性能と機能が異なっており、漢方組成物における作用も異なっている。明細書の記載に基づいても、当業者は“人字草”が具体的に前記の三種類のどちらの漢方薬成分を指しているのが判断できない、即ち、当業者は明細書に開示された内容により本願の技術問題を解決し、予測した技術効果を達成できることをできない。従って、本願明細書は特許法第26条第3項の規定を満たしていない。

---

(3)『審査操作規程・実質審査分冊』第10章第3．3．1．1節の事例1（2011年2月、知識産権出版社）。

３．２．組成物成分に対する開示が十分な事例[4]

請求項：軟組織損傷を治療する医薬品であって、ここで…、及び田七10～30重量分を含む。

明細書の開示：明細書において、特許請求する発明が記載されているが、その医薬品の成分の一つである田七について、その由来及び機能について説明されていない。

事例解析：

『漢方薬大辞書』の記載によると、“田七”の通用名は、漢方薬成分の“三七”及び“峨参”の成分の正式名を指すことができる。“三七”及び“峨参”の成分が、共に“損傷、吐血などを治療する”の機能があるため、軟組織損傷を治療する組成物における作用が同様であり、両者と共に本願の発明に適用することができる。従って、“田七”は、漢方薬成分の“三七”及び“峨参”のいずれを指すこともできるので、本願明細書の漢方薬成分の名称の記載が十分な開示要件を満たしている。

4.　審決・判決の事例説明

４．１．組成物の技術効果が実験データにより証明されていないと判断された審決事例

2008年12月12日に、中国特許復審委員会は第15518号復審決定を下した[5]。当該復審決定において、出願人スイスのノバルティス社（Novartis AG）の中国出願（PCT 国際出願番号 PCT ／ EP2003／005180、PCT 出願日2003年５月16日、中国出願番号03811244.2、公開番号 CN1652777A）に関する復審請求について、医薬組成物の技術効果が実験データにより証明されていないため、明細書が十分に開示されず、特許法第26条第３項の十分な開示要件を満たしていないと結論つけ、拒絶査定を維持する拒絶審決が下された。また、出願人は、拒絶審決の不服として、北京市第一中等裁判所に審決取消訴訟を提起したが、第一審判決及び第二審判決と共に、復審決定を維持し、最終的

(4)『審査操作規程・実質審査分冊』第10章第３．３．１．２節の事例（2011年２月、知識産権出版社）。

(5) http://app.sipo-reexam.gov.cn/reexam_out/searchdoc/search.jsp 中国国家知識産権局専利復審委員会の前記ウェブサイトに復審決定号を入れれば、中国語原文の復審決定が得られる（最終参照日：2014年２月５日）。

に拒絶は確定した[6]。

4．1．1．拒絶査定の概要

本件特許出願の発明の名称は、“有機化合物の組合せ”である。請求項1の発明は、「(i)アンジオテンシン受容体遮断薬（ARB）又はその医薬的に許容される塩、(ii)カルシウムチャンネル遮断薬（CCB）又はその医薬的に許容される塩、および(iii)利尿薬、又はその医薬的に許容される塩、を含む医薬組成物」の医薬組成物の発明である。

2007年5月25日に、審査官は、本願発明が医薬組成物に関するが、本願明細書において、特許請求する医薬組成物が確実にその適応症を治療できる技術効果を有することは、いずれの医薬効果の実験データによって証明できないため、特許法第26条第3項の規定を満たさないとして、本件出願について拒絶査定を下した。

4．1．2．復審請求の審理及び審決

出願人は、2007年9月4日に拒絶査定に対して復審を請求した。出願書類については補正していない。出願人は以下の復審請求の理由を挙げている。

本願発明の目的は、新しい医薬組成物を提供することである。発明が解決しようとする課題は高血圧、他の心血管疾患及びその続発症を治療するためである。既存技術（関連追加資料が審査段階に既に提出済）には、既に本願発明に含む三種類の成分が高血圧、他の心血管疾患及びその続発症を治療できることを開示していた。従って、三種類の成分を含む本願発明の医薬組成物が依然として前記の同様な用途を有することが、当業者には予測できるはず。従って、本願明細書において、該医薬組成物の用途及び／又は予測の効果を証明できる定性・定量な実験データが記載される必要はない。

前記の復審請求の理由に対して、復審委員会は以下の拒絶理由を持って復審通知書を発行した。

---

(6) http://www.sipo.gov.cn/ztzl/ywzt/zlfswjdpx/201012/t20101206_552383.html 中国国家知識産権局のホームページに開示された専利復審委員会の復審決定の解析（最終参照日：2014年2月5日）。

(1) 明細書の記載により、本願の特許請求する組成物は新規な医薬組成物であり、該医薬組成物の組合せの利用によってより有効に高血圧、他の心血管疾患及びその続発症を治療できる。ただし、当業者は、既存技術から本願発明の新規な医薬組成物の薬理作用を予測できないし、該組成物が確かに明細書に記載の技術効果を有することを確認できない。従って、明細書には、特許請求する新規な医薬組成物が明細書に記載の技術効果を達することを証明できる定性・定量な実験データを記載すべきだが、記載されていないため、本願明細書は十分に開示されていない。

(2) 出願人の復審請求の理由について、出願人が審査段階に提出した追加資料により、三種類の成分が単独に高血圧を治療できることは開示され、その中の第１の成分（ARB）がうっ血性心不全を治療できることも開示されている。ただし、本願発明の新規な医薬組成物そのものについては、既存技術には開示されていないし、当業者が既存技術から本願発明の新規な医薬組成物の薬理作用も予測できない。従って、明細書において、本願の医薬組成物が明細書に記載の技術効果を達することを証明できる定性・定量な実験データを記載しなければならない。

前記の復審通知書に対して、出願人は、特許請求の範囲を補正し、更に意見書を提出した。補正後の請求項１の医薬組成物に含まれる三種類の成分を、具体的に以下の成分：①バルサルタン又はその薬学的に許容される塩；アムロジピン又はその薬学的に許容される塩；③ヒドロクロロチアジド又はその薬学的に許容される塩、に限定した。出願人は、意見書において、以下の反論を挙げていた。

(1) 当該技術分野に前記三種類の具体的な成分がそれぞれに高血圧及びそれに関する疾患の治療に用いることが公知していることから、当業者は、三種類の成分が含まれる本願の組成物も当然に同様な医薬用途と薬理作用を有することを簡単に推測することができる。更に、前記の同様な医薬用途と薬理作用は、医療効果を増強して引き起こしたことではなく、三種類の活性成分の従来の固有する機能である。

(2) 本願発明の三種類の活性成分の組合せにより、予想外のより良い高血圧及びそれに関する疾患の治療効果を得たため、進歩性も有する。明細書には進歩性に証明する実験データを記載されていないが、明細書の十分な開示とは関係ないものである、と反論した。

復審委員会は、出願人が補正した特許請求の範囲に基づいて、以下の認定を持って前記反論を認めず、第15518号復審決定を下した。

補正後に、出願人は、「(i)バルサルタン又はその医薬的に許容される塩、(ii)アムロジピン又はその医薬的に許容される塩、および(iii)ヒドロクロロチアジド又はその医薬的に許容される塩、を含む医薬組成物」を特許請求しようとしている。本願明細書の第「0013」段落に“バルサルタン、アムロジピン、およびHCTZでの組合せ療法は、より効果的な降圧性療法（悪性、本態性、腎血管性、糖尿病性、心臓収縮性、又は他の続性形の高血圧のためのいずれか)、および改善された効果による脈圧の低下を生じることが示され得る”が記載されている、また、“バルサルタン、アムロジピン、およびHCTZの組合せは、アテローム性動脈硬化症、狭心症（安定又は不安定）…、更に、本発明の組合せは、続発性アルドステロン症…、も有効である。”が記載されている。従って、明細書に記載した特許請求する医薬組成物の技術効果の技術効果は、より効果的な降圧性治療を提供でき、且つその他の関連疾患も治療できることである。

本願明細書の背景技術の記載から分かるように、本願の特許請求する医薬組成物は新規的な組成物に属する。その三種類の成分が、それぞれ異なる降圧薬である。ただし、異なる三種類の降圧医薬成分を含む組成物は、必ずしもより効果的な降圧性治療（例えば、降圧効果を増強した）を提供できることではない。本願明細書の第「0002」に“組合せ療法で含まれる異なる種類の降圧薬の任意の選択が、ヒトを含む高血圧の哺乳類において標的レベルの血圧を得ることを必ずしも助けるわけではない”が記載されている。従って、当業者は、既存技術から本願の3種類の降圧薬からなる医薬組成物の薬理作用を予測することができない。

また、今回は進歩性の審査とは関係ない。本願明細書には、定性・定量な実験データが記載されていないから、本発明の組成物が確かに本発明の技術効果を達しているか否かを確認できない。よって、本願明細書は十分に開示されていない。

4.1.3. 審決取消訴訟の結論

出願人は前記の復審決定に不服し、北京市第一中等裁判所に審決取消訴訟を提起したが、2009年11月18日に下された第一審判決、及び2010年9月

19日に下した第二審判決と共に、第15518号復審決定に同意し、復審決定を維持した。当該出願は、最終的に拒絶査定が確定した。

4．1．4．復審委員会の事例説明

組成物の発明は、化学分野製品の発明に最もよくある類型である。医薬組成物は、人を含む生物及びその代謝を影響する化学物質であり、通常疾患に対して予防及び治療の効果がある。医薬組成物に対して、明細書に該組成物の使用効果の実験データを提供していない場合でも、当業者が理論的な分析により、あるいは既存技術及び明細書の記載に基づいて該組成物が対応する技術効果を必ずあることを得られる場合は、その技術効果が十分に開示されていると見られる。ただし、既存技術に開示されていない、新規な医薬組成物に対して、明細書に該組成物の使用効果の実験データを提供されず、かつ当業者がその薬理作用あるいは使用効果を予測できない場合は、その技術効果が十分に開示されていないと判断される。

これに対して、特許審査基準に新規な医薬組成物に対して、明細書にその具体的な医薬用途、薬理作用以外に、その有効の使用量及び使用方法も記載しなければならない。当業者が既存技術に基づき発明に記載の医薬用途や薬理作用が実現できることを予測できない場合、発明が予測する技術的課題が必ず解決でき、若しくは予測する技術的効果が必ず達成できることを証明できる十分なラボ試験（動物試験を含む）又は臨床試験の定性・定量データが開示されなければならない。

本案の審決及び判決において、争点は既知する三種類の医薬物が異なる降圧剤であることを認識したうえで、当業者がこの三種類の医薬物の組合せにより得た組成物の薬理作用を予測できるか否かである。

本事例の審決は、主に以下の理由に基づいている。医薬組成物の薬理作用は、組成物中の成分の単独の薬理作用に関係する以外に、各成分の間の化学反応が発生するか、相互作用が存在するか否かにも関係する。本願の出願人は有力な証拠及び合理な解釈を提出していないし、本願明細書に、“組合せ療法で含まれる異なる種類の降圧薬の任意の選択が、ヒトを含む高血圧の哺乳類において標的レベルの血圧を得ることを必ずしも助けるわけではない”が記載されている。従って、三種類の成分が降圧剤として知られているとしても、人を含む動物体の生理活動が体内体外の複数の因子の影響を受けているため、当業者は、既存技術の三種類医薬物の組合せ療

法が依然としてその単独使用する時と同様な薬理作用を発揮できるか否かを予測できない。

4．1．5．考察及び留意点

本願は中国において以上の経緯で中国特許法第26条第３項の十分な開示要件を満たさず、拒絶査定が確定した。同出願人の同発明に対応する日本出願（特願2004-505044、特表2005-533023）を調べた結果、日本特許法第29条第２項などの拒絶理由で、拒絶査定となったが、拒絶査定不服審判2010-014717を経て、審判請求が成立し、最終的に以下の独立請求項で特許されている（特許第5132872号）。

【請求項１】

(i)　バルサルタン又はその医薬的に許容される塩、

(ii)　アムロジピン又はその医薬的に許容される塩、および

(iii)　ヒドロクロロチアジド又はその医薬的に許容される塩、

を含む医薬組成物。

中国の復審請求の段階においても、同様な独立請求項に補正していたが、前文の説明したとおりに、中国の十分な開示要件を満たしていないとして拒絶審決になった。審決取消訴訟を経ても本出願が十分な開示要件を満たさないことが覆されていない。

ここでは、同様な明細書の記載で、日本と中国の実施可能要件の判断の相違が明らかである。日本では、進歩性要件を満たさない理由の拒絶査定を経て、前記の最終補正によって特許された。それに対して、中国では、進歩性に関する拒絶理由が全く提出されず、技術効果を達することを証明できる定性・定量な実験データを記載していないことにより、特許法第26条第３項の十分な開示要件を満たさない判断で、拒絶査定が確定した。

本件の審決、判決から、中国の組成物発明における定性･定量な実験データによる技術効果への証明の重要性が見える。中国において、発明の効果を証明するために、明細書に単に効果を有する記載のみではなく、通常、効果実験の定性・定量な実験データによって証明しなければならない。

4．2．化学組成物の成分が特定できないと判断された無効審決事例

2006年６月に中国特許復審委員会は第8406号無効審決を下した[5]。当該無効審決において、特許権者である鞍山宏大冶金溶接材料有限公司の発明特許

権（中国特許番号02144665.2、出願日2002年12月３日）に関する無効審判について無効審決が下された。無効審決の主な理由は、中国特許法第26条第３項の十分な開示要件を満たさないことであった。出願人は不服として審決取消を求める行政訴訟を提出したが、北京市第一中等裁判所は前記の無効審決を維持し、特許権の無効が確定した(7)。

４．２．１．無効審判の概要

中国特許 ZL02144665.2は、特許庁で2004年10月27日に特許された。特許された唯一の請求項は以下のとおりである。

“１．アルミスラグ脱酸球であって、以下の特徴とする：

アルミ41～50％、蛍石20～27％、石灰13～20％、膨潤土６～12％、デンプン５～10％、繊維素１～５％、結合剤１～５％の原料の当該重量パーセントで構成され、前記原料を造粒してΦ10～20mm の球状とし、ここで、化学成分は、Al38～42％、CaO ≧15％、SiO2 ≦７％、S ≦0.05％、P ≦0.05％、H2O ≦１％、強熱減量≦25％とする。”

無効請求人の馬暁明氏は、前記特許権について、特許復審委員会に対して無効審判を請求した。請求人は、「当業者は本特許の明細書中の石灰が生石灰であるのか消石灰であるのかを知ることができず、消石灰であるならば、いかにして消石灰を分解して水素及び酸素を生成するのか分からない」として、本件特許の明細書は特許法第26条第３項の十分な開示要件を満たさないと主張した。

これに対して、特許権者の代理人は、無効審判の口頭審理において、「実際に使用するのは生石灰でも消石灰でもなく、石灰石である。本件特許の石灰が本来は石灰石であり、出願人が出願書類を記載するときに後ろの石の字を打ち忘れたものである。当業者では本願発明の石灰が即ち石灰石であることが分かるはずである。必要な場合は、石灰を石灰石に補正してもよい。」と反論した。

復審委員会は、特許権者側の反論に対して、以下の判断をした。石灰石は炭酸カルシウムであって、石灰とは同一の物質ではない。更に、当業者は、本件特許の明細書からは、本件特許で採用されている造粒方法では石

---

(7)加藤真司、「アルミスラグ脱酸球」事件、知財ぷりずむ（2007年６月　Vol.５　No57　pp108～113）。

灰を使用することはできず、必ず『石灰石』を使用しなければならないという教示を得られない。

特許権者は、それに対して更に以下のように反論した。本件特許は、造粒過程に必ず水を用いなければならないので、生石灰を使用しようが消石灰を使用しようが、最後にはいずれも消石灰になる。また、当業者が石灰は実際には石灰石であることを理解できると主張した。

復審委員会は、本件特許にいう石灰を直接かつ唯一に石灰石と理解することしかできないことを証明する証拠を提出していないため、石灰を石灰石と解釈する根拠を欠けており、特許権者側の主張を認めない。

前記の特許権者側の反論を認めない上で、復審委員会は、更に、以下の理由も説明した。石灰は、通常は、消石灰又は生石灰という二種類の意味を有する。石灰を消石灰と理解すれば、当業者が理解できるように、本件特許の明細書に記載された技術的効果を実現できなくなる。石灰を生石灰と理解すれば､同様に本件特許はその発明の目的を達成できない。従って、本特許の明細書が特許法第26条第３項の十分な開示要件を満たしていないとして、本件特許が無効にされた。

４．２．２．審決取消訴訟の概要

特許権者は当該無効審決を受けた後、不服として北京市第一中等裁判所に審決取消訴訟を提起した。訴訟の原告である特許権者は、原告の代理人が特別の授権を受けていない状況下で、本件特許の特許請求の範囲の石灰が石灰石であることを宣告したので、それに基づく無効審決が不正確であると主張した。更に、特許権者は、本件特許の石灰は生石灰であると主張し直し、生石灰の場合では本件発明の目的を達成できると主張した。

この主張に対して、被告である特許復審委員会は、無効審判における原告代理人が口頭審理でした承認は原告の承認とみなすべきであり、無効審判の過程で既に認めた事実に対する翻意は成立しないと主張した。

北京市第一中等裁判所の一審判決（(2006) 一中行初字849号行政判決）は、以下の理由によって無効審決を維持した。

特許権者の代理人が無効審判における陳述を訴訟段階で翻意できるか否かについて、翻意することはできないと判断した。本特許の明細書の開示が十分であるか否かについて、裁判所は、石灰を原告が主張するように生石灰と理解した場合についても、結局明細書に記載の技術的効果を奏し得ないと認定した。そして、これを理由として、当業者は本件特許の明細書の教示に従っても本件特許の発明の目的を実現できない、本件特許の明細書は特許法第26条第３項の十分な開示要件を満たしていないと判断した。

４．２．３．考察及び留意点

本件無効審決及び審決取消判決において、組成物の成分の石灰の用語が争点になっていた。審査基準の関連規定にも紹介したように、組成物成分の名称は、通用する国際理論化学あるいは応用化学学会が規定する命名法で表示する名称にする必要がある。本件及び前記の審査事例のように、組成物の成分の名称が複数の成分の正式名を指すことができる場合、今回の問題が出てくる可能性がある。

特に日本語、英語から中国語に翻訳する際に、日文に対応する中文は複数があるとき、広い範囲の中文を選べる傾向がある。本件を教訓として、範囲が広ければ良いではなく、発明に実際に合う範囲が安定的な権利を取れる。

また、誤訳によって、範囲が広すぎたなどの適切でない用語になってしまった際、パリ条約優先権を主張する場合は、誤訳訂正ができないが、PCT 出願の国内移行の場合では、中国特許法実施細則第116条に**“国際出願に基づいて付与された特許権において、訳文の錯誤により、特許法第56条の規定に従い確定された保護範囲が国際出願の原文に書き表された範囲を超える場合、原文を依拠として限定される保護範囲を基準とする。保護範囲が、国際出願の原文に書き表された範囲より狭くなっている場合には、授権された時点の保護範囲を基準とする。”**と規定されているため、原文によって救済される可能性がある。

第4節　用途の発明

中国の特許審査基準に**“一種の既知の製品については、新規な使用をしたからといって新製品であると認定することはできない。例えば、洗浄剤としての製品Xが既知であれば、可塑剤として用いられる製品Xは新規性を有しない。ただし、既知の製品の新規な用途自体が発明であれば、既知の製品によって当該新規用途の新規性が潰されることはない。このような用途発明は使用方法発明に該当する。”**が規定されている[1]。

即ち、中国において既知化合物の新規な応用を発見した場合は、用途発明として特許保護することができるが、物の発明として特許保護することができない。

本節では、化学分野の用途発明について、特に公知化合物の新規な製薬用途発明について、審査基準に基づいて、審決、判決などを参考し、中国特許法第26条第3項の十分な開示要件を満たすために、開示すべき内容を紹介する。

1.　審査基準の関連規定

1.1. 用途発明の明細書の十分な開示

特許審査基準第二部第10章第3.3節において、以下のように規定されている。

“化学製品における用途発明については、明細書において、当業者が当該用途発明を実施することができるよう、使用される化学製品や使用方法及び達成効果を記載しなければならない。”

1.2. 製薬用途発明の十分な開示の規定

化合物の医薬用途を発見した場合、医学用途の発明について、特許法第25条第1項(3)号によると、“疾患の診断及び治療方法”について特許を付与されない。また、使用される化合物が公知化合物である場合は、前文に説明したように、新規なものではないため、物の発明と認めない。即ち、中国において、公知化合物の新規医薬用途に対して、日本のように例えば「抗癌剤」、「抗菌剤」などのようなの物のクレームは特許されない。ただし、特許審査

(1)中国専利審査指南（2010）第二部第10章第5.4節。

基準第二部第10章第４．５．２節において、以下の規定がある。

“物質の医薬用途はもし、「疾病の治療に用いる」、「疾病の診断に用いる」、「医薬としての使用」などのような請求項を以って特許出願するなら、中国特許法第25条第１項(3)号の「疾病の診断と治療の方法」に該当するため、特許権が付与されてはならない。ただし、薬品及びその製造法のいずれも、法により特許権を付与することができるため、物質の医薬用途発明は、薬品の請求項、又は例えば「製薬上の使用」、「ある疾病の治療薬の製造における使用」など製薬方法カテゴリーに属するような用途請求項を以って特許出願する場合には、中国特許法第25条第１項(3)号に規定した状況に該当しない。

前記製薬方法カテゴリーに属する用途請求項は、例えば「化合物Ｘを Y 疾病の治療薬の製造としての使用」、又はこれに類似した形式により作成されてもよい。”

因みに、公知化合物の新規的な医薬用途発明について、中国は所謂スイス型クレームの形式で特許請求をすれば、製薬方法の特許として認めることができる。

2. 留意点

２．１．一般化学製品の用途発明について

中国特許庁化学審査部が作成した書籍には、特許審査実務に基づいて、用途発明の明細書について、以下の留意点を説明している[(2)]。

２．１．１．使用された製品を明確に説明する

使用される化学製品が公知である場合は、明細書の背景技術に当該化学製品の構造あるいは組成及び由来を明確に説明し、またその公知の性質及び用途も説明しなければならない。更に、公衆が当該製品を得ることができるように、引用文献及び生産メーカーを、できるだけ明確に記載する。即ち、発明を実施できるように発明に使用された製品あるいは原料を明確に説明する。

使用される化学製品が新規である場合は、新規な化学製品発明のように、

(2)中国国家知識産権局専利局化学審査部元部長の張清奎が在職中に中心となって作成編集した『化学領域発明の専利申請文書の作成及び審査（第３版）』、第225～226頁、(2010年10月、知識産権出版社)。

当該新製品の構造又は組成、更に少なくとも一種の製造法を説明する必要がある。それにより、当業者が該製品を取得でき、且つ該発明を実施し当該用途が得られる。

2．1．2．化学製品の使用要求を明記する

用途発明の特徴は、製品の新しい性能を発見し、新しい用途に使用させることである。従って、明細書に当該製品の新しい性能及用途、具体的な使用形式、使用方法、及び使用条件などを明確に説明しなければならない。

例えば、ある製品が除草剤として使用される場合、当業者が正確に当該製品を使用し有効に除草できるように、当該製品の例えスプレー剤あるいは粉末剤などの剤型、例え土に注ぐあるいは茎葉にスプレーするなどの具体的な使用方法、及び例え天気、温度、湿度、用量などの使用の条件を説明しなければならない。もしもいずれの特別の要求もなく慣用の方法で使用する場合では、明細書に適当な簡単の説明をすれば良い。

2．1．3．使用の範囲及び効果を十分に開示する

用途発明の本質は新たな使用にある。従って、明細書において当該製品の新たな使用分野、対象、目的、適応範囲、及び新たな使用による効果を十分に開示し、且つ、本願の発明が確実に本願の課題を解決できることを証明できるように、実験データなどの方式で当業者が確信できる程度に開示しなければならない。

例えば、ある製品を除草剤として使用される場合、当該製品の除草の活性、消滅できる草の種類、また実施例の方式で実験データにより当該製品の雑草を消滅する効果及び作物の当該除草剤に対する受容性を説明しなければならない。必要な時に、当該用途発明の進歩性及び実用性を証明するために、当該除草剤と類似するその他の除草剤との比較データを記載する必要もある。

2．2．医薬分野発明の効果実験について

『審査操作規程』において、医薬分野特許出願の審査について特別に説明している。特に医薬物の“効果実験”に対して、以下のような説明がある[(3)]。

当業者が既存技術により発明に記載の医薬用途や薬理作用が実現できることを予測できない場合は、当該発明が記載の用途及び／又は技術効果が達成

できることを証明するのに十分なラボ試験（動物試験を含む）又は臨床試験における定性・定量データを、明細書において記載しなければならない。

医薬分野発明の効果実験において、原則として、実験に採用された具体的な物、実験方法、実験結果、及び実験結果と用途及び／又は使用効果との対応関係について明確に説明しなければならない。

２．２．１．実験に使用された具体的な物

採用された具体的な化合物、医薬組成物、あるいは製剤実験用のサンプルなどを明確に記載しなければならない。明細書において、“本発明の化合物”、“本発明の式１化合物を含む医薬組成物”だけが記載され、明細書に実験に何のサンプルを採用しているのを明確に説明していない場合、当業者は実験結果が何のサンプルによって得られたのかを分らないので、特許法第26条第３項の十分な開示要件を満たさない。

ただし、明細書において、実験に採用されたサンプルが、“好ましい化合物”、“製造例の化合物”、“代表的な製剤”などと記載され、且つ明細書の他の部分に既に前記サンプルがどの具体的な化合物であるのが明確に記載された場合は、実験に採用された具体的なサンプルが明細書において明確に説明されていることになる。

２．２．２．実験の方法

用途及び／あるいは効果の実験は、臨床実験あるいはラボ実験のいずれでもよい、例えば、動物モデルあるいは生体組織の生体外実験でも良いが、細胞あるいは分子レベルの実験でも良い。実験の類型、レベル又は規模に対して特別な要求がない。

ただし、どんな実験であっても、明細書において具体的な実験手順及び実験条件を記載しなれればならない。必要な時に、実験の設備を説明する必要な場合もある。

２．２．３．実験の結果

明細書において、通常、定量的な実験データによって実験結果を説明し

---

(3)『審査操作規程・実質審査分冊』第10章第２．１．１節（2011年２月、知識産権出版社）。

なければならない。ただし、実験結果が定量的なデータを得られない、あるいは観測対象の特徴により定量的なデータによる説明が適切ではない場合は、定性的なデータを利用して実験結果を説明することが認められる。例えば、医者により患者のある臨床症状の変化に対する定性的な説明は認められる。

定量データによって実験結果を記載するときに、"…のX効果指数はXX値より低い"、"…の有効抗菌濃度はXX値より低い"、あるいは"…のIC50値は、XX値からXX値までの範囲にある"のような記載方式は認められる。

2.2.4. 実験結果と用途及び／又は使用効果との間の対応関係

明細書に記載の実験結果により、発明が有する用途及び／又は使用効果を直接的に証明できない場合、明細書において、実験結果と発明が予測する用途及び／又は使用効果との間の対応関係を、説明あるいは証拠により証明しなければならない。

2.3. 十分な開示要件／サポート要件のための実験データ追加

『審査操作規程』において、以下のように説明している[4]。出願人は、十分な開示要件の欠陥を克服するためあるいはクレームが明細書からサポートされていることを証明するために、出願日以降に提出した実験データあるいは効果実施例について、通常認めない。

即ち、明細書に記載する用途及び効果について、最初の明細書から実験データあるいは効果実施例によって証明していなければ、後での追加データの提出が認めないので、十分な開示要件を満たさないことになる可能性が高い。

また、後で紹介する審決例、判例の事例説明の第2案例において、実験データの追加を認めるか否かについて、特許復審委員会の復審決定による判断基準がある。即ち、追加資料を認めるか否かは、出願時に提出した明細書に記載の内容に従って当業者が発明を実現でき且つ発明の効果を達することができることを証明する為であるか否かによる。出願日以降の実験データ及び開示資料は通常認めない。

---

(4)『審査操作規程・実質審査分冊』第10章第2.1.2.1節（2011年2月、知識産権出版社）。

3. 審査事例

3．1．実験データの記載が不十分な事例(5)

請求項：疾患Ｄを治療又は予防するための医薬物の製造における化合物Ａの使用。

明細書の記載：公知化合物Ａが疾患Ｄに対する効果実験及びその結果に関する記載は、以下である。"成人患者に対する化合物Ａの疾患Ｄに対する効果を研究した。患者に約６週間経口服用化合物Ａを与えた。HamiltonのＤ病（HAM-D）の評価表（公知文献に定義された評価表）による評価及び測量値が明らかに低下し、且つ収集された臨床的及び患者への全体的な印象により、疾患Ｄが改善されたと推定する。"

事例解析：

明細書において、HamiltonのＤ病（HAM-D）の評価表によって、化合物ＡがＤ病に対する治療の活性を検証されている。前記実験方法によっては、評価指標の具体的な評価値及び測量値によるHAM-D評価方法の実験結果を評価しなければならない。明細書では、単に"疾患Ｄが改善されたと推定する"と記載し、いずれの評価指標の具体的な評価値及び測量値も挙げていない。従って、該明細書では実験データに対する記載が不明確し、不十分である。

3．2．実験データと用途の対応関係が説明していない事例(6)

請求項：過度のiNOS酵素活性に関する眼病を治療及び予防するための医薬物の製造における一般式Ⅰ（式略）の使用、前記眼病は、緑内障、網膜炎、網膜虚血に関する疾患、あるいは眼色素層炎である。

明細書の記載：当該発明は、新規化合物及びその眼病の治療及び予防の用途に関する。明細書の薬理実験部分は酵素活性の実験データを挙げだか、前記具体的な適応症に対する実験では、実験モデルの作製方法及び実験工程を開示しているものの、いずれの効果の実験データも挙げていない。

---

(5)『審査操作規程・実質審査分冊』第10章第２．１．１節の事例１（2011年２月、知識産権出版社）。

(6)『審査操作規程・実質審査分冊』第10章第２．１．１節の事例５（2011年２月、知識産権出版社）。

事例解析：

本願明細書では、当該化合物のiNOS酵素活性を抑制する作用が証明されたが、当該化合物の具体的な適応症に治療又は予防することができることが証明されていない。このような場合は、当業者は、既存技術により当該化合物の酵素抑制機能からその具体的な適応症を治療できることを推測することができない場合では、当該用途発明について、十分に開示されていない。

4. 審決・判決の事例説明

4.1. 製薬用途発明の十分な開示要件を満したと判断された審決事例

中国で最も注目された製薬用途特許の無効審判及び審決取消訴訟は、米国ファイザー社の医薬製品バイアグラの新製薬用途の特許に関する事件である。2004年6月に中国特許復審委員会は第6228号無効審決を下した[7]。当該無効審決において、特許権者米国ファイザー社の特許（PCT国際出願番号PCT／EP94／01580、PCT出願日1994年5月13日、中国特許番号第ZL94192386.X）に関する無効審判の無効審決が下された。無効審決の主な理由は、中国特許法第26条第3項の十分な開示要件を満たさないことであった。出願人は不服として審決の取消を求める行政訴訟を提出した。2006年6月に北京市第一中等裁判所は前記の審決を取消し、更に2007年9月に北京高等裁判所の終審判決（(2006）高行終字第519号）も一審判決を維持したため、無効審決が取消し、特許権の維持が確定した[8]。

4.1.1. 無効審判の概要

中国特許ZL94192386.Xは、中国特許庁で2001年9月に特許された。特許された唯一の請求項は医薬新用途を発見した公知化合物（バイアグラ）のスイス型用途クレームである。第三者の個人及び聯想薬業公司など12社の中国企業は、前記特許権（特許番号:94192386.X）が付与された直後に、

---

(7) http://app.sipo-reexam.gov.cn/reexam_out/searchdoc/search.jsp 中国国家知識産権局専利復審委員会の前記ウェブサイトに復審決定号を入れれば、中国語原文の復審決定が得られる（最終参照日：2014年2月5日）。

(8)中国国家知識産権局専利復審委員会が作成編集した『専利行政訴訟概論と案例解析』第4章第6節（説明書の十分な開示の判断）第189頁～192頁、(2011年8月、知識産権出版社)。

特許復審委員会に対し、無効審判を請求した。

Pfizer社の明細書には、薬理実験方法と生体外薬効実験および動物急性毒性試験データが記載しているが、請求項の化合物であるバイアグラを利用して実験を行った記載がないため、請求項の化合物と明細書の実験データとの関連性があるか否が無効審判の主な争点であった。

効果実験に使用された化合物について、明細書には「本発明の特に好ましい化合物」と記載されている。本特許の明細書には、本発明の化合物について、選択レベルによって５つのランクに分けて説明され、それぞれ、⑴一般式Ⅰで表される化合物、⑵好ましい化合物（一般式Ⅰの置換基を更に限定した化合物）、⑶より好ましい化合物（⑵を基にして一般式Ⅰの置換基を更に限定した化合物）、⑷特に好ましい化合物（⑶を基にして一般式Ⅰの置換基を更に限定した化合物）、⑸特に好ましい個別の化合物（一般式Ⅰに含まれている９種類の具体的な化合物、その中には、バイアグラを含む）と記載されている。明細書の詳細について、特願平7-501234、特表平9-503996を参考して下さい。

2004年６月に下された第6228号の無効審決は、主には効果実験に使われた「本発明の特に好ましい化合物」（第４ランク）が、100種を超えるため、第５ランクに挙げた請求項の具体的な化合物が治療効果を有するまでに至るのは、容易ではないため、中国特許法第26条第３項の十分な開示要件を満たさず、本件特許を無効にした。

4．1．2．審決取消訴訟の概要

特許権者のPfizer社は当該無効審決を受けた後、北京市第一中等裁判所に審決取消訴訟を提起した。2006年６月に下された第一審判決において、前記の無効審決が取り消された。

北京市第一中等裁判所の一審判決（(2004）一中行初字884号行政判決）は、以下の理由によって無効審決を取消した。

本件明細書において、段階方式で５つランクの化合物の範囲を上げているが、当業者にとって、好ましいランクの確定は発明目的の実現と密接に関係しているものであり、その基準は一致するはずであるので、本件関連分野の技術者は、第５ランクの化合物の治療効果が最も優れているということを当然に理解できる。

第４ランクの化合物は100種以上あり、また明細書には具体的にどの化合物から上記結果を得られたかについての明確な記載はないが、一般的な状況においては、明細書に提示された具体的な化合物のデータ又は試験結果は、比較的効果の高い化合物によって得られたものである。このことから、特に好ましいと選出された第4ランクの化合物は、生体外及び生体内活性を備えていることがわかる。明細書に提示された第5ランクの化合物は、明細書に挙げる最も優れている化合物であり、その9種類の化合物が構造も類似しており、その薬理活性は類似しているはずである。当業者は、かかる化合物のうちの1つである本件特許クレームに記載の化合物が明細書に記載される治療効果を備えていると確定することは合理的であり、過度の試行錯誤を行う必要はない。特許復審委員会は、無効審判において、請求項の化合物と明細書の実験データとの関連性が乏しく、第4ランクの化合物の中から請求項の化合物を選別し、かつ治療効果があることを確認するには過度の試行錯誤を行う必要があると認定されたが、それは前記の状況を軽視し、理由が不十分である。

前文により、本件明細書が特許法第26条第3項の十分な開示要件を満たさず判断は錯誤であり、無効審決が取消されるべきである。

無効審判請求人は前記判決を不服として、第二審を提起したが、2007年9月に、北京市高等裁判所の終審判決（(2006) 高行終字第519号行政判決）も一審判決を維持した。中国は二審終審制で、本件特許権の維持は最終に確定された。

4.1.3. 考察及び留意点

本願特許に対して、いろんな国において紛争があった。例えば、英国において、特許権が進歩性を有しないため無効にされた。日本においても、異義申立を請求したが、特許第2925034号の請求項1及び2に係る特許権が維持した[9]。

中国において、前記のように、特許復審委員会は無効審決を下したが、裁判所では前記の無効審決を取消した。ただし、本事件の裁判所の判決に対していろんな議論があった。ここで、筆者は、実務において以下の2点を留意するべきと考えている。

---

(9) http://tokkyo.shinketsu.jp/decision/pt/view/ViewDecision.do?number=1083059、（最終参照日：2014年2月5日）。

1）特許無効審判について、特許復審委員会の審決は裁判所により覆されることが珍しいことではない。重要な特許権について裁判所に判断してもらうことも大事である。

2）前記に説明した2010年の中国審査基準に従って、実験に使用された具体的な化合物、実験法、実験データ、又は実験データと用途／効果との間の対応関係を明確に記載すべきである。中国では、成文法を採用しており、過去の判例を参考することができるが、過去の判例によって拘束されることではない[10]。中国で強く且つ安定した特許を取得するために、やはり現行の特許審査基準の要求に基づいた明細書の作成が重要であると思う。

４．２．製薬用途発明の効果を十分に開示していないと判断された審決事例

2004年５月27日に、中国特許復審委員会は第4679号復審決定を下した[7]。当該復審決定において、出願人米国ファイザー社の中国出願番号96112447.4、公開番号CN1151893A、出願日1996年10月17日の出願に関する復審請求について、用途発明の効果が十分に開示されていないため、特許法第26条第３項の十分な開示要件を満たしていないと結論つけ、拒絶査定を維持する拒絶審決が下された。出願人は審決取消訴訟を提出していないため、審決は確定した[11]。

４．２．１．拒絶査定の概要

本件特許出願の発明の名称は、“NK-1受容体アンタゴニストを用いる抗嘔吐治療用の組み合わせ”である。独立請求項の発明は、「嘔吐の治療又は予防用医薬組成物の製造において、NK1-受容体アンタゴニストと、(a)グルココルチコイド又はコルチコステロイド、(b)ベンゾジアゼピン、(c)メタクロプラミド、及び(d)細胞内分子スカベンジャーからなる群より選択した他の活性成分１種類以上との組み合わせの使用、ここで、組み合わせの各活性成分の使用量は相乗的抗嘔吐効果を生じる量である」とのスイス

---

(10)中国国家知識産権局専利復審委員会が作成編集した『専利行政訴訟概論と案例解析』田力普の序言、第２頁、（2011年８月、知識産権出版社）。

(11)中国国家知識産権局専利復審委員会が作成編集した『専利権付与の他の実質性要件』第243頁～第250頁（2011年９月、知識産権出版社）。

タップクレームの製薬用途発明である。

2003年4月4日に、審査官は、以下の理由で本件出願について拒絶査定を下した。(1)本願の明細書に、本発明が保護する医薬物の組合せ使用の具体実施例が記載されていない、即ち、具体的に、いずれの活性成分の組合せ、活性成分の具体的な使用量及びどのように使用するのが記載されていないため、明細書に記載の課題の解決手段は不明確である。(2)本願の明細書に、組み合わせの医薬物の相乗的抗嘔吐効果が証明されたいずれの実験データも記載されていないため、当業者は本願明細書の記載によって発明を実施できない。(3)審査段階に提出した追加資料は本願出願日以降の文献であるため、本願発明が出願日前に実施できることを証明することはできない。

4.2.2. 復審請求の審理及び審決

出願人は、2003年7月18日に拒絶査定に対して復審を請求した、医薬物の組合せ使用の相乗的抗嘔吐効果の実験データも添付した。復審請求の理由は以下のとおりである。(1)特許法第26条第3項及び特許審査基準において、特定な実験データが絶対的記載しないといけない規定がない。本願明細書に相乗的抗嘔吐効果の実験データがないが、組合せ使用の技術手段を十分に記載されてあり、添付資料の実験データから見れば、当業者は、本発明を実施できるはず。(2)本発明の活性成分の使用量について、明細書第16頁3段目に“嘔吐の治療又は予防用のため、単独使用量より同じあるいは少ない量で使用…”“FDA の推薦使用量…”と記載され、更に、第16頁～17頁に各活性成分の推薦使用量などが記載されているため、当業者は明細書の記載によって、本願発明を実施できるはず。

前記の復審請求の理由に対して、復審委員会が以下の理由で復審通知書を発行した。医薬物の組合せ使用の相乗的効果は、組合せ使用の各医薬物の化学構造及び性能から推測しにくいことであり、通常、薬学実験データあるいは薬学実験方法の測定結果で証明しないとならない。本願明細書において、特許請求する医薬物の組合せの使用による相乗的効果について、論理的な分析もなく、いずれの実験データもない。明細書に医薬物の組合せの部分の活性成分の使用量の範囲及び使用法の教示をしているが、出願時の公知常識及び明細書の記載から、本願の医薬物の組合せの相乗的効果を得ることができない、即ち、明細書の記載から、過度の試行錯誤をいらずに本願発明を実施できない。追加した実験データについても、出願日以降に開示した資料なので、採用できない。

前記の復審通知書に対して、出願人は、相乗的効果の実験データがないが、当業者が明細書の記載により医薬物の組合せを取得し、慣用実験法で相乗的効果の実験データを取得でき、簡単に本発明を再現できると再び主張したが、復審委員会は前記反論を認めず、拒絶査定を維持した。

出願人が前記復審決定に対して審決取消訴訟を提出せず、前記復審決定は確定した。

４．２．３．復審委員会の事例説明

化学分野の特許出願について、審査官は、提出された技術手段が発明の目的を達成できるか否かについて常に疑い、具体的な技術手段が挙げたとしても実験データでその効果を証明していなければ、明細書の十分な開示要件を満たしていないと判断する。それに対して、一部の出願人は、特許法第26条第３項において実験データを提出すべき規定がない、且つ明細書に記載の技術手段を採用すれば、当業者が簡単に発明効果を検証できるので、明細書の十分な開示要件を満たしていると反論する。更に、一部の出願人は追加実験データなどで特許請求する発明が確かに明細書に記載の発明効果を有することを説明し反論する場合もある。本事例では、前記の状況を示した案例である。

本案例において、以下の二つの問題が示されている。①化学分野特許出願の効果について、特許法第26条第３項の明細書の十分な開示要件を満たすために、どの程度に開示すべきか、②実験データを含む出願日以降の追加資料の提出を認めるか否か。

本案例の明細書の開示について、特許復審委員会の考えとしては、医薬組合物の分野では、二種類以上の組合せ利用が相乗的効果を得られるか否かについて、各医薬の構造及び性能から推測するのはし難いため、薬学的な実験データあるいは薬学的な測定法による測定結果によって確認すべきである。このような場合は、出願人の断言ではなく、明細書において実験データの開示によって発明効果を証明しなければ、当業者は発明を確認できないため、特許法第26条第３項の規定を満たさない。

本案例の追加実験データについて、特許復審委員会の考えとしては、追加実験データを認めるか否かは、出願時に提出した明細書に記載の内容に

従って当業者が発明を実現できる且つ発明の効果を達することができることを証明する為であるか否かによる。本案例において、追加した資料は出願日以降の開示資料であり、公知常識でもないし、先行技術でもないため、出願時に提出した明細書に従って当業者が発明を実現できる且つ発明の効果を達することができることを証明することが当然できない。従って、追加した資料は本案例との関係性がないため、認めない。

更に、復審段階において、請求人から、明細書の記載により医薬物の組合せを取得し、慣用実験法で相乗的効果の実験データを取得し、簡単に本発明を再現できると反論していた。それに対して、特許出願の発明は、完成した発明であるべき、完成していない発明であってはいけない、そして、完成した発明は、技術の手段のみではなく、当業者が確定したあるいは合理的に予測できる技術効果を有しなければならない。本案の復審決定に述べたように、発明の効果が先行技術により合理的に予測できない場合、発明の効果を確定し発明を完成したことを証明するのに、実験データは不可欠である。

4．2．4． 考察及び留意点

本願は中国において、以上の経緯で特許法第26条第３項の十分な開示要件を満たさず､拒絶が確定した。同出願人の同発明に対応する日本出願（特願平8-297370、特開平9-110721）を調べた結果、日本特許法第36条の拒絶理由などで、拒絶査定が最終的に確定されている。

本事例で留意すべき点としては、医薬化学分野の特許出願について、発明の効果を証明するために､明細書に単に効果を有する記載のみではなく、効果実施例の実験データによって証明するべきである。例え、明細書の記載によって、発明を再現でき、実験データを簡単に取得できるとしても、発明の効果を合理的に予測できない場合は、明細書において、発明の効果を証明できる実験データを提出しなければならない。

なお、本事例の復審決定書は中国国家知識産権局ホームページで標準になれる2010年度の優秀復審決定書として選ばれている(12)。

---

(12) http://www.sipo-reexam.gov.cn/scyfw/scjdpx/ndyxjd/yxjdpxno 1 /3854.htm 中国国家知識産権局ホームページに開示された2010年度の優秀復審決定書、（最終参照日：2014年２月５日）。

第５節　微生物の関連発明

中国特許審査基準に“**微生物には、細菌、放線菌、真菌、ウイルス、原生動物、藻類などが含まれる。微生物は、動物の範囲にも、植物の範囲にも該当しないため、特許法25条１項(4)号に掲げた状況に該当しない。ただし、人間によるいかなる技術的処理も受けずに自然界に存在している微生物は、科学上の発見に該当するため、特許権の付与を受けてはならない。微生物が分離されて純粋培養物となり、かつ特定の産業用途を備える場合に限って、微生物そのものは特許保護を与える対象に該当する。**”が規定されている[(1)]。

即ち、中国において、動物及び植物そのものに対して、特許保護を与えないが、微生物であれば、そのものでも特許される可能性がある。

本節では、微生物の関連発明について、関連規定、及び審査、審決の事例を紹介し、明細書に開示すべき内容を説明する。

1.　関連規定

1.1.　微生物関連発明の十分な開示要件

1.1.1.　生物材料の寄託

微生物は生物材料の一種であり、生物材料の寄託に関する規定を満たす必要がある。特許請求の範囲に関わる生物材料は、一般的に入手できない、且つ当該微生物に対する説明は当業者にその発明を実施させるのには十分でない場合は、当該微生物を認可される寄託機関に寄託しなければならない。ここでは、中国における生物材料の寄託に関する具体的な規定を紹介する。

1.1.1.1.　特許法実施細則第24条の規定

“特許を出願する発明が新しい生物材料に関わり、当該生物材料が一般に入手できないものであり、且つ当該生物材料に対する説明は当業者にその発明を実施させるには十分でない場合は、特許法と本細則の関連規定に合致する他に、出願人は以下の手続きも取らなければならない。

(1)　出願日までに又は遅くとも出願日（優先権がある場合には、優先

(1)中国専利審査指南（2010）第二部第10章第９．１．２．１節。

権日を指す）に、当該生物材料のサンプルを国務院特許行政部門に認可された寄託機関に寄託し、かつ出願時又は出願日より起算して４ヶ月以内に寄託機関が発行する寄託証明書及び生存証明書を提出しなければならない。期限が満了になっても証明書を提出しない場合は、当該サンプルは寄託されていないものと見なす。

(2) 出願書類の中で、当該生物材料の特徴に関する資料を提供する。

(3) 生物材料サンプルの寄託に関わる特許出願は、願書及び明細書中に当該生物材料の分類名称（ラテン語名を注記する）、当該生物材料を寄託した機関の名称、所在地、寄託日、寄託番号を明記しなければならない。出願時に明記されていない場合は、出願日より起算して４ヶ月以内に補正しなければならない。期限が満了になっても補正しない場合は、寄託されていないものとみなす。”

１．１．１．２．審査基準の関連規定

特許審査基準第二部第10章第９．２．１節において、以下の規定がある。

“生物材料の寄託：

(1) 特許法第26条第３項には、明細書では、発明又は実用新案に対し、当業者が実現できる程度に明確かつ完全な説明を行わなければならないことを規定している。

通常の場合は、明細書では文字による記載を以って、特許請求する発明を十分に開示しなければならない。生物技術という特定の分野において、文字による記載では生物材料の具体的な特徴を記述するのが難しいことから、このような記載があっても生物材料そのものが入手できず、当業者が依然として発明を実施することができない場合がある。その場合、特許法第26条第３項の要求を満たすため、規定に基づき、係わっている生物材料を国家知識産権局に認可された寄託機関に寄託しなければならない。

出願に係わる発明を完成させるのに使用しなければならない生物材料が、一般に入手できないにも拘わらず、出願人が特許法実施細則第24条の規定に従って寄託していないか、若しくは規定に従って寄託したが、出願日に又は遅くても出願日から起算した４ヶ月以内に、寄託機関が発行する寄託証明書及び生存証明書を提出していない場合には、審査官は、特許法26条３項の規定に合致しないことを

理由として、当該出願を却下しなければならない。

一般に入手できない生物材料に係わる特許出願は、願書及び明細書の両方において、生物材料の分類名称、ラテン語の学名、当該生物材料のサンプルを寄託する機関の名称や所在地、寄託日及び寄託番号を明記しなければならない。

明細書で当該生物材料に初めて言及するときには、当該生物材料の分類名称、ラテン語の学名を記載する以外、その寄託日や当該生物材料のサンプルを寄託する寄託機関の名称の全称と略称及び寄託番号を明記しなければならない。更に、当該生物材料の寄託日、寄託機関名の全称と略称及び寄託番号を明細書の構成部として、添付図面の説明に相当する位置に集約して記入しなければならない。もし、出願人が特許法実施細則第24条の規定に合致した願書、寄託証明書、及び生存証明書を遅滞なく提出したものの、寄託に関連する情報を明細書には明記していないなら、出願人が実体審査段階で願書の内容に応じた関連情報を明細書に補足することが認められる。

⑵　特許法実施細則第24条でいう「一般に入手できない生物材料」には、個人又は機関が保有するもので、特許手続以外の寄託機関で寄託され、かつ公に配布しない生物材料、あるいは、明細書で当該生物材料の作製方法が記載されているが、その分野の技術者が当該方法を繰り返しても該生物材料を取得することができないようなもの、例えば、再現できないスクリーニングや突然変異などの手段により新規に創製した微生物菌種が含まれる。このような生物材料は規定に基づいて寄託するのを要求されている。

以下のような状況は、一般に入手できるものとして認められ、寄託が要求されない。

(i)　一般に国内外の商業ルートで購入できる生物材料。　明細書において購入ルートを明記しなければならない。必要な場合には、出願日（優先権がある場合には、優先権日を指す）前に、一般に当該生物材料が購入できる証拠を提供しなければならない。

(ii)　各国の特許庁又は世界特許機関に認可された特許手続用寄託機関に寄託され、かつわが国で提出した特許出願の出願日（優先権がある場合には、優先権日を指す）までに特許公報で公開された、あるいは特許権が付与された生物材料。

(iii) 特許出願において使用しなければならない生物材料が、出願日（優先権がある場合には、優先権日を指す）前に、特許文献以外で開示されていた場合には、明細書の中で文献の出所が明記されており、一般に当該生物材料を入手する経路が説明されており、かつ特許出願人が出願日から起算する20年以内に一般に生物材料を配布することを保証する旨の証明が提供されるべきである。

(3) 特許庁に認可された寄託機関で寄託している生物材料は、当該機関が生物材料の生存状況を確認しなければならない。生物材料の死亡、汚染、不活性化又は変異が確認された場合には、出願人は必ず当初で寄託したサンプルと同様な生物材料及び原始サンプルを同時に寄託しなければならず、かつその旨を特許庁に報告すれば、後の寄託が当初の寄託の継続として認める。

(4) 特許庁に認可される寄託機関とは、ブダペスト条約において承認された生物材料サンプルの国際寄託機関をいう。中には、中国北京に所在する中国微生物菌種保蔵管理委員会普通微生物中心（CGMCC）及び武漢に所在する中国典型培養物保蔵中心（CCTCC）が含まれる。”

即ち、中国に微生物の関連発明の特許出願を行う場合が、発明に使用される一般に入手できない微生物について、出願日（あるいは優先権日）までに、ブダペスト条約に承認される国際寄託機関に寄託しなければならない。更に、出願日に又は遅くても出願日から起算した４ヶ月以内に、国際寄託機関が発行する寄託証明書及び生存証明書を提出しなければならない。前記の寄託証明書及び生存証明書を提出していない場合は、当該微生物が寄託されていないと見なされ、特許法第26条第３項の十分な開示要件を満たしていないと判断される。

１．１．２．微生物記載の審査基準の関連規定

中国特許審査基準第二部第10章第９．２．４節において、以下の規定がある。

“微生物に関する発明

(1) 寄託される微生物は、分類同定における微生物株名、種名、属名を以って記載しなければならない。種名まで同定できていないものは、属名を示さなければならない。明細書において、当該発明に使用され

る微生物に初めて言及する際は、括弧によりそのラテン語の学名を注記しなければならない。もし当該微生物は、特許法実施細則第24条の規定に基づき、国家知識産権局に認可された寄託機関に寄託されたなら、明細書において、本章の規定に基づき、寄託日や寄託機関名の全称と略称及び寄託番号を明記しなければならない。明細書のその他の記載には、「黄色ブドウ球菌CCTCC8605」のように、当該寄託機関名の略称及び当該微生物の寄託番号を以って寄託された微生物を表示することができる。

(2)　新種の微生物に係わる場合には、その分類学的性質を詳細に記載し、新種として同定した理由を明記して、判断基準となる関連文献を示さなければならない。”

１．２．微生物関連発明の請求項

中国特許審査基準第二部第10章第９．３．２節において、以下の規定がある。

“微生物の関連発明

(1)　特許請求の範囲に係わる微生物は、微生物学的分類命名法に基づいて記載しなければならない。確定された中国語名があるものは、中国語名で記載し、かつ初めて言及する時に括弧により当該微生物のラテン語の学名を注記しなければならない。もしその微生物は国家知識産権局に認可された寄託機関に寄託されている場合、当該微生物を寄託した機関の名称の略称及び寄託番号で当該微生物を記載しなければならない。

(2)　明細書では、ある微生物の具体的な突然変異株について言及していないか、若しくは具体的な突然変異株について言及したが、相応の具体的な実施形態を提供していないにも拘らず、このような突然変異株を特許請求する場合には、許容されない。

ある微生物の「誘導体」を特許請求するクレームについて、「誘導体」の意味は、当該微生物から生じる新規な微生物の菌株を指すのみならず、当該微生物から生じる代謝産物まで含まれるので、その意味が不確かなものであり、このような特許請求する範囲が不明りょうなものである。”

ここで留意すべきなのは、中国には、通常、請求項における「突然変異株」と「誘導体」の用語は認められない。

1．3．実用性がない微生物の生産法

中国特許審査基準第二部第10章第9．4．3節において、以下の微生物の生産法の発明が実用性ないと規定されている。

1．3．1．自然界から特定微生物をスクリーニングする方法

“自然界から特定微生物をスクリーニングする方法

このような方法は、客観的条件の制限を受けるもので、かつランダム性が高く、ほとんどのケースは再現できない。例えば、ある省ある県ある地方の土壌から分離、スクリーニングされたある特定の微生物について、その地理的位置の不確かさ、自然や人為的環境の変化に加え、同一の土壌における特定の微生物が存在するという偶然性があるため、特許の有効期限である20年間以内に、同種同属なもので、生化学的遺伝性が完全に同一である微生物体のスクリーニングを再現できる可能性がない。従って、自然界から特定微生物をスクリーニングする方法は、通常産業上の実用性を有しない。出願人がこのような方法が繰り返して実施できることを証明するのに十分な証拠を提出できる場合を除いて、このような方法に特許権を付与しない。”

1．3．2．物理・化学方法での人工的な突然変異による新規微生物の生産法

“物理・化学方法での人工的な突然変異による新規微生物の生産法

このような方法は主に、誘発条件による微生物のランダムな誘導変化に依存している。このような突然変異が、実はDNA複製の過程における1つ又は複数個の塩基が変化し、そしてその中からある特徴を持つ菌株をスクリーニングすることである。塩基の変化がランダムなものなので、誘発条件が明りょうに記載されたとしても、誘発条件の再現を以って完全に同一な結果を得るのは難しい。このような方法は、ほとんどの場合では特許法第22条第4項の規定に合致しない。出願人は、一定の誘発条件において誘発すると、必要とする特性を持っている微生物が必然的に得られることを証明するのに十分な証拠を提出できる場合を除いて、このような方法に特許権を付与しない。”

2.　実務の留意点

2.1.　生物材料を寄託すべきか否か

生物材料を寄託すべきか否かを判断する際に、以下の留意点がある。

新規な微生物に係る発明について、明細書で当該生物材料の作製方法が記載されているが、その分野の技術者が当該方法を繰り返しても該生物材料を取得することができないようなものについても、寄託すべきである。例えば、再現できないスクリーニングや突然変異などの手段により新規に創製した微生物菌種は、その生産法を詳細に記載した場合でも、寄託しなければならない。

ただし、例えば、新規微生物の作製方法がDNA組み換え技術を使用する場合であり、且つ当該作製方法を詳細的に記載され、更に、当該方法に使用されるいずれの原料も公衆が入手できるものであれば、寄託しなくても良い。後文の審決事例２にまた詳細に紹介する。

2.2.　寄託機関と寄託時期

中国特許庁に認可された寄託機関について、ブダペスト条約において承認された生物材料サンプルの国際寄託機関である。即ち、中国特許庁で認められる寄託は、国際寄託のみである。

日本の出願人は、国内基礎出願の生物材料サンプル寄託を国内寄託し、国際出願の際に、国際寄託に切り替えることがある。日本国内の基礎出願の優先権を主張して、国際出願の中国移行を行う際に、SIPOでは、このような特許出願に対して、生物サンプルが寄託されていないと見なされる通知書を発行すると思われる。中国特許法実施細則第25条の規定の出願日又は優先日前に行われる生物サンプルの寄託は、国際寄託であることがこの通知書の根拠である。即ち、日本国内の基礎出願において、生物サンプルの国際寄託をしていなければ、中国での出願に対して生物サンプルが寄託されていないと見なされるのである。

従って、中国に特許出願をする予定があり、且つ優先権を主張するなら、最初の基礎出願から、寄託必要な生物材料を国際寄託しなければならない。

2.3.　微生物関連発明の明細書の作成留意点

中国特許庁化学審査部が作成した書籍には、以下のように、微生物関連発明の明細書の作成に対する留意点を説明している[2]。

2．3．1．新規微生物の名称の記載

微生物の名称は、科学的な命名法を採用して記載しなければならない、例えば、微生物学的分類命名法（ラテン語名称）を採用する。通常、新規に取得した微生物は、既存種の新しい菌株あるいは既存属の新しい種である。従って、新しい菌株の場合は、微生物学的分類学の名称は、種名＋菌株名にすべきである。前記種名は国際標準命名法で命名した公知の通用名（対応するラテン語も記載）にするが、前記菌株名では申請人が命名する。例えば、「サッカロミセス（saccharomyces）Y-1」は、サッカロミセス種のY-1菌株を示す。

2．3．2．寄託状況の記載

新規微生物について、明細書に初めて記載される場合、その科学命名の名称の後に、寄託機構の略称及び寄託番号を標記する必要がある。即ち、以下のように表示すべきである：

「種名（ラテン語名称）菌株名＋寄託機構＋寄託番号」

例えば、「サッカロミセス（saccharomyces）Y-1　CCTCC No. M93049」

新しい菌株がまた適切な種に分類されていない場合は、以下の表示をしてもよい。

「属名（ラテン語名称）菌株名＋寄託機構＋寄託番号」

そして、明細書において、単独の段落で、寄託日、寄託機構の全称、略称及び寄託番号を記載しなければならない。例えば、「サッカロミセス（saccharomyces）Y-1、1993年9月8日に既に中国典型培養物保蔵中心に寄託している、その略称はCCTCCであり、寄託番号はM93049である」のような方式で記載すべきである。

2．3．3．新規微生物の生物学特徴の記載

微生物の生物学特徴は、形態的特徴、培養特徴、生理特徴、又は代謝特

(2)中国国家知識産権局化学審査部元部長の張清奎が在職中に中心となって作成編集した『化学領域発明の専利申請文書の作成及び審査（第3版）』、第188～190頁、(2010年10月、知識産権出版社)。

徴（機能特徴）などを含む。生物学特徴を説明する目的は、当該微生物と既存な微生物との区別を示すためであり、新規的な微生物を取得したことを証明するためである。新しい種である場合は、その分類学的性質を詳細に記載し、新種である理由を説明しなければならない。即ち、同属のその他の類似種との異同点を説明し、且つこのような判断基準に関する文献を挙げる。新しい菌株である場合は、その新菌株の特徴を明確に説明し、当該菌株と同種のその他の既存の菌株との区別特徴を説明しなければならない。

２．３．４．新規微生物の生産法の記載

発明が微生物そのものあるいは新しい微生物の用途である場合、微生物の生産法は当業者が生産できる程度に記載しなければならない。生産法は通常、スクリーニング、突然変異、又はDNA組み換え技術などの手段を含むが、スクリーニング法あるいは突然変異方法で得られた微生物については、通常中国特許庁に認可される寄託機構に寄託しなければならない。DNA組み換え技術については、生産法を詳細的に記載し、且つその方法に使用されたいずれの原料も公衆が入手できるものであれば、寄託しなくても良い。

２．３．５．新規微生物の技術効果の詳細の記載

新規な微生物に関する発明は、特許法第26条第３項の規定を満たすために、明細書において、実験データによって当該微生物の用途及び使用効果を証明しなければならない。例えば、自然からスクリーニングにより得られた新しい微生物である場合、実験データによって当該微生物の工業上の用途を証明しなければならない、また、人工的に突然変異によって得た変異株について、元の菌株と比べて更に優れた機能特徴を説明しなければならない。遺伝子組み換え微生物については、当該外来遺伝子の発現産物を測定できた実施例を提供しなければならない。

２．３．６．公知微生物の記載[(3)]

微生物の関連発明に使用される微生物が公知である場合、当該微生物を開示した文献及び公衆が当該微生物を入手する具体的なルートについて記載する必要がある。例えば商業上に購入できる微生物について、商品名、

生産企業及び該商品の成分などの情報を開示する必要がある。例えば特許文献に開示された、各国が承認する特許手続の機構に寄託されている微生物について、特許文献号、寄託機構の名称、寄託番号を開示する必要がある。例えば非特許文献に開示された微生物について、当該微生物の所有人あるいは非特許手続の寄託機構により20年間公衆に対して提供する証明を提示する必要がある。

3. 審査事例

3.1. 寄託すべきと判断される事例

3.1.1. 自然環境からスクリーニングした独特な微生物(4)

請求項：A型肝炎患者から分離したA型肝炎ウイルス株－8のHAV抗原及びHBs抗原のA型、B型の肝炎複合ワクチン。

説明：自然環境からスクリーニングした独特な機能を持ち微生物そのもの、あるいはその微生物の用途の発明について、通常、当該生物材料を寄託しなければならない。

3.1.2. 人為的突然変異処理により得られた独特な微生物(5)

請求項：輻射処理による変異したXX種子の製薬用途であって、前記種子は、…特別の特徴を有する。

説明：公知の生物材料に対して、例えば、紫外線、放射性輻射、化学誘導剤などの物理・化学方法により人為突然変異を行い、得られた独特な機能を持ち新規生物材料そのもの、あるいは新規生物材料の用途に関する発明は、通常該新規生物材料を寄託しなければならない。

3.1.3. 独特な特徴を有するハイブリドーマ(6)

請求項：ヒトヘモグロビンに高い結合能力を有するモノクローナル抗体

---

(3)中国国家知識産権局化学審査部元部長の張清奎が在職中に中心となって作成編集した『医薬及び生物領域発明の専利申請文書の作成及び審査』、第235頁、(2002年11月、知識産権出版社)。

(4)『審査操作規程・実質審査分冊』第10章第4.5.3.2節に挙げた審査事例の案例3（2011年2月、知識産権出版社)。

(5)『審査操作規程・実質審査分冊』第10章第4.5.3.2節に挙げた審査事例の案例5（2011年2月、知識産権出版社)。

を分泌するハイブリドーマB9。

説明：モノクローナル抗体が予測できない特徴及び効果を示している場合、例えば、他の抗原との交差反応が低い、あるいは抗原との結合能力が高い場合、当該モノクローナル抗体を分泌するハイブリドーマを寄託しなければならない。

３．１．４．減毒したウイルス株[7]

請求項：流行性出血熱の患者から分離した流行性出血熱のウイルスL99を２～４日齢のマウスの脳中に継代適応した後、Golden Gopher腎臓細胞に接種培養し、得られた減毒したウイルス株L99-ST12。

説明：分離した野生型のウイルス株を特定の細胞に接種培養し得られた減毒した新しいウイルス株について、その減毒作用は、ウイルス遺伝子のアミノ酸のランダムの変異に至ったものであるため、通常該減毒したウイルス株を寄託しなければならない。

３．２．寄託しなくても良いと判断される事例[8]

請求項：アミノ酸配列を限定した組み換えタンパク質

明細書：発明は組み換えタンパク質に関する。明細書において、該組み換えタンパクのアミノ酸配列及びその機能を開示し、更に実施例において該タンパクの生産法を開示した。生産法には、大腸菌JF1125は宿主として使用された。大腸菌JF1125は当業者の入手できない菌株である。

説明：本願発明は組み換えタンパク質を提供している。本願実施例に使用された大腸菌JF1125は当業者の入手できない菌株であるが、既存技術から分かるように、大腸菌は組み換えベクターの発見に慣用される宿主である。組み換えタンパク質を作製する際に、多数の他の大腸菌の菌株を使用してもよいし、且つ、組み換えタンパク質のアミノ酸配列を開示しているので、当

---

(6)『審査操作規程・実質審査分冊』第10章第４．５．３．２節に挙げた審査事例の案例７（2011年２月、知識産権出版社）。
(7)『審査操作規程・実質審査分冊』第10章第４．５．３．２節に挙げた審査事例の案例８（2011年２月、知識産権出版社）。
(8)『審査操作規程・実質審査分冊』第10章第４．５．３．３節に挙げた審査事例の案例（2011年２月、知識産権出版社）。

業者は他の代替法によっても当該組み換えタンパク質を作製できる。従って、大腸菌JF1125は本発明の使用すべき材料ではないので、寄託しなくても良い。

ただし、請求項に記載の発明が大腸菌JF1125を使用している場合なら、大腸菌JF1125を寄託しなければならない。

4. 審決・判決の事例説明

4.1. 商標名の開示により微生物が寄託不要と判断された審決事例

2008年10月21日に、中国特許復審委員会は第14794号復審決定を下した(9)。当該復審決定において、出願人ドイツのバイエル社の中国出願番号01815127.2、公開番号CN1452496Aの出願（PCT国際出願番号PCT／EP01／07978、PCT出願日2001年7月11日、）に関する復審請求の容認審決が下された。復審段階の補正に基づいて、特許法第26条第3項の十分な開示要件を満たしていない判断の拒絶査定が取り消された。当該特許出願に対して、再びの審査において、特許権を付与した(10)。

4.1.1. 拒絶査定の概要

本件特許出願の発明の名称は、"臓器線維形成に対するパラポックスウイルスovis株の使用"である。発明は、ヒトにおける臓器線維形成に対して予防的又は治療的効果を有する医薬物を製造するための、パラポックスウイルス、例えばD1701株、orf-11株、Greek orf 176株、Greek orf 155株及びNew Zealand（NZ）株の単離体の使用に関する。

2005年7月1日に、審査官は、本願明細書は特許法第26条第3項の十分な開示要件を満たしていないとして、本件出願について拒絶査定を下した。

具体的な理由は、以下のようである。出願人は、特許法の規定により本出願に関わるNZ2株について、寄託をしているが、規定された出願日に又は遅くても出願日から起算した4ヶ月以内に、寄託証明書及び生存証明

---

(9) http://app.sipo-reexam.gov.cn/reexam_out/searchdoc/search.jsp 中国国家知識産権局専利復審委員会の前記ウェブサイトに復審決定号を入れれば、中国語原文の復審決定が得られる（最終参照日：2014年2月5日）。

(10) http://www.sipo-reexam.gov.cn/scyfw/scjdpx/fsjdpx/201102/fsjdpx0205.pdf 中国国家知識産権局ホームページに開示された専利復審委員会の復審決定の解説事例。（最終参照日：2014年2月5日）。

書を提出していない；　また、D1701株、orf-11株、Greek orf 176株、Greek orf 155株及びNZ7株とNZ10株について、出願日までに、寄託機関に寄託されていないため、前記の全ての微生物が寄託されていないと見なされる。　更に、本願明細書の記載においても前記の微生物を他のルートで取得できることも記載されていない。従って、前記の全ての微生物は公衆が入手できない生物材料である。

以下の請求項に対する拒絶査定である。

【請求項１】ヒトにおける臓器線維形成に対して予防的又は治療的効果を有する医薬物を製造するためのパラポックスウイルスの単離体の使用。

【請求項２】ヒトにおける臓器線維形成に対して予防的又は治療的効果を有する医薬物を製造するための、パラポックスウイルス、例えばD1701株、orf-11、Greek orf 176株、Greek orf 155株及びNew Zealand（NZ）株、の単離体の使用。

【請求項３】ヒトにおける臓器線維形成に対して予防的又は治療的効果を有する医薬物を製造するために用いられるNew Zealand（NZ）株が、NZ2、NZ7及びNZ10株であることを特徴とする、請求項１～２に記載のパラポックスウイルスの単離体の使用。

４．１．２．復審請求の審理及び審決

出願人は、2005年10月17日に拒絶査定に対して復審を請求した。出願人は以下の復審請求の理由を挙げている。本願に関する微生物は、出願日の前に、公衆が一般的に入手できるものである。例えば、D1701株について、バイエル社は既に該製品を10年以上に販売している。その他の株についても、商業上あるいは学術研究室において、幅広く利用されて、これらの実験室から入手できる。更に、PubMed検索により150本以上の論文のタイトルと要約において当該パラポックスウイルスを言及している。従って、寄託しなくても特許法第26条第３項の十分な開示要件を満たしている。

前記の復審請求の理由に対して、復審委員会は以下の拒絶理由を持って復審通知書を発行した。“本出願に関わるパラポックスウイルスは一種のウイルスの総称であり、多数の株を含まれている。PubMed検索による多数の文献に言及しているけれども、パラポックスウイルスに含まれる全てのウイルスについて、公衆が一般的に入手できることを証明できない。出願人は本出願に関わる多数のウイルスについて、公衆が一般的に入手でき

ることを証明しなければならない。”

出願人は、本出願の特許請求の範囲に関する全てのウイルスが本願出願日の前に、公衆が入手できるものを証明するために、更に意見書と７つの追加添付ファイルを提出した。添付ファウル１－６は刊行物と特許文献であり、添付ファイル７は大学教授からNZ2とNZ10株は公衆の入手できるものであるの確認メールの写しである。

復審委員会は前記の意見書と添付ファイルに対して、更に以下の拒絶理由を持って、第二回復審通知書を発行した。“添付ファイル１－７において、NZ2株、NZ7株、NZ10株、D1701株、orf-11株、Greek orf 176株、Greek orf 155株について言及しているが、ただし、合議体は、前記の同様の命名のウイルスが、本出願に記載のNZ2株、NZ7株、NZ10株、D1701株、orf-11株、Greek orf 176株、Greek orf 155株とは１対１対応、全く相同なウイルスであるか否かを確認できない。例えば、１対１対応で、全く相同なウイルスである場合でも、生物技術の特定な分野において、文字による記載では生物の特性を記述することができない、このような記載があるとしてもこれらの生物材料そのものを得ることができない。また、添付ファイル１－７にはウイルスの生産法や当該ウイルスを得るための公知ルートを記載されていない。従って、添付ファイル１－７によって、パラポックスウイルスが、公衆は出願日の前に入手できることを証明できない。”

出願人は、前記の第二回復審通知書に対して、意見書と追加添付ファイル８（AgBaseネットの資料）を提出した。出願人は、更に、元の請求項から、D1701株以外のウイルスを削除し、D1701株のみの特許請求に補正した。

【請求項１】ヒトにおける臓器線維形成に対して予防的又は治療的効果を有する医薬を製造するための、パラポックスウイルスのD1701株の単離体の使用。

意見書において、明細書に明確に記載されているが、パラポックスウイルスのD1701株の単離体はBaypamun® の製剤である。Baypamun® は登録した商品名である。

復審委員会は、前記の補正及び意見陳述に対して、拒絶査定を取消し、容認審決を下した。理由として、出願人が、特許請求の範囲を補正し、請求項のパラポックスウイルスをD1701株のみに限定した。明細書の記載により、D1701株の単離体は、登録商品名Baypamun® の製剤である。出願人が意見書に述べていたように、D1701株は当該分野において長く資料されており、更に、Baypamun® は登録した商品名であり、抗線維形成物質の同定のための分析において抗線維形成効果を調べるための標準として用いることを明細書に記載されている。従って、本願明細書において、D1701株の単離体の寄託機構及び寄託番号を記載されていないが、D1701株の単離体の商品名が記載されているため、公衆が出願日の前に入手できる生物材料である。D1701株に関する発明は、特許法第26条第3項の十分な開示要件を満たしているため、審査部にて再びの審査において、特許権を付与された。

4．1．3．考察及び留意点

同 PCT 国際出願の日本出願（特願2002-508473、特表2004-502741）を調べた結果、同様に、微生物に係る発明として、そのような微生物を当業者が入手して発明を容易に実施し得るとは認められないため、第36条第4項に規定する要件を満たしていないことにより、拒絶査定が発行された。出願人には、拒絶査定不服審判において、以下の請求項に補正し、拒絶査定を取消され、特許査定になった。

【請求項1】ヒトにおける臓器線維形成の予防又は治療のため医薬の製造におけるパラポックスウイルス NZ2 又は NZ10単離体の使用。

日本では、NZ2 株又は NZ10株の反論（中国の追加添付ファイル7の大学教授のメールコピーに対応するもの）を認めている。

同様な反論に対して、日中両国において異なる結論が出ていることで、日中両国の特許の審査実務の相違が見えてくる。中国では、前文に説明した特許審査基準第二部第10章第9．2．1節に規定された3つの状況以外に、微生物を寄託しなければならない。　本事例では、D1701株の単離体は Baypamun（登録商標）であるの記載により、国内外の商業ルートで購入できる生物材料と判断され、特許されるようになったと思われる。その他の微生物では、公衆が入手できる有力な証明を提供できていないため、特許保護を受けられない。

4．2．明細書の記載により微生物が寄託不要と判断された審決事例

2008年11月12日に、中国特許復審委員会は第15047号復審決定を下した(9)。当該復審決定において、出願人中国上海科学院生命科学研究院の中国出願番

号01126900.6、公開番号CN1408849Aの出願に関する復審請求の容認審決が下された。復審段階の補正に基づいて、特許法第26条第3項の十分な開示要件を満たしていない判断の拒絶査定が取り消された。当該特許出願に対して、審査部の再びの審査において、特許権を付与した(11)。

4.2.1. 拒絶査定の概要

本件特許出願の発明の名称は、"組み換えヒトグルカゴン様ペプチド1（7-37）の生産法"である。発明は、EGT-8株、その生産法及びそれを用いて組み換えヒトグルカゴン様ペプチド1（7-37）（GLP-1）の生産法に関する。出願人はEGT-8株について中国微生物種菌寄託管理委員会普通微生物センターに寄託し、明細書及び請求項にも関連情報を記載しているが、出願日から起算した4ヶ月以内に、EGT-8株の寄託証明書及び生存証明書を提出していない。

2006年3月10日に、審査官は、本願明細書は特許法第26条第3項の十分な開示要件を満たしていないとして、本件出願について拒絶査定を下した。具体的な理由は、以下のようである。出願人は、本願発明は、寄託番号CGMCC No：0636のEGT-8株及びその使用に関するが、出願日から起算した4ヶ月以内に、EGT-8株の寄託証明書及び生存証明書を提出していないため、EGT-8株が寄託されていないと見なされる。当業者が当該微生物を取得することができないため、当該微生物を利用して組み換えしたヒトグルカゴン様ペプチド1（7-37）を作製することができない。従って、本出願の明細書は十分な開示要件を満たしていない。

拒絶査定になった請求項は、主には寄託機構と寄託番号により限定したEGT-8株の請求項、及びDNA組み換え技術を利用してEGT-8株の作製方法とEGT-8株を利用し組み換えヒトグルカゴン様ペプチド1の生産法の請求項であった。

4.2.2. 復審請求の審理及び審決

出願人は、2006年6月26日に拒絶査定に対して復審を請求した。出願人

(11) http://www.sipo.gov.cn/ztzl/ywzt/zlfswjdpx/201104/t20110422_600059.html 中国国家知識産権局ホームページに開示された専利復審委員会の復審決定の解説事例。（最終参照日：2014年2月5日）。

は以下の復審請求の理由を挙げている。①本願の願書と明細書において、EGT-8株に関する寄託情報を記載している。更に、方式審査において、審査官は未寄託通知書を発行していないため、寄託証明書及び生存証明書を追加提出するチャンスが受けていない。②明細書の記載により、EGT-8株はベクターpAET-8からも作製することができる。また、先行出願に既にベクターpAET-8を開示し、且つ明細書の図面から本願のベクターpAET-8と先願のベクターpAET-8とは同様なベクターであることを証明している。従って、本願明細書は、十分に開示され、特許法第26条第３項の十分な開示要件を満たしている。

前記の復審請求の理由に対して、復審委員会は以下の拒絶理由を持って復審通知書を発行した。EGT-8株は本出願の発明に不可欠に使用されるべき新しい生物材料である。出願人が特許法実施細則第24条の規定期間に、寄託証明書及び生存証明書を提出していないので、未寄託と見なされる。方式審査に未寄託通知書を発行していないことが確かに不適切であるが、特許法実施細則第24条の法定期間に寄託証明書及び生存証明書を提出していない結果に影響しない。

また、復審通知書において、本願明細書に確かに寄託情報により前記のEGT-8株を限定している以外に、更にEGT-8株の具体的な作製方法を記載していると認められた。即ち、EGT-8株は、当業者が既存技術のベクターpAET-8から作製することができる。ただし、本出願のEGT-8株が未寄託と見なされているため、寄託機構と寄託番号により限定したEGT-8株の請求項は、特許法実施細則第20条第１項の規定を満たしていない。

出願人は、前記の復審通知書に対して、特許請求の範囲を補正し、意見書を提出した。明細書及び請求項の寄託機構と寄託番号を削除し、請求項１の寄託機構と寄託番号により限定したEGT-8株から、具体的なDNA組み換え技術の作製方法により限定したEGT-8株に補正した。

復審委員会は、前記の補正及び意見陳述に対して、拒絶査定を取消し、容認審決を下した。理由として、発明に係る新しい生物材料のEGT-8株は未寄託と見なされるが、本願明細書の記載により当業者が得ることができる生物材料であるため、寄託しなくてもよい。よって、本願発明は、特許法第26条第３項の十分な開示要件を満たして、本願の拒絶査定は取り消された。

4．2．3．復審委員会の事例説明

本審決は、生物材料の寄託と明細書の十分な開示要件の判断に関する。多数の生物材料が再現しにくい特徴を有するため、特許法にこのような生物材料について寄託しなければならないと要求している。更に、出願日あるいは出願日から起算した4ヶ月以内に、寄託機関が発行した寄託証明書及び生存証明書を提出しなければならない。寄託をしていない場合は、当業者が当該生物材料を入手できないため、当該発明を実施できないと判断される。寄託証明書及び生存証明書の提出については、寄託情報の信頼性と実用性を確認するためである。出願日から4ヶ月の以内の期間では、法定の期間であり、正当理由なし提出していない場合は、係る生物材料が未寄託と見なされる。

特許出願の方式審査において、通常、生物材料の寄託状況を審査すべきだが、本事例では、審査官のミスで未寄託通知書を発行していない。ただし、例えば未寄託通知書を発行していた場合でも、出願人に更なる延長提出の期間を与えることをできないので、寄託証明書及び生存証明書の提出責任は、出願人側にある。出願人の主張が認められない。

本事例の焦点は、当業者は本願明細書の記載によりEGT-8株を得ることができるか否かである。本願に使用されるEGT-8株の生産法は、主にプラスミドの構築などの1970年代から利用される遺伝子組み換え技術であり、既に成熟している技術である。当業者は、本技術分野の慣例の技術を使用し、明細書に記載に基づいて、EGT-8株を作製することができる。従って、EGT-8株は公衆が入手できない生物材料に該当しないので、寄託されていなくても良い結論であった。

通常、新しい生物材料を寄託していない場合、明細書の十分な開示要件を満たさないことに至るが、本案例において、明細書において該生物材料の遺伝子工程の技術を利用した生産法を詳細に記載されているため、"公衆が入手できない生物材料"に属しない結論に判断した。

4．2．4．考察及び留意点

本事例は、生物材料の寄託と明細書の十分な開示要件の判断に関する案例である。特許法実施細則第24条によると、出願日あるいは出願日から起算した4ヶ月以内に、寄託機関が発行した寄託証明書及び生存証明書を提出しなければならない。提出されていない場合は、例えば実際に寄託され

ている、かつ明細書に詳細の寄託関連情報が記載されている場合でも、寄託されていないと見なされる。

スクリーニング手段あるいは突然変異手段で得た微生物については、通常中国特許庁に認可される寄託機構に寄託しなければならないが、本審決事例では、遺伝子組み換え技術について、生産法を詳細的に記載し、且つその方法に使用されたいずれの原料も公衆が入手できるものであれば、寄託しなくても良い結論を示した。

第6節　遺伝子工学の関連発明

「遺伝子工学」という用語は、遺伝子組換、細胞融合など人為的な遺伝子操作技術を意味する。遺伝子工学に係わる発明には、遺伝子（又はDNA断片）、ベクター、組換えベクター、形質転換体、ポリペプチド又は蛋白質、融合細胞、モノクローナル抗体などの発明が含まれる(1)。

近年、遺伝子工学に関する発明の出願が非常に増えている。2006年に修正した中国特許審査基準に、この分野の発明に関する規定が多く増加された。審査基準の第二部第十章化学分野における発明特許の審査に関する規定において、遺伝子工学に係わる様々の発明に対して、十分な開示要件、サポート要件などの審査基準を詳細に規定されている。本節では、中国特許審査基準の関連規定及び審査事例、確定審決の事例を紹介する。

1.　審査基準の関連規定

1．1．特許の対象

特許審査基準第二部第10章第９．１．２．２節において、遺伝子工学関連発明の特許対象について、以下のように規定されている。

“遺伝子でも、DNA断片でも、その実質は１種の化学物質である。ここでいう遺伝子又はDNA断片は、微生物や植物、動物、又は人体から分離して得られるもの、及びほかの手段により製造して得られるものを含む。

本章第２．１節に述べたとおり、自然界から、自然の状態で存在している遺伝子又はDNA断片を見つけ出すことは、１種の発見に過ぎず、特許法第25条１項(1)号に規定した「科学上の発見」に該当し、特許権を付与することができない。

しかし、自然界から初めて分離される又は抽出される遺伝子又はDNAであって、その塩基配列は既存技術には記載されておらず、かつ適切に特徴づけられることができ、しかも産業上で利用価値を有するなら、当該遺伝子又はDNA断片そのもの及びその入手方法のいずれも、特許保護を与える客体に属する。”

即ち、中国において、遺伝子、DNA、RNAなどの遺伝物質は、生物の化

---

(1)中国専利審査指南（2010）第二部第10章第９．２．２節。

学物質に属し、通常の化学物質と同様に特許要件を満たしている場合は、特許保護を与えることができる。

１．２．明細書の十分な開示要件

１．２．１．遺伝子工学関連の製品の発明

特許審査基準第二部第10章第９．２．２．１節において、遺伝子工学関連の製品発明の十分な開示要件について、以下のように規定されている。

“製品発明

遺伝子、ベクター、組換えベクター、形質転換体、ポリペプチド又は蛋白質、融合細胞、モノクローナル抗体そのものに係わる発明は、明細書において以下の内容を含めなければならない：製品の確認、製品の作製、製品の用途及び／又は効果。

⑴　製品の確認

遺伝子、ベクター、組換えベクター、形質転換体、ポリペプチド又は蛋白質、融合細胞、モノクローナル抗体などに係わる発明について、明細書では、遺伝子の塩基配列、ポリペプチド又は蛋白質のアミノ酸配列などといった構造を明記しなければならない。構造を明りょうに説明することができない場合は、それ相応の物理・化学的パラメータ、生物学的特性及び／又は作製方法などを記載しなければならない。

⑵　製品の作製

当業者が当初の明細書、特許請求の範囲及び添付図面の記載と既存技術に基づき、そのような説明がなくても当該製品が製造できる場合を除き、明細書に当該製品の作製方式を記載しなければならない。

遺伝子、ベクター、組換えベクター、形質転換体、ポリペプチド又は蛋白質、融合細胞、モノクローナル抗体などに係る発明について、その明細書に説明された当該製品の作製方法が、当業者が繰り返して実施することができない方法である場合、取得した遺伝子、ベクター、組換えベクターが導入された形質転換体（ポリペプチド又は蛋白質を生じる形質転換体を含む）又は融合細胞などに対して、特許法実施細則第24条の規定に基づき、生物材料の寄託を行わなければならない。具体的な寄託事項について、本章第９．２．１節の規定を適用する。

遺伝子、ベクター、組換えベクター、形質転換体、ポリペプチド又は蛋白質、融合細胞、モノクローナル抗体などの作製方法について、

その実施の過程において出願日（優先権がある場合には、優先権日を指す）前に一般に入手できない生物材料が使用された場合、特許法実施細則第24条の規定に基づき該生物材料を寄託しなければならない。具体的な寄託事項について、本章第９．２．１節の規定を適用する。

具体的に下記の方法で記載することができる。

(i) 遺伝子、ベクター又は組換えベクター遺伝子、

ベクター又は組換えベクターの作製方法について、それぞれの起源又は由来や、該遺伝子、ベクター又は組換えベクターを取得する方法、用いられる酵素、処理条件、それの採取及び純化の手順、同定方法などを記載しなければならない。

(ii) 形質転換体

形質転換体の作製方法について、導入する遺伝子又は組換えベクター、宿主（微生物、植物又は動物）、遺伝子又は組換えベクターを宿主に導入する方法、選択的に形質転換体を採取する方法又は同定方法などを記載しなければならない。

(iii) ポリペプチド又は蛋白質

遺伝子組換技術によりポリペプチド又は蛋白質を作製する方法について、ポリペプチド又は蛋白質をコード化する遺伝子を取得する方法、発現ベクターを取得する方法、宿主を取得する方法、遺伝子を宿主に導入する方法、選択的に形質転換体を採取する方法、遺伝子が導入された形質転換体からポリペプチド又は蛋白質を採取する手順、又は取得したポリペプチド又は蛋白質を同定する方法などを記載しなければならない。

(iv) 融合細胞

融合細胞（例えば、ハイブリドーマなど）の作製方法について、親細胞の由来、親細胞に対しての予備処理、融合条件、選択的に融合細胞を採取する方法又はその同定方法などを記載しなければならない。

(v) モノクローナル抗体

モノクローナル抗体の作製方法について、免疫原を取得又は作製する方法、免疫方法、抗体を生じる細胞を選択的に取得する方法又はモノクローナル抗体を同定する方法などを記載しなければならない。

発明が特定の条件（例えば、特定の結合定数によりそれと抗原Ａとの親和性を説明する）を満たすモノクローナル抗体に係わる場合、例え上記の「(vi)融合細胞」の内容に基づき、該特定の条件を満たすモノクローナル抗体のハイブリドーマを作製する方法を記載したとしても、当該方法の実施により得る特定の結果はランダムなもので、繰り返して再現することができないため、該ハイブリドーマを特許法実施細則24条の規定に基づき寄託しなければならない。ただし、出願人が、当業者が明細書の記載に基づき当該ハイブリドーマを繰り返して作製できることを証明するのに十分な証拠を提出できる場合を除く。

(3)　製品の用途及び／又は効果

遺伝子、ベクター、組換えベクター、形質転換体、ポリペプチド又は蛋白質、融合細胞、モノクローナル抗体などに係わる発明について、明細書にその用途及び／又は効果を記載し、その効果を達成するのに必要とする技術手段、条件などを明記しなければならない。

例えば、明細書においてその遺伝子が特定の機能を有することを証明する証拠を提供しなければならない。構造遺伝子の場合は、該遺伝子がコード化するポリペプチド又は蛋白質が特定の機能を有することを証明しなければならない。”

１．２．２．遺伝子工学関連製品の製造方法の発明

特許審査基準第二部第10章第９．２．２．２節において、遺伝子工学関連製品の製造方法の発明の十分な開示要件について、以下のように規定されている。

“製品の製造方法の発明：

遺伝子、ベクター、組換えベクター、形質転換体、ポリペプチド又は蛋白質、融合細胞、モノクローナル抗体などの製造方法の発明について、明細書では、当業者が当該方法を利用して該製品を作製できるよう、該方法を明りょうかつ完全に記載しなければならない。また、該製品が新規物質である場合、該製品の少なくとも１種の用途を記載しなければならない。具体的な要求は、本章第９．２．２．１節の規定を適用する。”

１．２．３．ヌクレオチド又はアミノ酸配列表

特許審査基準第二部第10章第９．２．３節において、ヌクレオチド又はア

ミノ酸配列表について、以下の規定がある。

“ヌクレオチド又はアミノ酸の配列表：

(1) 発明が10個又はそれ以上のヌクレオチドからなるヌクレオチド配列、あるいは4個又はそれ以上のL-アミノ酸からなる蛋白質又はペプチドのアミノ酸配列に係わる場合、国家知識産権局が公布した『ヌクレオチド及び／又はアミノ酸の配列表と配列表電子ファイルの基準』に基づいて作成した配列表を提出しなければならない。

(2) 配列表は単独の一部分として記載し、かつ明細書の最後に置かなければならない。また、出願人はヌクレオチド又はアミノ酸の配列表を記載したコンピュータ読み取り可能な副本を提出しなければならない。配列表の提出については第一部分第一章4．2節を参照する。出願人が提出したコンピュータ読み取り可能なヌクレオチド又はアミノ酸の配列表が、明細書及び特許請求の範囲の書面に記載された配列表と一致しない場合は、書面により提出された配列表を基準とする。”

1．3．遺伝子工学関連発明の請求項

1．3．1．遺伝子

特許審査基準第二部第10章第9．3．1．1節において、遺伝子発明の請求項の記載について、以下の規定がある。

“遺伝子

(1) その塩基配列を直接限定する。

(2) 構造遺伝子については、該遺伝子がコード化するポリペプチド又は蛋白質のアミノ酸配列を限定してよい。

(3) 当該遺伝子の塩基配列、あるいはそのコード化するポリペプチド又は蛋白質のアミノ酸配列が、配列表や明細書の添付図面に記載された場合には、配列表や添付図面を直接参照する方式で記載してよい。

【例】、塩基配列がSEQ ID NO：1（又は添付図面1）で示されるDNA分子。

(4) 例えば、そのコード化する蛋白質が酵素A活性を有するような、ある特定の機能を有する遺伝子について、「置換え、欠失あるいは付加された」という用語を機能と結合させる方式で限定してよい。

【例】、以下の(a)又は(b)のタンパク質をコードする遺伝子：

(a) Met－Tyr－…－Cys－Leuで示されるアミノ酸配列からなる

蛋白質、

(b)　(a)により限定されるアミノ酸配列において、１つ若しくは複数のアミノ酸が置換、欠失若しくは付加され、かつ酵素Ａ活性を有し、(a)から誘導した蛋白質。

前述の方式による記載が認められる条件を以下に示す。

Ⅰ．明細書では、例えば実施例において、(b)に述べた誘導した蛋白質の例を挙げた。

Ⅱ．明細書では、(b)に述べた誘導した蛋白質を作製し、その機能を証明するための実例を記載した（そうしないと、明細書の開示が十分ではないと認める）。

(5)　例えば、そのコード化する蛋白質が酵素Ａ活性を有するような、ある特定の機能を有する遺伝子について、ストリンジェントな条件における「ハイブリダイズし」を機能と結合させせる方式で限定してよい。

【例】、以下の(a)又は(b)の遺伝子：

(a)　ヌクレオチド配列がATGTATCGG…TGCCTで示されるDNA分子、

(b)　ストリンジェントな条件において、(a)により限定されるDNA配列とハイブリダイズし、かつ酵素Ａ活性を有する蛋白質をコード化するDNA分子。

前述の方式による記載が認められる条件を以下に示す。

Ⅰ．明細書では「ストリンジェントな条件」を詳細に説明している。

Ⅱ．明細書では、例えば実施例において、(b)に述べたDNA分子の例を挙げた。

(6)　前記５種の記載方式を使用しても説明することができない場合に限って、該遺伝子の機能や物理・化学的特性、起源又は由来、該遺伝子を生じる方法などを限定することにより遺伝子を記載することが認められる。”

１．３．２．ベクター、組換えベクター、形質転換体

特許審査基準第二部第10章第９．３．１節において、以下の規定がある。

“９．１．１．２ベクター

(1)　そのDNAの塩基配列を限定する。

(2)　DNAの切断地図、分子量、塩基対の数、ベクターの由来、当該ベ

クターの作製方法、当該ベクターの機能又は特徴を用いて記載する。”

“9．1．1．3組換えベクター

組換えベクターは、少なくとも1つの遺伝子とベクターを限定することにより記載してよい。”

“9．1．1．4形質転換体

形質転換体は、その宿主と導入する遺伝子（又は組換えベクター）を限定することにより記載してよい。”

1．3．3．ポリペプチド又は蛋白質

特許審査基準第二部第10章第9．3．1．5節において、ポリペプチド又は蛋白質について、以下の規定がある。

“ポリペプチド又は蛋白質

(1) アミノ酸配列又は該アミノ酸配列をコード化する構造遺伝子の塩基配列を限定する。

(2) そのアミノ酸配列が配列表又は明細書の添付図面に記載された場合には、配列表や添付図面を直接参照するという方式で記載してよい。

【例】、アミノ酸配列がSEQ ID NO：2（又は添付図面2）で示される蛋白質。

(3) 例えば、酵素A活性を有するような、ある特定の機能を有する蛋白質について、「置換え、欠失又は付加された」という用語を機能と結合させる方式で限定してよい。具体的な方式を以下に示す。

以下(a)あるいは(b)の蛋白質：

(a) Met － Tyr －…－ Cys － Leuで示されるアミノ酸配列からなる蛋白質、

(b) (a)のアミノ酸配列において、1つ若しくは複数個のアミノ酸が置換、欠失若しくは付加され、かつ酵素A活性を有し、(a)から誘導した蛋白質。

前記方式による記載が認められる条件を以下に示す。

Ⅰ．明細書では、例えば実施例において、(b)に述べた誘導した蛋白質の例を挙げた。

Ⅱ．明細書では、(b)に述べた誘導した蛋白質を作製し、その機能を証明するための技術手段を記載した（そうしないと、明細書の開示が十分ではないと認める）。

⑷　前記３種の記載方式を使用しても説明することができない場合に限って、該ポリペプチド又は蛋白質の機能や物理・化学的特性、起源又は由来、該ポリペプチド又は蛋白質を生じる方法などを使用した記載が認められる。”

2. 留意点

中国特許庁化学審査部が作成した書籍には、遺伝子関連発明について、一般発明の十分な開示要件の要求を満たす以外に、特許審査実務に基づいて、以下のように留意点を説明している[(2)]。

DNA 関連製品の発明、例えば遺伝子の発明について、該遺伝子が特定の機能を有することを証明できる証拠、即ち生物学の実験データ、例えばラボ、動物、又は臨床の実験データの証拠を提供しなければならない。以下の二つの場合は共に十分な開示要件を満たしていない：

①　明細書において、ある遺伝子の塩基配列のみを記載し、その機能あるいは用途を記載していない、且ついずれの証拠によりある機能あるいは用途を有することを示していない。

②　明細書において、ある遺伝子の塩基配列を記載し、且つその機能あるいは用途も記載しているが、前記の機能あるいは用途は、生物学の実験データの証拠によって十分に証明されていない。

例えば、ある発明は肝炎を治療するポリペプチドＡに関する。明細書には、該ポリペプチドＡの構造及び製造法を記載している。ただし、効果実施例には、ポリペプチドＡを含む医薬が肝炎に対する治癒率は80％であるとの定性的な記載があるものの、具体的な実験データが提供さしていない。このような場合では、該製品の用途を十分に開示していないと判断されるため、特許法第26条第３項の規定を満していない。

更に、出願人が留意すべきことは、構造遺伝子について、該遺伝子がコードするポリペプチド又は蛋白質が特定の機能を有することにより、その遺伝子の用途を証明しなければならない。以下の二つの場合は共に十分な開示要件を満たしていない：

⑵中国国家知識産権局化学審査部元部長の張清奎が在職中に中心となって編集した『化学領域発明の専利申請文書の作成及び審査（第３版）』、第190～191頁、(2010年10月、知識産権出版社)。

① 構造遺伝子について、プローブとしての用途しか記載されていない場合、このような用途では、該構造遺伝子が有する機能と認めない。明細書に該遺伝子がコード化する蛋白質の特定の機能を示しさければならない。

② ある遺伝子がコードする蛋白質の発見量がある疾患と関係することを証明しただけで、前記蛋白質が前記疾患を治療する医薬において使用することができる、更に前記遺伝子が特定の用途を有することを、出願人は推定した場合、このような推定は正しくない。蛋白質の発見量と該疾患との関係は、"直接に対応する"でない場合もあるので、発見量の変化のみから該蛋白質あるいは該蛋白質をコードする遺伝子が該疾患を治療できることには推測できない。

また、製品の製造方法の発明について、留意すべきことは、明細書に実験データなどの証拠によって目的の生産物を既に得たことを証明しなければならない。また、該製品が新規物質である場合、該製品の少なくとも1種の用途を実施例の実験データによって証明しなければならない。

3. 審査事例

3.1. 生物配列の誘導体に対する審査事例

遺伝子工学の発明について、出願人は一つの具体的なポリペプチド（蛋白質）あるいは遺伝子に基づいて、配列の「相同性」、「同一性」、「置換欠失又は付加された」、あるいは「ハイブリダイズする」の限定方式で、非常に広い範囲でのその誘導体を特許請求しようとする場合がよくある。そのような誘導体の請求項について、サポート要件を満たしているか否かの判断がとても重要である。

審査基準の関連規定には、このような誘導体はが機能的な限定と結合する表現を限定しても良いが、①実施例に例を挙げていること、②その生産法や機能の証明などが明細書に記載されていること、の二つの要件を満たさないならないと規定されたいる。

『審査操作規程・実質審査分冊』において、更に、以下のように生物配列の誘導体に関する請求項のサポート要件の審査事例とその事例解説を挙げている。

「相同性」、「同一性」、「置換欠失又は付加された」、あるいは「ハイブリダイズする」の表現で限定する請求項について、機能的な限定を含まれたとしても、明細書において相応する生物の配列を挙げていない場合、明細書から支持されていないと判断される。また、例えば、明細書に誘導体に相応する生物的な配列の実例を挙げている場合でも、該当実例により、請求項に保護する範囲を合理的に予測できるか否かを判断しなければならない(3)。

３．１．１．明細書に実例を挙げていない場合(4)

配列の構造の相違は、その機能の変化又は喪失を至ることができる。従って、ある遺伝子あるいは蛋白質にとって、その自身以外、同様な機能を有する派生の配列が存在するか否かについて、相応する証拠によって証明する必要がある。明細書において、相応した派生の配列の実例を挙げていない場合、特許請求する遺伝子あるいは蛋白質の請求項は明細書から支持されない。

「相同性」、「同一性」、「置換欠失又は付加された」、あるいは「ハイブリダイズする」の表現により特定する短配列（例えば10aa 以下の短配列）の請求項について、短配列の全てのアミノ酸が保守であり、いずれのアミノ酸の変化がポリペプチドの生物学的な機能の変化あるいは喪失を至ることが可能であるため、このような請求項が明細書から支持されない。

事例：

請求項：以下の(1)〜(3)のいずれの核酸分子であり、

(a)　SEQ ID NO：１に対してXX％以上の相同性を有する核酸分子；

(b)　SEQ ID NO：２に表わされるアミノ酸配列に一個若しくは数個のアミノ酸が置換、欠失又は付加されたポリペプチドをコードする核酸分子；

(c)　SEQ ID NO：１の核酸分子とストリンジェントな条件下でハイブリダイズし、且つ酵素Ａ活性を有するポリペプチドをコードする核酸分子。

明細書の開示：SEQ ID NO：２は出願人が分離した酵素Ａである。SEQ ID NO：１は酵素Ａをコードする遺伝子である。

解説：

---

(3)『審査操作規程・実質審査分冊』第10章第４．４．２節（2011年２月、知識産権出版社）。

(4)『審査操作規程・実質審査分冊』第10章第４．４．２．１節に挙げた審査事例の案例（2011年２月、知識産権出版社）。

前記の請求項：の(a)、(b)又は(c)は、それぞれ「相同性」、「置換、欠失又は付加された」、又は「ハイブリダイズする」の表現により特許請求する核酸分子を特定している。これらの核酸分子は元の遺伝子とはある程度の配列の相同性を有しているが、ある程度の相違性も当然に有している。コドンの縮退の影響を考慮しない場合、核酸配列の変化がそのコードするアミノ配列の変化を至ることがあり、そのコードするポリペプチドの空間構造と機能に影響することになる。従って、配列番号1に示した核酸分子以外、酵素A活性を有するその他の「相同性」、「置換、欠失又は付加された」、又は「ハイブリダイズする」の表現により特定する核酸分子が存在しているか否かについて、実験データによって証明する必要がある。明細書において、酵素Aの活性ドメインのアミノ酸の構成を開示されていない、また請求項に記載の核酸分子の実例を挙げられていない場合は、酵素A活性を有するポリペプチドをコードできる、配列番号1の核酸分子以外の核酸分子が実際に有するか否かを証明できないため、当該請求項は明細書から支持されていない。

3．1．2．明細書に実例を挙げている場合(5)

「相同性」、「置換、欠失又は付加された」、又は「ハイブリダイズする」の表現により特定する生物配列に関する製品クレームについて、当業者が明細書に挙げた実例から、合理的に当該請求項の特許請求する範囲を予測できない場合は、当該請求項は明細書から支持されない。

事例：

請求項：SEQ ID NO：2に表わされるアミノ酸配列に対して70％の相同性を有する、且つ酵素A活性を有するポリペプチドである。

明細書の開示：　SEQ ID NO：2は出願人が分離した酵素Aであり、その長さは100aaである。また、明細書においてSEQ ID NO：2に対して98％の相同性を有するポリペプチドを挙げているが、酵素Aの活性ドメインのアミノ酸の構成は開示されていない。

解説：

SEQ ID NO：2の長さは100aaである、それに対して70％の相同性を

(5)『審査操作規程・実質審査分冊』第10章第4．4．2．2節に挙げた審査事例の案例(2011年2月、知識産権出版社)。

有するポリペプチドの範囲が非常に広い。98％の相同性を有するポリペプチドの範囲では比較的に小さい。アミノ酸の繊細的な変化により空間構造の大きな変化を至ることが可能であり、更に機能の変更に至ることになる。従って、当業者は、SEQ ID NO：２に対して70％の相同性を有するポリペプチドが酵素Ａの活性を有することが予測できない、よって、該当請求項は明細書から支持されていない。

３．２．「有する」、「含む」の表現の審査事例(6)

生物配列を「有する」、「含む」の表現により特定する場合は、開放形式の限定になる。

事例：

請求項："Met － Tyr －…－ Cys － Leu に示されたアミノ酸配列を有する、化合物Ａを分解できるポリペプチド。"　あるいは、"ヌクレオチド配列がATGTATCGG…TGCCT で示されるDNA 分子を含む、化合物Ａを分解できるポリペプチドをコードする遺伝子"

解説：

「有する」、「含む」の表現によりポリペプチドあるいは遺伝子の配列を特定する場合は、前記の配列の両側に任意の数と任意の種類のアミノ酸とヌクレオチドが付加することができることを意味する。このような請求項の審査は、前文審査例の解説を参照する。

４．遺伝子配列製品発明が十分に開示していないと判断された判決事例

2008年１月27日に、中国特許復審委員会は第12619号復審決定を下した(7)。当該復審決定において、出願人米国アリーナ社（ARNA）の中国出願番号99812713.2、公開番号CN1344319A の出願（PCT 国際出願番号PCT ／ US99／23687、PCT 出願日1999年10月13日）に関する復審請求の拒絶審決が下された。審決の主な理由は、特許法第26条第３項の十分な開示要件を満していない

(6)『審査操作規程・実質審査分冊』第10章第４．４．２．３節に挙げた審査事例の案例（2011年２月、知識産権出版社）。

(7) http://app.sipo-reexam.gov.cn/reexam_out/searchdoc/search.jsp、中国国家知識産権局専利復審委員会の前記ウェブサイトに復審決定号を入れれば、中国語原文の復審決定が得られる。（最終参照日：2014年２月５日）。

理由であった。出願人は不服として審決の取消を求める行政訴訟を提出した。北京市第一中等裁判所は前記の審決を維持し、拒絶査定が確定した[8]。

4.1. 拒絶査定の概要

本件特許出願の発明の名称は、“ヒトオーファンＧタンパク質共役型受容体”である。発明は、Ｇタンパク質共役型受容体（GPCR）及びそれをコードする遺伝子配列に関する。明細書において、バイオインフォマティクス方法によりジェンバンク（GenBank）データベース情報の再検討に基づいて、ヒトGPCRのいくつかを同定する過程を記載し、更に、ドットブロット分析及びRT-PCR技術などによりGPCRsの表現状況を測定し、異なる人のGPCRsの存在組織が特異性を有すること、特にhRUP3が膵臓組織に特別に高い表現を示したことを記載した。

2005年９月30日に、審査官は、本願明細書は特許法第26条第３項の十分な開示要件を満たしていないとして、本件出願について拒絶査定を下した。

具体的な理由は、以下のようである。出願人はヒトGPCR及びそれをコードするcDNAを特許請求し、この発明の実現は生物学機能実験の結果により証明しなければならないが、本願の明細書では、相応する生物学実験によるGPCRの特定の生物学的な機能を示していない。明細書には、本願の特許請求する配列の組織における分布を説明しているが、これはその機能を説明したわけではない。従って、明細書の開示が不十分である。

4.2. 復審請求の審理及び審決

出願人は、2006年１月16日に拒絶査定に対して服として復審を請求した。出願人は以下の復審請求の理由を挙げている。本願の特許請求するヒトGPCR配列は、公知するGPCRの典型的な構造特徴を有しているから、当業者はヒトGPCRがGPCRの機能を有することを判断できる；更に、明細書において、実験によってhRUP3（具体的な人のGPCR）が膵臓組織に特別に高い表現を有することを証明したため、膵臓機能の発揮に作用し、膵臓に関する糖尿病などの疾患の治療に使用することを予測できる。従って、明

---

(8) http://www.sipo.gov.cn/ztzl/ywzt/zlfswjdpx/200911/t20091113_480929.html 中国国家知識産権局ホームページに開示されたた専利復審委員会の復審決定の解説事例。(最終参照日：2014年２月５日)。

細書にはヒトGPCRの機能を開示している。

前記の復審請求の理由に対して、特許復審委員会は以下の拒絶理由を持って復審通知書を発行した。

本出願は主にヒトGPCR及びそれをコードするcDNA配列を特許請求している。ただし、明細書に前記のヒトGPCRについて有効的な実験室の機能の認定をしていなく、配列の分析、相同性の比較及び組織の表現の分析によりヒトGPCRの機能を推測している。当業者がわかるように、１次配列が一定的相同性を有する異なる蛋白質が必ずしも同様な機能を有するわけではない。蛋白質のアミノ酸配列に一部あるいは一個の重要的なアミノ酸が変化すれば、蛋白質の空間構造と生物学の活性あるいは機能の巨大的な変化を至ることになる。本願発明に分離したヒトGPCRは公知するその他のGPCRの相同性は23%～53%であるので、大量なアミノ酸の相違が存在している。一部の重要部位（酵素活性部位など）のアミノ酸の変化がその生物学の活性あるいは機能を大きく変更することが可能なので、当業者は本願明細書の記載によって本発明のヒトGPCRは明細書に記載の機能を有することを確認できない。

更に、前記の復審請求の理由に対して、本願の特許請求するヒトGPCR配列は、公知するGPCRの典型的な構造特徴を有するが、それは、該ヒトGPCRのその他のアミノ酸配列において当該蛋白構造、機能又は活性の発揮に影響する部位を排除することができない。従って、該ヒトGPCRは必ず明細書に記載のGPCRの機能を有することは確定できない。また、本出願がhRUP3が膵臓組織に特別に高い表現を有することを証明したが、当業者はhRUP3と膵臓疾患及び機能障害との関係を知らないため、該実験結果によってヒトGPCRの機能を証明することができない。

出願人は、前記の復審通知書に対して、更に意見書及びhRUP3が膵臓組織における機能の実験データを提出したが、特許復審委員会は、前記の拒絶理由及び出願日以降の実験データを認めないことによって拒絶査定を維持した。

４．３．審決取消訴訟の結論

出願人は前記の復審決定に不服として、北京市第一中等裁判所に審決取消訴訟を提起したが、第一審により（2008）一中行初字第1462号判決が下し、特許復審委員会の第12619号復審決定が維持した。

前記判決において、以下の理由によって復審決定を維持した。本願明細書には遺伝子の情報転送がいかに実現する実験データと結果を記載していないため、既存の遺伝学論理に基づいて、当業者が過度の試行錯誤をせずに、本出願の発明を成立できることを確認することができない。且つ、全ての実験の結果が科学的な実験データによって証明すべきである。本願明細書には"実験の効果"を記載していたが、その内容は単に概要であるため、当業者は本願明細書を読んだ後でも本願の発明が成立できるか否かを確認できない。従って、復審決定を維持する。

4．4．復審委員会の事例説明

本事例は、化学分野の発明特許出願の実験データが開示されていないことから明細書に十分な開示要件を満たしていない典型的な案例である。

特許審査基準第二部第10章第３．１節に明確に規定している。化学製品の出願について、明細書に化学製品の確認、製造及び用途及び／又は使用効果を記載しなければならない。当業者が既存の技術から発明が実現する用途及び／又は使用効果を予測できない場合は、明細書において、当業者にとって、出願の発明が記載の用途及び／又は使用効果を達成できる定性・定量的な実験データを記載しなければならない。

特許審査基準第二部第10章第９．２．２．1(3)節において、遺伝子、蛋白質に関する発明特許の明細書の十分な開示規定の審査について更に明確に規定している。このような出願において、明細書に遺伝子の特定の機能を証明するために、証拠が必要であり、構造遺伝子について、その遺伝子がコードするポリペプチドあるいは蛋白質の特定の機能を証明しなければならない。

本出願は、主に新しいヒトGPCR及びそれをコードするcDNA配列に関する。現在の審査の実務において、このような生物体の複雑の生命活動に関わる蛋白質や核酸などの生体高分子を特別的な化学製品と見なす。生物、化学分野は実験的な分野であり、発明の用途及び／又は使用効果に対する予測性が低いため、実験データによって証明しなければならない。

当業者の慣用技術手段の分子クローニング、相同性の比較、配列分析などは、新しい遺伝子と蛋白質の機能の検討において重要な役割を果たし、更なる研究の方向を示すことができるが、このような推測では記載の新しい遺伝子と蛋白質の機能を確定することができない。

科学研究において、合理的な推測をしてもよいが、該当推測を証明できる実験データによって証明していなければ、推測が成立しない。従って、公知技術に開示されていない新しい遺伝子と蛋白質の製品について、明細書にその同定及び製造に関する情報と方法を開示する以外に、実験データを提供し、具体的な生物学的な機能を証明しなければならない。

本事例と類似する案例の審査過程について、通常、出願人はよく追加実験データ及び出願日以降の刊行物を提供し、特許請求する製品は確かに記載の生物学的な機能を有することを説明する。ただし、このような出願日以降に提出した実験データ又は出願日以降の刊行物は元の開示範囲に属せず、本発明が出願日以前に完成していたことを証明できない。元の明細書に関していないこのような追加実験データを認めない。

４．５．考察及び留意点

本事例の審決と判決の結論から分かるように、中国では、遺伝子工学の製品発明について、その遺伝子、蛋白質の機能を合理的な推測ではなく、実験データによる証明しなければならない。効果について、理論的に合理的な推測をしても、実施例に実験データによって証明していなければその効果が確認されていないと認め、関連発明は特許法第26条第３項の十分な開示要件を満たされていないと判断される。

また、同出願人の同 PCT 国際出願の日本出願（特願2008-033839、特表2008-133300）を調べた結果、日本では、第36条第４項及び第29条柱書に規定する要件を満たしていないことにより、拒絶査定が確定した。

第3章
・
中国において特許を付与しないバイオ化学発明

各国の特許制度によって、新規性、進歩性などの特許性を有しても特許権を与えない発明がある。バイオ化学分野の発明についての中国の不特許事由には、主に特許法第５条に規定する公序良俗に反する発明、特許法第22条第４項に規定する実用性を有しない発明、特許法第25条に規定する疾病の診断及び治療方法に属する発明、動物と植物の品種に属する発明が含まれる。

中国の不特許事由は日本の不特許事由と似ているようだが、その判断基準では大きく異なる場合がある。発明を中国に出願するか否かを判断する際に、中国の不特許対象を正しく理解することは、とても重要である。本章では、中国において新規性、進歩性などの特許性を有しても特許権を与えないバイオ化学分野の発明に特化し、その関連規定、審査事例及び審決、判決を紹介する。

第１節　公序良俗に反するバイオ化学分野の発明

1.　関連規定

１．１．特許法第５条第１項の規定

“法律と公序良俗に違反したり、公共利益を妨害したりする発明に対しては、特許権を付与しない。”

１．２．審査基準の関連規定

中国特許審査基準第二部第１章第３．１．２節において､以下の規定がある。

“公序良俗に違反した発明に対しては特許権を付与することができない。例えば、暴力・虐殺又は淫猥な図又は写真を伴う意匠、医療目的外の人工器官又はその代用品、人間と動物の交配方法、人間の生殖系遺伝子の同一性を改変する方法又は生殖系遺伝子の同一性が改変された人間、クローン人間あるいは人間のクローン方法、人胚胎の工業又は商業目的での使用、動物に苦痛を引き起こす恐れがあり、かつ人間あるいは動物の医療に対しては実質的に益の無いような動物遺伝子の同一性を改変する方法といった上述の発明は、公序良俗に違反したものであり、特許権を付与することができない。”

中国特許審査基準第二部第10章第９．１．１節において、更に以下のように追加規定されている。

“本部第一章第３．１．２節において、特許法第５条第１項に規定する特許権を付与できないバイオ技術に関する発明が挙げられている。それ以外、以下の場合でも､特許法第５条に規定する特許権を付与できない発明に属する。

９．１．１．１．人間の胚性幹細胞

人間の胚性幹細胞とその作製方法は、特許法第５条第１項に規定する特許権を付与できない発明に属する。

９．１．１．２．各形成及び発育段階にある人体

人間の生殖細胞や受精卵、胚胎及び個体を含め、各形成及び発育段階にある人体は、いずれも、特許法第５条第１項に規定する特許権が付与できない発明に属する。”

2. 留意点

2．1．特許を付与しない発明

前文記載の特許審査基準によると、以下の発明は特許を付与しない。

① クローン人間あるいは人間のクローン方法.

② 人胚胎の工業又は商業目的での応用.

③ 人間の生殖細胞や受精卵、胚胎及び個体を含む各形成及び発育段階にある人体.

④ 人間の胚性幹細胞とその作製方法.

⑤ 人間の生殖系遺伝子の同一性を改変する方法

⑥ 動物遺伝子の同一性を改変する方法。

2．2．追加説明

2．2．1．人胚胎の定義

『審査操作規程』には、以下のように詳細に追加説明をしている(1)。

人胚胎は、受精卵から新生児の生まれる前までいずれの胚胎形式、例えば、卵割期、桑実期、胚胞期、着床期、胚葉分化期の胚胎などを含む。その由来はいずれの由来の胚胎を含み、例えば、体外受精で余った胚胞、体細胞核の移植技術により取得した胚胞、自然的あるいは自己意識的な流産の胎児などを含む。

2．2．2．ヒト胚性幹細胞に関する発明

『審査操作規程』には、ヒト胚性幹細胞に関する発明について、以下のように追加説明をしている(2)。

人間の胚性幹細胞の作製過程において、人胚胎を使用する必要があるので、人間の胚性幹細胞に関する発明について、その発明が人胚胎の工業又は商業目的での応用に属するか否かを留意しなければならない。人胚胎から幹細胞を取得するいずれの方法、工程は、人胚胎の工業又は商業目的での応用に関するので、特許法第５条第１項の公序良俗に反し、特許されない。具体的に、

(1)『審査操作規程・実質審査分冊』第10章第４．７節。

(2)『審査操作規程・実質審査分冊』第10章第４．７．２節。

⑴　人胚胎を使用する必要があるヒト胚性幹細胞の分離、作製法

人間の胚性幹細胞の分離、作製法について、人胚胎を使用する必要があるときに、人胚胎の工業又は商業目的での応用の属し、特許を付与しない。

⑵　ヒト多能性胚性幹細胞

人間の多能性胚性幹細胞は、人間の一つ発育段階として、公序良俗に反することによって、特許されない。

⑶　人胚胎を使用して作製したヒト非多能性幹細胞

ヒト非多能性幹細胞は、分化多能性を有しなくなるが、ただし、その作製過程において、人胚胎を使用して分離した場合では、該当発明は、人胚胎の工業又は商業目的での応用の属し、特許されない。

⑷　ヒト胚性幹細胞から分化形成する人間及びその分化法

ヒト胚性幹細胞から分化形成する人間及びその分化法の発明は、その産物は人間であるため、クローン人間あるいは人間のクローン方法に属し、公序良俗に反することによって、特許されない。

⑸　ヒト胚性幹細胞から分化された細胞、組織及び器官

このような発明は、ヒト胚性幹細胞を原料としているため、ヒト胚性幹細胞の取得が公序良俗に反する場合は、このような発明も当然、公序良俗に反し、特許されない。

⑹　ヒト胚性幹細胞の維持、増幅、集合、分化誘導、修飾などの方法

このような発明は、ヒト胚性幹細胞を原材料としているため、ヒト胚性幹細胞の取得が公序良俗に反する場合は、このような発明も当然、公序良俗に反し、特許されない。

⑺　ヒト胚性幹細胞を用いてキメラを形成する方法及びその方法で得られるキメラ

このような発明は、「人間の生殖系遺伝子の同一性を改変する方法又は生殖系遺伝子の同一性が改変された人間」に該当するので、特許されない。

前記の説明について注意すべきことは、人胚胎を使用する必要がないあるいはヒト胚性幹細胞の取得が公序良俗に反しない場合には、ヒト幹細胞に関する発明は特許法第５条の公序良俗に反しないことである。後での審決事例でまた詳細に説明する。

3. 審査事例

3．1．人胚胎の工業又は商業目的の応用に関する発明

3．1．1．人胚胎を利用して得た物の発明[3]

請求項：ヒト幹細胞再生表層角膜であって、人胚胎角膜上皮を細かく切り、酵素で分解し…XX の培養によって得られたものである。

説明：本発明は、ヒト幹細胞再生表層角膜に関する。その作製過程において、「人胚胎角膜上皮」を使用している、また、「人胚胎角膜上皮」は必ず人胚胎から取得される。従って、該発明は、人胚胎の工業又は商業目的の応用に該当し、特許されない。

3．1．2．人胚胎を利用する方法の発明[4]

請求項：外来性遺伝子を表現できるヒト神経幹細胞の生産法であって、7週～9週の流産胚胎組織から前脳組織を分離し、培養液にいれ…XX 工程を含む。

説明：本発明は、「流産胚胎組織か」から「前脳組織」を分離する工程を含む。「流産胚胎組織」は胚胎に属する。該発明は、商業目的で「死亡の胚胎」を使用しているため、人胚胎の工業又は商業目的の応用に該当し、特許されない。

3．2．公序良俗に反するヒト胚性幹細胞の関連発明の事例

3．2．1．ヒト胚性幹細胞の取得が倫理道徳に反する発明[5]

請求項：ヒト肝細胞様細胞であって、ヒト胚性幹細胞を分離し、ヒト胚性幹細胞を分化することにより…、XX で作製したことを特徴とする。

説明：本発明はヒト胚性幹細胞を原料としている。当該胚性幹細胞の分離工程は、人胚胎の工業又は商業目的の応用に該当し、倫理道徳に反することになる。従って、該発明は公序良俗に反することによって、特許されない。

---

(3)『審査操作規程・実質審査分冊』第10章第４．７．１節に挙げた審査事例の案例１。
(4)『審査操作規程・実質審査分冊』第10章第４．７．１節に挙げた審査事例の案例２。
(5)『審査操作規程・実質審査分冊』第10章第４．７．２．５節に挙げた審査事例の案例。

３．２．２．ヒト胚性幹細胞を用いてキメラを形成する方法発明[6]

請求項：キメラ胚を形成する方法であって、細胞卵割期の人胚胎を取得し、その中の細胞を分離し、マウスの胚胎に注入し…キメラ胚を形成することを特徴とする。

説明：本発明の産物は人と動物のキメラである。「人間の生殖系遺伝子の同一性を改変する方法」に該当し、特許される発明ではない。更に、当該ヒト胚性幹細胞の取得が、倫理道徳に反して、人胚胎の工業又は商業目的の応用に該当するので、該発明はこの側面からも公序良俗に反することによって、特許されない。

４．公序良俗に反しない且つ実用性を有すると判断された審決事例

2012年６月６日に、中国特許復審委員会は第42698号復審決定を下した[7]。当該復審決定において、出願人米国カリフォルニア大学の中国出願番号03816184.2、公開番号CN1852971Aの出願（PCT国際出願番号PCT／IB03／03539、PCT出願日2003年７月11日）に関する拒絶査定を取消す容認審決が下された。審決の主な理由は、当該発明が、特許法第５条第１項の公序良俗に反しない、且つ第22条第４項の実用性を有すると判断したことである[8]。

４．１．拒絶査定の概要

本件特許出願の発明の名称は、“再ミエリン化及び脊髄損傷の治療のためのヒト胚性幹細胞に由来するオリゴデンドロサイト”である。本発明は、オリゴデンドロサイト及びその前駆細胞などの、グリア細胞のマーカーを有する神経系細胞の集団を提供する。前記の集団は、所望の表現型又は機能的能力を有する細胞の濃縮を促進する条件下で、ヒト胚性幹細胞などの多能性幹細胞を分化させることによって作製される。

---

(6)『審査操作規程・実質審査分冊』第10章第４．７．２．７節に挙げた審査事例の案例。

(7) http://app.sipo-reexam.gov.cn/reexam_out/searchdoc/search.jsp、中国国家知識産権局専利復審委員会の前記ウェブサイトに復審決定号を入れれば、中国語原文の復審決定が得られる（最終参照日：2014年２月５日）。

(8) http://sipo-reexam.gov.cn/scyfw/scjdpx/fsjdpx/10120.htm、中国国家知的産権局ホームページに開示された専利復審委員会の復審決定の解説事例。（最終参照日：2014年２月５日）

2011年7月5日に、審査官は、以下の理由を持て、本件出願について拒絶査定を下した。

① 本願の特許請求の範囲及び明細書の内容は、ヒト胚性幹細胞に関するため、人胚胎から取得する必要があり、本発明は人胚胎の工業又は商業目的の応用に該当し特許法第5条第1項の公序良俗に反することである。

② 本願の特許請求の範囲に記載の多能性幹細胞は、非胚胎組織から分離、取得されたときに、非治療目的の外科手術方法を用いて人あるいは動物の組織を取得していたので、第22条第4項の実用性を有しないことである。

4.2. 復審請求の審理及び審決

出願人は、2011年10月20日に拒絶査定に対して復審を請求した。出願人は請求項の人胚胎から直接に分解されるヒト胚性幹細胞を削除し、特許請求の範囲を公的の寄託機関から入手可能な樹立細胞株に限定した。更に、以下の復審請求の理由を挙げている。

補正後の請求項に記載の発明は、人胚胎から直接に分解されるヒト胚性幹細胞を削除し、一般入手可能な樹立細胞株に限定したため、人胚胎の工業又は商業目的の応用に該当しなくなった。前記の樹立細胞株は、最初は人胚胎の細胞株から由来したもので、且つ広く使用されていり、商業的なルートで一般入手できるものである。従って、本発明は人胚胎を使用する必要がないため、特許法第5条に反しない。更に、補正後の請求項に記載の発明は、外科手術方法に関わりなくなり、発明に使用される材料に対して無限的に遡及すべきではないため、本願発明は実用性を有する。

前置審査において、審査官は依然として、樹立細胞株の使用に限定した請求項に対しても、当該樹立細胞株は人胚胎から取得するものであり、「直接取得」、「間接取得」を関わらず、発明は、人胚胎の工業又は商業目的の応用に該当し、特許法第5条第1項公序良俗に反し、特許されないと判断していた。

特許復審委員会では、審査官の前置審査意見に同意せず、出願人の復審請求の補正及び請求理由を認め、以下の理由を持って拒絶査定を取消した。

① ある出願が公序良俗又は法律に反する内容を有しまた反しないその他の内容も有する場合、当該出願は、特許法第5条第1項の規定を部分的に満たしていない出願と称する。その場合は、特許法第5条第1項の規

定に反する内容を削除しなければならない。

② 本出願の明細書に、「オリゴデンドロサイトを作製するための出発材料として有用なpPS又は胚性幹細胞を産生するために、本発明の実施はヒト胚又は胚盤胞を脱凝集することを決して必要としない。hES細胞は、公的な寄託機構（例えば…）から入手可能な樹立細胞株から得ることができる」と記載している。更に、出願人は、請求項と共に明細書においても、人胚胎から直接にヒト胚性幹細胞を取得する内容を削除した。本願発明に使用される細胞株は、商品化した樹立細胞株に限定したため、即ち、公序良俗に反する内容を削除したため、発明は特許法第５条第１項の規定に反しなくなる。

③ 拒絶査定と前置審査意見にある「樹立細胞株は人胚胎から取得するものであるため、特許法第５条に反する」の拒絶理由について、本合議組は、原材料の取得方式に対して無限的に追及することは適切ではない。本出願に使用される原材料であるヒト胚性幹細胞H1とH7細胞株は、請求人が提出した資料及び既存技術に基づいて、最初の樹立細胞株であり、2001年に米国で研究者に提供されている、入手できる公知の細胞株である。このような成熟した商品化の細胞株を使用することは、中国の公序良俗に反しない。

④ 補正後の請求項に記載の発明は、非胚胎組織から多能幹細胞を分離する工程を含まれていない。また、請求項は商品化した樹立細胞株に限定したため、外科手術の方法を不可欠の工程ではないので、実用性を有する。

４．３．復審委員会の事例説明

特許審査基準第二部第１章第９．１．１．１節によると、ヒト胚性幹細胞とその作製方法の発明は、公序良俗に反することによって、特許されない。

ヒト胚性幹細胞は、通常胚胎胚葉内の胚性幹細胞を指す、最初は流産した胎児あるいは体外受精で得た余った胚胎から分離して取得されたものである。ヒト胚性幹細胞は、論理上では体内の全ての類型の細胞を分化する能力を有するので、発育段階にある人体と見なされ、特許法第５条第１項の公序良俗に反する。更に、ヒト胚性幹細胞を分離作製する方法も、人胚胎を使用する必要があるので、人胚胎の工業又は商業目的の応用に該当し、特許法第５条第１項公序良俗に反し、特許されない。

ただし、ヒト胚性幹細胞の関連発明は、ヒト胚性幹細胞株を培養し分化させる発明にも関する。拒絶査定において、請求項に記載の発明はヒト胚性幹細胞に関し、人胚胎の工業又は商業目的の応用に該当し特許されないとの拒絶理由を挙げている。本出願もその一例である。本出願に使用されるヒト胚性幹細胞 H1 と H7 細胞株は、既に公衆に提供されている商品化した細胞株であり、研究機構、会社などにも広く使用されている。発明が人間由来の生物材料に関する場合は、その由来を追及すると全ての発明の根源は人間あるいは人胚胎からである。従って、このような発明について、原材料の取得方式に対して無限的に追及し、公序良俗に反すると判断することは適切ではない。一方、公知の幹細胞株に関する発明は、科学の発展を促進し、人間の幸せに貢献することができる。

従って、発明は、ヒト胚性幹細胞の維持、増幅、集合、分化誘導、修飾の方法に関する場合、そのヒト胚性幹細胞が公知の樹立細胞株であれば、特許法第５条第１項の公序良俗に反することを理由に拒絶査定を下すのは、不適切である。

４．４．考察及び留意点

ヒト胚性幹細胞の関連発明は、特許法第５条第１項の公序良俗に反することでよく拒絶理由になっている。本審決事例は、このような類似事例の参考になると考える。

特許請求の範囲は人胚胎から直接にヒト胚性幹細胞を取得する内容を含まず、公知の樹立細胞株に限定した場合、発明は、特許法第５条第１項の公序良俗に反しなくなる。また、新規事項に該当しない、明細書から人胚胎の利用がなくても発明の実施ができることを疑いなくできることを説明する必要がある。更に、発明に使用される樹立細胞株は入手できる公知の細胞株の証明資料を提出すべきである。

同出願人の同 PCT 国際出願の日本出願（特願2005-505090、特表2005-532079）を調べた結果、日本では、審判を経て、2011年８月26日に特許された。公序良俗に反する拒絶理由については指摘されていない。

第２節　遺伝資源の違法取得又は利用により完成された発明

1.　関連規定

1．1．特許法第５条第２項の規定

“法律と行政法規の規定に違反して遺伝資源を取得し、又は利用し、当該遺伝資源に依存して完成したりした発明に対しては、特許権を付与しない。”

1．2．審査基準の関連規定

中国特許審査基準第二部第１章第３．２節において、中国特許法第５条第２項について、以下のように追加規定されている。

“特許法第５条第２項に基づき特許権を付与しない発明

特許法第５条第２項によると、法律や行政法規に違反して遺伝資源を取得又は利用し、かつ当該遺伝資源に依存して完成された発明に対しては、特許権を付与しない。

特許法実施細則第26条第１項によると、特許法に言う遺伝資源とは、人体、動物、植物若しくは微生物などから採集される遺伝功能単位を含み、かつ実際的あるいは潜在的価値を持つ材料を言う。特許法でいう遺伝資源に依存して完成した発明とは、遺伝資源の遺伝功能を利用して完成した発明のことを言う。

上述の規定における遺伝功能とは、生物体が繁殖によって性状又は特徴を代々伝達する又は生物体全体を複製させる能力を言う。

遺伝功能単位とは、生物体の遺伝子あるいは遺伝功能を持つ DNA 若しくは RNA 断片をいう。

人体や動物、植物若しくは微生物などから採集される遺伝功能単位を有する材料とは、遺伝功能単位のキャリアを言い、生物体全体そして器官や組織、血液、体液、細胞、ゲノム、遺伝子、DNA 若しくは RNA 断片など生物体のある部分を含む。

発明に遺伝資源の遺伝功能を利用したとは、発明を完成させて、当該遺伝資源の価値を実現させるために、遺伝功能単位に対して分離や分析、処理な

どをすることを言う。

法律と行政法規の規定に違反して遺伝資源を取得し又は利用するとは、遺伝資源の取得あるいは利用に際して、中国の関連法律や行政法規の規定に基づいて、事前に関連の行政管轄部門による承認若しくは関連権利者による承諾を取得していないことを言う。例えば、『中華人民共和国牧畜法』及び『中華人民共和国禽畜遺伝資源入出国と対外的合作・研究利用の審批弁法』の規定事項によると、中国禽畜遺伝資源保護名鑑に掲載された禽畜遺伝資源を外国に輸出するとき、関連する審査承認手続きを行う必要がある。中国の国外へ輸出された中国禽畜遺伝資源保護名鑑にある禽畜遺伝資源について、審査承認手続きを行っていない場合、これに依存して完成された発明に対しては特許権を付与することができない。”

2. 留意点

2.1. 特許法第5条第2項違反は拒絶理由及び無効理由となる

特許法第5条第2項の規定は、2009年に実行された第三回中国特許法改正の際に追加されたものである。該規定は、「生物多様性条約：CBD」に基づいて、中国の遺伝資源を保護する目的で設けられた。特許法実施細則第53条及び第65条によると、特許法第5条第2項違反は拒絶理由及び無効理由となる。

筆者らの実務において、また該条に逢ったことがないが、条文の規定から読むと、以下の二つの実体要件を同時に満たしている場合のみに、違反する判断が下される。

① 発明が利用した遺伝子資源の取得又は利用が、法律と行政規定の規定に違反している。

② 発明がその遺伝子資源に依存して完成したものである。

2.2. 関連用語の定義

中国特許審査基準第二部第1章第3.2. 節において、特許法第5条第2項の規定に関連する幾つの用語について以下のように定義されている。

1）遺伝資源

遺伝資源とは、人体、動物、植物若しくは微生物などから採集される遺伝功能単位を含み、かかつ実際的あるいは潜在的価値を持つ材料を言う。

２）遺伝資源に依存して完成した発明

特許法でいう遺伝資源に依存して完成した発明とは、遺伝資源の遺伝功能を利用して完成した発明のことを言う。

３）遺伝功能

遺伝功能とは、生物体が繁殖によって性状又は特徴を代々伝達する又は生物体全体を複製させる能力を言う。

４）遺伝功能単位

遺伝功能単位とは、生物体の遺伝子あるいは遺伝功能を持つDNA若しくはRNA断片をいう。

５）遺伝功能単位を含む材料

遺伝功能単位を含む材料とは、遺伝功能単位のキャリアを言い、生物体全体そして器官や組織、血液、体液、細胞、ゲノム、遺伝子、DNA若しくはRNA断片など生物体のある部分を含む。

６）遺伝資源の遺伝功能の利用

発明創造に遺伝資源の遺伝功能を利用したとは、発明創造を完成させて、当該遺伝資源の価値を実現させるために、遺伝功能単位に対して分離や分析、処理などをすることを言う。

７）法律と行政法規の違反

法律と行政法規の規定に違反して遺伝資源を取得し又は利用するとは、遺伝資源の取得あるいは利用に際して、中国の関連法律や行政法規の規定に基づいて、事前に関連の行政管轄部門による承認若しくは関連権利者による承諾を取得していないことを言う。例えば、『中華人民共和国牧畜法』及び『中華人民共和国禽畜遺伝資源入出国と対外的合作・研究利用の審批弁法』の規定事項に違反している。

2．3．実務の留意点

ここで留意すべきことは、明細書に記載された全ての遺伝資源は、特許法第5条第2項の規定あるいは特許法第26条第5項の遺伝子資源の開示規定にも基づいて審査されるべきではない。発明が当該遺伝資源に依存していない場合、例えば発明の効果を検証するために利用される遺伝子資源の場合、あるいは発明が遺伝資源を利用したがその遺伝機能を利用していない場合では、当該遺伝資源について審査されない。更に、遺伝子工学に慣用されている宿主細胞、公知技術である遺伝子やDNA若しくはRNA断片などについても、審査されるべきではない[1]。後文の中間対応の留意点に、この点について、また事例などを挙げて説明する。

現在まで、特許法第5条第2項により出願が拒絶されたあるいは特許が無効にされた事例は、筆者の知る限りではまたいない。

---

(1)『審査操作規程·実質審査分冊』第10章第4．8．3節「由来開示が必要でない場合」(2011年2月、知識産権出版社)。

第３節　産業上利用できないとされるバイオ化学発明

1.　関連規定

１．１．特許法第22条第４項の規定

“実用性とは、当該発明又は実用新案が製造又は使用に堪え、かつ積極的な効果を生むことができることを指す。”

１．２．審査基準の関連規定

１．２．１．再現性のない発明

中国特許審査基準第二部第５章第３．２．１節において、以下の規定がある。

“再現性のないもの

実用性を備える発明又は実用新案の特許出願の主題は、再現性を有しなければならない。逆に、再現性のない発明又は実用新案の特許出願の主題は実用性を有しない。

再現性とは、当業者が、開示された技術的内容に基づき、特許出願において技術課題の解決に採用された技術案を繰り返して実施することができることを言う。この繰り返した実施は一切、ランダムな要素に頼ってはならず、実施の結果も同じでなければならない。

ただし、審査官が注意を払わなければならないのは、発明又は実用新案特許を出願する製品の歩留まりが低いことと、再現性を有しないこととは、本質的な相違がある。前者は、繰り返して実施できるが、実施の過程においてある程度の技術的条件（例えば環境清潔度、温度など）を確保できていないために、低い歩留まりとなったものである。後者は、発明又は実用新案の特許出願に必要な全ての技術的条件を確保しても、当業者が当該技術案に求められる結果を繰り返して実現できないものである。”

１．２．２．人体又は動物体に対する非治療目的の外科手術方法

中国特許審査基準第二部第５章第３．２．４節において、以下の規定がある。

“外科手術方法に治療目的と非治療目的の手術方法を含む。治療を目的

とする外科手術方法は第二部第1章第4．3節における特許権を付与しない客体に該当する。非治療目的の手術方法は生きている人や動物を実施対象とし、産業上で使用できないため、実用性を有しない。例えば、美容のために施される外科手術方法、又は外科手術により生きている牛から牛黄を取る方法、及び冠動脈撮影をする前に採用する外科手術方法など、診断補佐のために採用される外科手術方法など。”

中国特許審査基準第二部第1章第4．3．2．3節において、外科手術方法について、以下のように定義している。

“外科手術方法とは器械で、命を有する人体又は動物体に施される切開、切除、縫合、入れ墨など創傷性又は介入性の治療や処置方法を言う。このような外科手術方法は、特許権が付与されてはならない。ただし、死亡した人体又は動物体に施される切開、切除、縫合、入れ墨などの処置方法は、特許法第5条第1項の規定に違反しない限り、特許権が付与できる客体に該当する。

外科手術方法は治療目的と非治療目的のものに分けられる。治療目的の外科手術方法は治療方法に該当しており、特許法第25条第1項(3)号の規定に基づき特許権を付与することができない。非治療目的の外科手術方法の審査は、本部第5章第3．2．4節の規定を適用する。”

1．2．3．積極的な効果がない発明

中国特許審査基準第二部第5章第3．2．6節において、以下の規定がある。

“実用性を有する発明又は実用新案の特許出願における技術案は、期待される積極的な効果を生じなければならない。明らかに無益で、社会的ニーズから離れている発明又は実用新案の特許出願の技術案は実用性を有しない。”

2. 審査事例

2．1．再現性のないと判断される事例

2．1．1．自然界から特定微生物をスクリーニングする方法[1]

このような方法は、客観的条件の制限を受けるもので、かつランダム性

(1)中国専利審査指南（2010）第二部第10章第9．4．3．1節。

が高く、ほとんどのケースは再現できない。例えば、ある省ある県ある地方の土壌から分離、スクリーニングされたある特定の微生物について、その地理的位置の不確かさ、自然や人為的環境の変化に加え、同一の土壌における特定の微生物が存在するという偶然性のため、特許の有効期限である20年間以内に、同種同属なもので、生化学的遺伝性が完全に同一である微生物体のスクリーニングを再現できない。従って、自然界から特定微生物をスクリーニングする方法は、一般的に、産業上の実用性を有しない。出願人が、このような方法が繰り返して実施できることを証明するのに十分な証拠を提出できる場合を除いて、このような方法には特許権を付与しない。

２．１．２．物理、化学方法を通じた人為突然変異による新規微生物の創製方法[2]

このような方法は主に、誘発条件における微生物のランダムな誘導変化に依存している。このような突然変異が実は、DNA 複製の過程における１つ又は複数個の塩基が変化し、そしてその中からある特徴を持つ菌株をスクリーニングすることである。塩基の変化がランダムなものなので、誘発条件が明りょうに記載されたとしても、誘発条件の再現を以って完全に同一な結果を得るのは難しい。このような方法は、ほとんどの場合では特許法第22条第４項の規定を満たさない。出願人は、一定の誘発条件において誘発すると、必要とする特性を持っている微生物が必然的に得られることを証明するのに十分な証拠を提出できる場合を除いて、このような方法には特許権を付与しない。

２．１．３．料理及び調理方法[3]

産業での製造に適しない、繰り返して実施することができない料理は、実用性を備えないもので、特許権が付与されない。料理人の技術や創作など不確的な要素に依存していることから、繰り返して実施することができない料理法も、産業上の応用化に適しないものであり、実用性を備えず、特許権を付与することができない。

(2)中国専利審査指南（2010）第二部第10章第９．４．３．２節。
(3)中国専利審査指南（2010）第二部第10章第７．１節。

2．1．4．医師の処方箋[4]

医師の処方箋とは、医師が具体的な患者の症状に応じて書いた処方箋である。医師の処方箋、処方箋の調剤、及び単に医師の処方箋に基づいた医薬の調合過程は共に、産業上の実用性を有しないものであり、特許権を付与することができない。

2．2．低い歩留まりの再現性があると判断される事例[5]

事例：“鶏にヨードを含む飼料を与えることにより得られた食用高ヨード卵”の特許出願について、このような製品は、生物体自身の新陳代謝が利用され、人工的な技術関与を行い、例えば飼養法をコントロール、特定な飼料を与えるなどの方法で得られたものである。

解説：

このような発明は、生物体の差異によって実施効果の差異があるが、飼養場に実施されることが可能であり、且つその結果が単にランダムな結果ではないため、繰り返して実施することができる発明と判断される。

2．3．非治療目的の外科手術方法に関する事例

2．3．1．創傷性のある方法[6]

請求項：介入性導管の…操作を含む、介入式超音波による組織の硬さ検査法。

明細書の開示：本発明は直接に組織の受け身変形能力の硬さと弾性率などの基本物理量を取得することができる、科学研究及び組織の硬さの臨床測定に直接、信頼性のある情報を提供することができる。

解説：

被検者の体内の組織の硬さを測定するため、該請求項にに記載の発明は、異なる被検組織により異なる通路によって介入性導管を患者の体内に導入されることを含む。例えば、心筋又は大血管の組織の硬さを測定する場合、

---

(4)中国専利審査指南（2010）第二部第10章第７．２節。

(5)『審査操作規程・実質審査分冊』第５章第２．１節の案例３（2011年２月、知識産権出版社）。

(6)『審査操作規程・実質審査分冊』第５章第２．４節の案例１（2011年２月、知識産権出版社）。

動脈あるいは静脈を通して介入性導管を血液循環システムに導入される必要がある；腹部の臓器の硬さを測定する場合、腹腔鏡により介入性導管を腹腔に挿入される必要がある。これらの操作は、被検者にとって創傷性のある方法と言える。従って、該請求項の発明は、命を有する人体を対象とし、実質上は、非治療目的の外科手術方法に関する、産業上で使用できない発明である。従って、特許法第22条第４項の規定を満たさず、実用性を有しない。

２．３．２．疾患の動物実験モデルを作製する方法(7)

請求項：若年健康のサルに脳外科手術を行う工程…を含む、多動症のサル実験モデルを作製する方法。

明細書の開示：本発明は、実験手段により直接に多動症のサルモデルを得た。該モデルは、多動症の医薬物の研究、多動症の治療方法の評価などのために使用される。

解説：

特許請求の範囲及び明細書の記載により、該動物実験モデルの作製法は、命を有する動物を対象とし、麻酔、皮膚の切除などの動物に対する非治療目的な外科手術を含むため、産業上で使用できない。従って、特許法第22条第４項の規定を満たさず、実用性を有しない。

２．３．３．動物を処置する工程を含む方法(8)

審査基準及び審査操作規程に関連事例を挙げていないが、筆者の実務経験において、動物を処置する工程を含む方法発明に対しても拒絶される場合はよくあるので、ここでは実務の経験を説明する。

２．３．３．１．トランスジェニック動物の作製法

トランスジェニック動物の発明について、動物自身は特許法の第25条に動物品種に該当し、特許されない。その生産法については、以前は特

(7)『審査操作規程・実質審査分冊』第５章第２．４節の案例２（2011年２月、知識産権出版社）。

(8)何小萍、「バイオ医薬分野における中国特許実務の留意点及び新しい動向」、日本知的財産協会の会誌『知財管理』Vol. 59 No. 12 2009、pp1585～1594。

許法の第25条に動物と植物品種の非生物学的な生産法の発明は特許を受けることができることと基づいて、特許されたことがあったが、近年では特許請求の範囲に動物を処置する工程を入れなくても、審査官からトランスジェニック動物の生産法は卵母細胞を動物の子宮に入れる工程を必ず含むことから、非治療目的の動物への手術方法を含むため、実用性を有しないとして拒絶されることが多く見られる。

2．3．3．2．抗体の生産法

新規性、進歩性を有する抗体は特許されるが、その抗体の生産法に関する請求項は、近年、審査官から、抗原の投与や抗体の採集などの工程を含むことから、該抗体の生産法が非治療目的の動物への手術方法を含むため、実用性を有しないとして拒絶されることが多く見られる。

2．4．積極的な効果がない発明の事例[9]

発明にはある程度の欠陥がある、例えば、特許請求する医薬物が有害の副作用を有するが、その他の面では有益である場合、該発明は予期の積極的な効果を生じることになる。

ただし、発明には有害性がある且つ有益性がない場合、該発明が予期の積極的な効果を生じないことになる。

例えば、1％～99％（重量）の濃度1％～36％塩酸及び1％～99％（重量）の過酸化水素を含む、歯垢の洗浄剤のクレームについて、高濃度の塩酸が歯に回復できない損傷を与え、塩酸と過酸化水素と共に人の皮膚及び粘膜組織に厳重な損傷を与えるため、該洗浄剤には、人体に対して有害性がある且つ有益性がないため、産業上で使用できないため、実用性を有しない。特許法第22条第4項の規定を満たしていない。

3. 審決・判決の事例説明

3．1．微生物のスクリーニング法であっても再現性があると判断された審決事例

2010年9月20日に、中国特許復審委員会は第26785号復審決定を下した[10]。

(9)『審査操作規程・実質審査分冊』第5章第2．6節の事例（2011年2月、知識産権出版社）。

当該復審決定において、中国国内出願人の東北製薬グループなどの中国出願番号200610046425.1、公開番号 CN1876830 A、出願日2006年４月26日の出願に関する拒絶査定が取り消された。審決の主な理由は、発明が反復実施できる場合、再現性がないとの理由で実用性がないと判断してはならない(11)。再びの審査により、関連発明が特許された。

３．１．１．拒絶査定の概要

本件特許出願の発明の名称は、“基質とする右旋性ホスホマイシンを用いて､左旋性ホスホマイシンの生物転化菌株のスクリーニング法”である。本発明は、生物転化あるいは生体触媒技術、微生物菌株のスクリーニング技術分野に関する。

特許請求する発明は、主には、土のサンプルから菌株を培養、スクリーニング、及び分離純化する工程、と右旋性ホスホマイシンを発酵基質として生物転化し、左旋性ホスホマイシンを有するか否かの転化産物を同定する工程を含む、基質とする右旋性ホスホマイシンを用いて、左旋性ホスホマイシンの生物転化菌株のスクリーニング法の発明である。

2009年６月26日に、審査官は、本願発明の再現性がないため、特許法第22条第４条の実用性規定を満たさない理由で本件出願について拒絶査定を下した。具体的に、以下の理由を挙げている。本願発明は、実質上は自然界から特定微生物をスクリーニングする方法である。このような発明は、客観条件の制限によって、再現性がない。

３．１．２．復審請求の審理及び審決

出願人は、2009年９月30日に拒絶査定に対して復審を請求した。出願人は、補正せずに、以下の理由で反論していた。当業者であれば、適切な環境で本願発明を再現することができるはずである、また、スクリーニング

(10) http://app.sipo-reexam.gov.cn/reexam_out/searchdoc/search.jsp、中国国家知識産権局専利復審委員会の前記ウェブサイトに復審決定号を入れれば、中国語原文の復審決定が得られる。(最終参照日：2014年２月５日)。

(11) 潘珂、「自然界から微生物をスクリーニングする方法の実用性――二の専利復審事例から考える」『中国発明と専利』、2012年第３期。筆者の国家知的産権局専利復審委員会医薬生物申訴処に勤める潘珂は当該26785号審決の主審判官である。

によって成功に得られる特定微生物が少ない且つ失敗が多い理由だけで、実用性がないとの拒絶査定は不合理である。

復審委員会の合議により、以下の理由で、本件の拒絶査定が取り消された。

特許法第22条第４項に規定する実用性は、該発明が製造あるいは使用でき、且つ、積極的な効果を生成できることを指す。該規定による再現性は、当業者が公知技術によって、特許出願における技術課題を解決できる技術案（発明）を重複して実施できる場合、再現性がないとの理由で実用性を有しないとすることができない。

本願発明は、基質とする右旋性ホスホマイシンを用いて、左旋性ホスホマイシンの生物転化菌株のスクリーニング法を特許請求しようとしている。本願明細書に記載の目的から、本願発明が解決しようとする技術課題は、基質とする右旋性ホスホマイシンを用いて左旋性ホスホマイシンの生物転化菌株のスクリーニング法を提供することである。本発明のスクリーニング法は、毎回のスクリーニングにおいて、目的の微生物を必ずスクリーニングすることではなく、もしサンプルに目的の微生物がある場合、該方法で微生物を取れるが、もしサンプルに目的の微生物がない場合、該方法で目的な微生物が取れないことを確定し、ホスホマイシン生産における利用を指導できるため、生産コストを低減できる効果を達成できる。従って、当業者は、本願発明を重複して実施でき、且つ本出願の技術課題を解決でき、技術効果を達成できる。従って、本願発明は、特許法第22条第４条の実用性規定を満たしている。

３．１．３．復審委員会の事例説明

特許審査基準第二部第10章第９．４．３．１節において、「**自然界から特定微生物をスクリーニングする方法は、客観的条件の制限を受けるという偶然性のため、特許の有効期限である20年間以内に、同種同属なもので、生化学的遺伝性が完全に同一である微生物体のスクリーニングを再現できない。従って、自然界から特定微生物をスクリーニングする方法は、一般的に、産業上の実用性を有しない。出願人が、このような方法が重複して実施できることを証明するのに十分な証拠を提出できる場合を除いて、このような方法は特許権の付与を受けてはならない**」と規定されている。

微生物のスクリーニング法について、当該微生物が“特定”であるか否

かを判断のポイントである。研究者か特別な地域から特別な特徴を有する微生物を採集した場合は、“運”があることもあり、他人から重複できないと思われる。このような微生物のスクリーニング法は再現できず、実用性がないと判断される。ただし、出願人から、当該微生物が特定な微生物ではなく、共通性がある微生物であり、異なる研究者であっても該微生物をスクリーニングすることができることを証明できれば、該スクリーニング法は、特許法第22条第４条の実用性規定を満たす発明である。

３．２．非治療目的の外科手術方法に該当し実用性がないと判断された審決事例

2007年３月16日に、中国特許復審委員会は第10300号復審決定を下した[10]。当該復審決定において、オーストラリアのロビンソン社などの中国出願番号97182422.3、公開番号CN1275893Aの出願（PCT国際出願番号PCT／AU97／00717、国際出願日1997年10月24日）における非治療目的の外科手術方法に関する判断について説明している。発明は人間を実施対象とし、非治療目的の外科手術方法に該当する場合、実用性がない。出願人は、指摘された全ての実用性のない発明を削除し、拒絶査定が取り消された[12]。

３．２．１．拒絶査定の概要

本件特許出願の発明の名称は、“酸素及び不活性ガスと血液との肺交換による肺血流の測定法と装置”である。特許請求する発明は、主には、被験体の肺血流を測定するための方法及びその装置である。

請求項１は、“被験体の肺血流を測定するための方法であって：呼吸系の完全なガス交換部分を含む､呼吸系の２つ又はそれ以上の区分を分離し、その少なくとも１つが不活性可溶性ガスを含む、各区分に別々のガス混合物を通気し、少なくとも２つの該区分における不活性可溶性ガスの摂取量を測定し、該区分のそれぞれにおける酸素の摂取量を測定し、該区分の少なくとも２つにおける不活性可溶性ガスの呼吸終末濃度を測定し、そして不活性可溶性ガスの摂取量と呼吸終末濃度、及び酸素の摂取量から得られる肺血流を計算する、ことを含む上記方法。”である。

⑿中国国家知的産権局専利復審委員会が作成編集した『専利権付与の他の実質性要件』第156頁～第159頁（2011年９月、知識産権出版社）。

2004年12月31日に、審査官は、特許法第22条第４条の実用性規定を満たさない理由で、本件出願について拒絶査定を下した。主な理由は、本願の被験体の肺血流を測定するための方法発明は、人間を実施対象とし、専門的な業者（医者）が該方法を実施しなければならない、操作者の個人の技に頼れるので、異なる操作者により効果が異なるため、該方法発明は再現性がなく、実用性を有しない。

３．２．２．復審請求の審理及び審決

出願人は、2005年４月15日に拒絶査定に対して復審を請求した。出願人は、補正せずに、以下の理由且つ追加資料の証明で反論していた。

⑴当業者であれば、即ち医者であれば、本出願に開示した内容により、本願に記載の技術課題、即ち被験体の肺血流を測定することを再現できるはずである。このような測定の操作は、ランダムの因子が全くなく、必ず再現できる。⑵請求項1-19に記載の発明の特徴は、操作者にあるものではなく、採用された方法そのものにある。⑶請求項1-19に記載の発明は、人間を実施対象とし、導管を被験体の気管に入れることを含まれるが、本発明の方法は、公知常識により被験体の皮膚を損することもなく、実施できる。⑷請求項1-19に記載の発明は、その直接な目的はただ、生きている人体からパラメータを取得するだけであり、診断でもなく、治療でもない。疾患の診断と治療の方法にも該当しない。

従って、関連する発明は、実用性がないという拒絶査定は不合理である。

復審委員会の合議により、2006年12月５日に以下の理由の復審通知書を発行した。特許請求する方法発明は、本願の被験体の肺血流を測定するための方法発明であり、実質上は、人間を実施対象とし、導管を被験体の気管に入れ、更に該導管に気体混合物を入れ、流入流出の気体のパラメータを測定し、被験体の肺血流を計算する方法である。該方法発明は、命を有する人体を介入し処置する方法であり、特許法に規定する外科手術法に該当する。該方法の直接目的は、診断でもなく治療でもないため、非治療目的の外科手術法に該当する。特許審査基準第二部第１章第４．３．２．３．節及び第５章第３．２．４．節の非治療目的の外科手術法の規定によると、非治療目的の外科手術法は、産業上利用できない、特許法第22条第４項の実用性を有しない。

出願人は、以上の復審通知書を受けた後に、特許請求の範囲を補正し、

被験体の肺血流を測定するための方法に関する全ての請求項を削除し、装置の発明のみを残した。

復審委員会は、前記補正に従って、拒絶査定に指摘した拒絶理由がなくなったため、拒絶査定を取消した。

３．２．３．復審委員会の事例説明(11)

特許審査基準第二部第１章第４．３．２．３節において、**“外科手術方法とは器械で、命を有する人体又は動物体に施される切開、切除、縫合、入れ墨など創傷性又は介入性の治療や処置方法を言う。このような外科手術方法は、特許権が付与されてはならない”**が規定されている。

外科手術方法は、切開、切除、縫合、入れ墨など創傷性あるいは処置法を含むだけではなく、非損傷性の介入治療あるいは処置法も含む。一定の機械を使って、命を有する人間あるいは動物に導入する全ての方法は、例えば損傷を至らなくても、介入性の外科手術方法に該当することになる。外科手術方法について、診断あるいは治療を直接目的である場合は、特許法第25条第１項の不特許法規定を満たさないとして特許されないが、診断あるいは治療を直接目的でない場合でも、特許法第22条第４項の実用性の規定を満たさないとして特許されない。

本願の方法発明は、創傷を至らない、介入性の外科手術方法に該当し、更に診断あるいは治療が発明の直接目的ではないので、特許法第22条第４項の実用性の規定を満たさない理由として特許されない。

３．２．４．考察及び留意点

本願の測定方法発明は、中国において産業上実施できない（実用性がない）として特許保護を受けることができないため、特許請求の範囲から関連する発明を全て削除しなければならなかった。同出願人の同 PCT 国際出願の日本出願（特願2000-600470、特表2003-500085）を調べた結果、第29条第１項柱書に規定する予見を満たさないとの拒絶理由を経て、中国と同様に、全ての被験体の肺血流を測定するための方法を削除し、装置発明のみが特許を受けた。

第４節　第25条の不特許事由に該当する発明

TRIPS 第27条第３項に対応して、中国特許法の第25条において、特許性を満たしても特許を付与しない発明が規定されている。　最初の中国特許法第25条において、食料品、飲料、調味料、医薬品、及び化学方法により得た物質についても不特許事項になっていたが、1993年の改正で、特許されるようになって、不特許事項から削除した。1993年から現在に至り、中国特許法第25条第１項の不特許規定に対する大きな修正がない。

本節では、関連審査基準、審査事例、及び確定した審決事例を紹介し、第25条の不特許事由に該当するバイオ化学発明を説明する。

1.　関連規定

１．１．特許法第25条の規定

“以下に掲げる各号には特許権を付与しない。

(一)　科学上の発見、

(二)　知的活動の規則及び方法、

(三)　疾病の診断及び治療方法、

(四)　動物と植物の品種、

(五)　原子核変換方法を用いて取得した物質、

(六)　平面印刷物の図案、色彩又は両者の組み合わせによって作成され、主に表示を機能とする設計、

前款第(四)号で掲げた製品の生産方法に対しては、本法の規定に基づき特許権を付与することができる。”

１．２．審査基準の関連規定

１．２．１．疾病の診断方法、治療方法

中国特許審査基準第二部第１章第４．３節において、以下の規定がある。

１．２．１．１．疾病の診断方法の定義

“診断方法とは、生きている人体又は動物体の病因又は病巣の状態を識別・研究・確定する過程を言う。

１．２．１．２．診断方法に属する発明

“ある疾病診断に関わる方法が同時に以下に挙げられる２つの条件を満足している場合、疾病の診断方法に該当するものとなり、特許権が付与されてはならない。

⑴　命を有する人体や動物体を対象とする

⑵　疾病診断の結果又は健康状況の取得を直接な目的とする

もしある発明は、記載の方式から見ると、生体外サンプルを対象としているが、それは、同じ主体の疾病診断の結果又は健康状況の取得を直接な目的としているならば、当該発明でも特許権が付与されることができない。

特許請求する方法に、診断の手順を含んでいるか、又は診断の手順を含まないものの、検査の手順を含んでおり、そして、既存技術の中の医学知識及び当該特許出願の開示内容に基づき、言及された診断や検査の情報が分かれば、疾病の診断結果や健康状況を直接に取得できるようになる場合には、当該方法は前述の条件⑵に該当するものになる。

以下の方法は特許権が付与されてはならない例である。

血圧計測法、検脈法、足の診断方法、X 線による診断方法、超音波による診断方法、胃腸レントゲン写真による診断方法、内視鏡による診断方法、同位元素トレーサーイメージによる診断方法、赤外線による無損診断方法、罹病リスク評価方法、疾病治療効果の予測方法、遺伝子選別による診断方法。”

ここで留意すべきことは、方法発明の直接目的が診断結果又は健康状況を得るためでない場合、診断方法に該当しないことである。後文でまた、事例により詳細に説明する。

１．２．１．３．診断方法に属さない発明

“以下に挙げられる方法は診断方法に属さない例である。

⑴　死亡した人体や動物体において実施される病理解剖方法、

⑵　診断結果又は健康状況の取得でなく、命を有する人体や動物体から中間結果とする情報の取得のみを直接な目的とする方法、又は当該情報（形体パラメータ、生理パラメータあるいはその他のパラメータ）の処理方法、

⑶　診断結果又は健康状況の取得でなく、人体や動物体から分離して

いる組織、体液あるいは排泄物に対して処理又は検査を行うことにより中間結果とする情報の取得のみを直接な目的とする方法、又は当該情報の処理方法。

前述の(2)と(3)について説明しておく必要があるのは、既存技術の中の医学知識及び当該特許出願の公開内容に基づいた情報そのものから、疾病の診断結果又は健康状況を直接に得られない場合に限り、これらの情報を中間結果と認められる。"

ここで留意すべきことは、方法発明の直接目的が、診断結果又は健康状況を得るためではなく、中間結果とする情報を得るのみである場合は、診断方法に該当しないことである。通常、診断方法に該当する拒絶理由を受けた場合、出願人が、方法発明がその他の関連情報がなければ、直接に診断の結論を得ることができないことを説明できるなら、審査基準の当該規定を引用し、発明方法が単に中間結果を得るためであり、診断方法ではないことを反論できる。

1．2．1．4．疾病の治療方法の定義

"治療方法とは、生きている人体や動物体に回復、あるいは健康を取り戻す、若しくは苦痛を減少させるために、病因や病巣を遮断、緩和、又は除去する過程を言う。

治療方法は、治療を目的とする、又は治療の性質を有する各種方法を含む。疾病予防又は免疫の方法は治療方法と見なす。

治療目的と治療以外の目的の両方を含む可能性のある方法については、当該方法が治療以外の目的に使われることについて明確に説明しなければならない。そうでない場合は、特許権が付与されてはならない。"

ここで留意すべきことは、疾病予防又は免疫の方法でも治療方法と見なされることである。後文でまた、事例により詳細に説明する。

1．2．1．5．治療方法に属する発明

"以下に挙げられる方法は治療方法に属するものか、又はみなされる例であって、特許権が付与されてはならない。

(1) 外科手術による治療方法、医薬物による治療方法、心理療法。

(2) 治療を目的とする針灸、麻酔、指圧、グアシャ（刮痧)、気功、催眠術、薬浴、空気浴、日光浴、森林浴と看護の方法。

⑶　治療を目的として、電気、磁気、音、光、熱などの輻射を利用した人体又は動物体を刺激又は照射する方法。

⑷　治療を目的として、塗布、冷凍、ジアテルミーなどの方式を採用した治療方法。

⑸　疾病予防のために実施される各種免疫方法。

⑹　外科手術による治療方法及び／又は医薬物による治療方法を施すために採用された補佐的な方法。例えば、同じ主体に返還される細胞、組織や器官の処理方法、血液透析方法、麻酔深度の監視方法、医薬物の内服方法、医薬物の注射方法、医薬物の外用方法など。

⑺　治療を目的とする妊娠、避妊、精子数の増加、体外受精、胚胎転移などの方法。

⑻　治療を目的とする整形、肢体の引張、減量、身長を伸ばす方法。

⑼　人体や動物体の傷口の手当て方法。例えば、傷口の消毒法、包帯方法。

⑽　治療を目的とするその他の方法。例えば、人工呼吸法、酸素吸入法。

指摘しておく必要があるのは、医薬物を利用した疾病治療方法には特許権が付与されてはならないが、医薬物自体には特許権を付与することができる。物質の医薬用途についての特許出願審査は、本部分第十章第２．２節と４．５．２節の規定を適用する。”

1．2．1．6．治療方法に属さない発明

“以下に挙げられる方法は治療方法に属さない例であり、特許法第25条第１項⑶号に基づいた上で､その特許権の付与を拒否してはならない。

⑴　義肢又は義体の製造方法、及び当該義肢又は義体を製造するために実施される計測方法。例えば､患者の口腔の中で歯の型を作成し､体外で入れ歯を作製することを含むある入れ歯の製造法の場合は､最終目的が治療であっても、当該方法そのものは入れ歯の作製が目的である。

⑵　外科以外の手術により動物体を処置することにより、生長特性を改変する牧畜業生産方法。例えば、ある程度の電磁的刺激を羊に加えることにより生長を促進し、羊肉の品質を改善する方法、若しくは羊毛の生産量を増やす方法など。

⑶　家畜の屠殺方法。

⑷　死亡した人体又は動物体の処置方法。例えば、解剖、遺体の化粧、死体防腐、標本製作の方法。

⑸　単純な美容法。即ち、人体に介入せず、又は傷を生じない美容法。皮膚、毛髪、爪、歯の外部など見える部位の局所において施されるもので、治療を目的としない身体消臭、保護、装飾又は修飾するための方法が含まれる。

⑹　病的状態でない人間や動物に心地良く、快適に感じさせるため、若しくは潜水、防毒など特別な状況における酸素、酸素マイナスイオン、水分を輸送する方法。

⑺　人体又は動物体の外部（皮膚又は毛髪の上。ただし、傷口及び感染部位は除く）の細菌、ウイルス、虱、蚤の殺滅方法。”

1．2．1．7．外科手術方法

“外科手術方法とは器械で、命を有する人体又は動物体に施される切開、切除、縫合、入れ墨など創傷性又は介入性の治療や処置方法を言う。このような外科手術方法は、特許権が付与されてはならない。ただし、死亡した人体又は動物体に施される切開、切除、縫合、入れ墨などの処置方法は、特許法第5条第1項の規定に違反しない限り、特許権が付与できる客体に該当する。

外科手術方法は治療目的と非治療目的のものに分けられる。

治療目的の外科手術方法は治療方法に該当しており、特許法第25条第1項⑶号の規定に基づき特許権を付与しない。非治療目的の外科手術方法の審査は、本部分第五章第3．2．4節の規定を適用する。”

即ち、外科手術方法に該当する方法は、治療目的であろうか非治療目的であろうか、該当する条文が異なるが、どちらでも特許されない。治療目的の場合は、特許法第25条第1項⑶号により拒絶されるが、非治療目的の場合では、特許法第22条第4項号の実用性規定により拒絶される。

1．2．2．動物と植物の品種に該当する発明

1．2．2．1．動物品種と植物品種の定義

中国特許審査基準第二部第1章第4．4節において、以下の規定がある。

“動物と植物の品種

動物と植物は生きている物体である。特許法第25条第１項⑷号の規定によると、動物と植物の品種は特許権が付与されることができない。特許法で言う動物とは、人を含まないものであり、自ら合成できず、自然の炭水化物と蛋白質を摂取することでしか生命が維持できない生物を言う。特許法で言う植物とは、光合成により、水、二酸化炭素と無機塩など無機物で合成される炭水化物、蛋白質を利用して生命を維持し、通常は移動できない生物を言う。動物と植物の品種は特許法以外の他の法律・法規により保護されることができる。例えば、植物新品種では『植物品種権の保護条例』により保護されることができる。

特許法第25条２項の規定によると、動物と植物の品種の生産方法に対して特許権を付与することができる。ただし、ここで言う生産方法とは生物学上以外の方法を指すものであり、動物と植物の生産で主に生物学上の方法による場合が含まれていない。

ある方法が、「主に生物学上の方法」に該当するか否かは、当該方法における人的技術の介入度によって決まる。もし人的技術の介入が当該方法により達成される目的又は効果に対して、主要な制御上の役割あるいは決定的な役割を果たしているなら、当該方法は「主に生物学上の方法」に該当しない。例えば、輻射飼育法によるミルク生産量の多い乳牛の生産方法や、飼育方法の改善による赤身型豚の生産方法などは、特許権が付与できる客体に該当する。”

１．２．２．２．動物と植物の個体及びその構成部分

中国特許審査基準第二部第10章第９．１．２．３．節において、以下の規定がある。

“動物の胚性幹細胞や動物の個体、及び例えば生殖細胞、受精卵、胚胎などその各形成・発育段階は、本部分第一章第４．４節に述べた「動物の品種」の範囲に該当し、特許法25条１項⑷号規定により、特許権の付与を受けてはならない。

動物の体細胞及び動物の組織と器官（胚胎を除く）は、本部分第一章第４．４節に述べた「動物」の定義に合致しないため、特許法第25条第１項⑷号に規定した範囲に該当しない。

光合成作用を通じ、水や二酸化炭素、無機塩などの無機物を以って、炭水化物、蛋白質を合成することにより生存を維持している植物の単植

株及びその繁殖材（種子など）は、本部分第一章第４．４節に述べた「植物の品種」の範囲に該当し、特許法第25条第１項(4)号の規定により、特許権の付与を受けてはならない。

植物の細胞や組織、器官がもし、前述の特性を備えていなければ、「植物の品種」と認められることができないため、特許法第25条第１項(4)号に規定した範囲に該当しない。”

ここで留意すべきことは、動物の体細胞及び動物の組織と器官（胚胎を除く）は、「動物」の定義に合致しないため、特許されることが有り得る。また、植物の細胞や組織、器官は、所記の特性を有していなければ、特許されることが有り得る。通常、動物、植物の品種に属するという拒絶理由を受けた後に、明細書に動物、植物の細胞や組織、器官が記載されていれば、それに基づいて補正することができる。ただし、最近の実務では、植物の細胞や組織、器官が植物の繁殖材として植物完成体に成長することができる理由で、補正しても拒絶されることがよくある。後文の事例でまた詳細に説明する。

１．２．２．３．遺伝子組換の動物と植物

中国特許審査基準第二部第10章第９．１．２．４．節において、以下の規定がある。

“遺伝子組換動物又は植物は、遺伝工学における組換 DNA 技術など生物学的方法により得られた動物又は植物である。それ自体は依然として、本部分第一章第４．４節で定義している「動物の品種」又は「植物の品種」の範囲に該当し、特許法第25条第１項(4)号の規定により、特許権の付与を受けてはならない。”

2. 審査事例

２．１．疾病の診断方法に関する審査事例

発明は疾病の診断方法に該当するか否かを判断する際に、『対象』と『直接な目的』のキーワードを注目すべきである。即ち、当該方法が、命を有する人体あるいは動物体（生体外サンプルを含む）を対象としなければならない、また、当該方法の直接な目的が、疾病の診断結果あるいは健康状況を得るためでなければならない。以下の事例で説明する。

２．１．１．生体外サンプルの検査法

２．１．１．１．診断方法と判断される生体外サンプルの検査法[1]

発明：分析物のペプシノゲンⅠ、ガストリン、及びピロリ菌の感染を測定することによって、萎縮性胃炎を診断する方法。

解説：該発明は生体外サンプルの測定方法に関する。該方法の直接的な目的は、サンプルの主体（患者）が萎縮性胃炎を有するか否かを診断するためである。従って、該方法は疾病の診断方法に属する。

２．１．１．２．診断方法と判断されない生体外サンプルの検査法[2]

発明：唾液でのアルコール含量を測定する方法。該方法で測定された唾液でのアルコール含量を通じて、サンプルの主体の血液でのアルコール含量が得られる。

解説：発明は生体外サンプルの測定方法に関する。該方法の直接的な目的は、血液でのアルコール含量を得ることである。その結果によって患者がアルコール中毒症を有するか否かについて、最終確定はできない、即ち、疾病の診断結果を得る目的ではない。従って、該方法は、疾病の診断方法に属さない。

２．１．２．直接目的が診断であるか否かの判断

２．１．２．１．直接目的が診断結果を得るため診断方法とされる発明[3]

発明：生体外サンプルを処理する工程１、工程２、及び工程３などを含む大腸がん診断用の腫瘍マーカー COX-2 の測定方法。

解説：該発明は癌マーカー COX-2 を測定することができる、且つ該癌マーカー COX-2 は、大腸がんの診断に対して特異性を有するため、該方法の結果によって大腸がん癌者を検査することができる。従って、該方法は疾病の診断方法に属する。

---

(1)『審査操作規程・実質審査分冊』第１章第３．３．１節疾病の診断方法(1)の事例１（2011年２月、知識産権出版社）。

(2)『審査操作規程・実質審査分冊』第１章第３．３．１節疾病の診断方法(1)の事例２（2011年２月、知識産権出版社）。

(3)『審査操作規程・実質審査分冊』第１章第３．３．１節疾病の診断方法(2)の事例３（2011年２月、知識産権出版社）。

2．1．2．2．直接目的が中間結果を得るため診断方法とされない発明[(4)]

発明：Ｂ型肝炎ウイルス表面抗原の化学発光を定性・定量測定用キットを使用して測定し、及びＢ型肝炎ウイルス表面抗体の化学発光を定性・定量測定用キットを使用して測定することを特徴とする、Ｂ型肝炎ウイルスを測定する化学発光定性・定量測定法。該発明は、定性・定量測定用キットを使用し、血液においてＢ型肝炎ウイルスの存在を確定できる。

解説：該方法は、抗原・抗体を測定することによって、血液においてＢ型肝炎ウイルスの存在を測定する方法である。該測定の結果から直接的に疾病の診断結果又は健康状況を得ることができない。該測定方法から、被検者の血液にＢ型肝炎ウイルスが存在するか否かを確定できるが、被検者がＢ型肝炎患者であるか否かを確定できない。なぜなら、血液にＢ型肝炎ウイルスが存在する場合は、被検者がＢ型肝炎ウイルスキャリアであることが分かるが、Ｂ型肝炎ウイルスキャリアの中に、肝機能が正常なＢ型肝炎ウイルスキャリアと肝機能の異常なＢ型肝炎ウイルスキャリアがいるので、Ｂ型肝炎患者であることは確定できない。

肝機能の正常なＢ型肝炎ウイルスキャリアは、Ｂ型肝炎患者になる場合もあるが、自然的に治るあるいはＢ型肝炎患者にならない終身Ｂ型肝炎ウイルスキャリアである場合もある。従って、血液にＢ型肝炎ウイルスが存在することから、Ｂ型肝炎あるいはＢ型肝炎患者のリスクを判断することができない。従って、該方法の直接な目的は疾病の診断ではないため、当該測定方法は、疾病の診断方法に属しない。

2．1．3．健康状況を得るため診断方法とされる検査法[(5)]

例１：

発明：患者のゲノムにはSEQ ID NO：１に示した遺伝子を含むか否かを測定することを含む、患者のガン罹患リスクの測定方法。

解説：該方法の直接な目的は、該サンプルの患者のガン罹患リスクを測定し、同一主体の健康状況を得ることを目的としているため、該方法は疾

(4)『審査操作規程・実質審査分冊』第１章第３．３．１節疾病の診断方法(2)の事例４（2011年２月、知識産権出版社）。

(5)『審査操作規程・実質審査分冊』第１章第３．３．１節疾病の診断方法(3)の事例６と８（2011年２月、知識産権出版社）。

病の診断方法に属する。

例２：

発明：人体の血液あるいは血清の総PSA値、総PSAグレーゾーンの測定方法であって、…該方法により、前立腺がんの罹病前、前立腺がんの罹病可能性、及び前立腺がんの罹病後の異なる状況を確定できることを特徴とする。

解説：該方法は血液中のPSA含有量を測定する方法であるが、PSA含有量と前立腺がんの関係に基づいて、検測線などによって、前立腺がんの罹病前、前立腺がんの罹病可能性、前立腺がんの罹病後の異なる状況を確定できるので、測定方法だけではなく、測定結果と診断標準を比べる工程も含むため、該方法は疾病の診断方法に属する。

２．１．４．治療又は医薬効果を予測又は評価するため診断方法とされる発明(6)

例１：

発明：血管摂像により腫瘍光動力学治療効果を予測する方法。

解説：該方法は、治療前後の血管摂像を比較し、該光動力学治療方法が腫瘍への治療効果を予測できる。該方法は疾病の診断方法に属する。

例２：

発明：(a)疾病Xの動物モデルを作製し、(b)該動物モデルを使用し、疾病Xを治療できる新規医薬を評価することを含む、疾病Xを治療するための新規医薬を選抜する方法。

解説：(b)には疾病Xの動物モデルに医薬を与え、且つ、該医薬を使用した後に、疾病Xが改善したか否かを評価する工程を含むため、該方法は、疾病の診断方法及び治療方法を共に含む。

２．２．疾病の治療方法に関する審査事例

前節において、既に通常定義の治療方法を紹介したが、ここでは、幾つかの曖昧で判断されにくい方法について紹介する。

---

(6)『審査操作規程・実質審査分冊』第１章第３．３．１節疾病の診断方法(5)の事例11と12（2011年２月、知識産権出版社）。

2．2．1．治療方法とされる検査のための医薬品の注射法[7]

発明：画像の対照度を強化するために造影剤を患者体内に注射する方法を含む、核磁気共鳴断層撮影の方法

解説：特許審査基準第二部第1章第4．3．2．1に規定の医薬品の注射法は、外科手術の治療方法と医薬物治療方法で採用される医薬品注射法以外に、検査にために採用される医薬品の注射法も含まれるため、前記発明は治療方法に属する。

2．2．2．治療方法とされる歯垢の清潔法[8]

発明：歯垢を清潔する方法

解説：該方法は、歯の外形を改善する美容法であるが、歯垢の細菌を除去することで必ず虫歯へ予防作用及び歯周病への治療作用を有するので、該方法には美容効果と治療効果が共にある。従って、該方法は、治療方法に属する。

2．2．3．治療方法とされない日焼けを防止する方法[9]

発明：物質Aを利用して日焼けを防止する方法。

解説：該方法は、美容目的であり、治療目的ではない、且つ創傷性あるいは介入性の処置工程を含まないので、単なる美容法に属し、治療方法に属しない。

2．3．動物と植物の品種に関する審査事例

動物と植物の個体は動物と植物の品種に該当するが、それ以外にも、動物の胚性幹細胞や、生殖細胞、受精卵、胚胎などその各形成・発育段階は、動物体に成長できるため、特許法の動物品種に該当する。植物の細胞や組織、器官は、もしも植物体に成長できる場合、植物の繁殖材とされ、特許法の植

---

(7)『審査操作規程・実質審査分冊』第1章第3．3．2節疾病の治療方法の事例（2011年2月、知識産権出版社）。

(8)『審査操作規程・実質審査分冊』第1章第3．3．4節美容方法の事例2（2011年2月、知識産権出版社）。

(9)『審査操作規程・実質審査分冊』第1章第3．3．4節美容方法の事例3（2011年2月、知識産権出版社）。

物品種に該当する。

２．３．１．動物品種とされる動物の幹細胞[10]

発明：寄託番号が…である、マウス肝臓に由来する、マウスの幹細胞。

明細書には、当該幹細胞が分化全能性を有すると記載されている。

解説：体細胞由来の幹細胞は通常、分化全能性を有しないため特許されることができる。本事例の場合は、明細書において、特許保護するマウスの幹細胞が分化全能性を有し、マウスの個体に発生できることが記載されているため、当該幹細胞は、胚性幹細胞でなくても動物品種に該当し、特許されない。

２．３．２．植物品種とされない植物の体細胞[11]

請求項：配列番号１に示される核酸を含む、植物細胞。

明細書には、当該細胞から完成植物体に成長できるいずれの記載もない。

説明：請求項に特許請求するのは植物細胞である。明細書には、当該細胞から完成植物体に成長できるいずれの記載もされていないため、当該細胞は、繁殖材と理解されるべきではない。従って、当該細胞が植物品種に該当しない。

ここで留意すべきことは、明細書には当該細胞から完成植物体に成長できることが記載されている場合、当該植物細胞が植物の繁殖材とされ、植物品種に該当されることになる。近年、実務において、よくこのような拒絶理由が出ている。後文の３．４．の審決事例によって詳細に説明する。

3.　審決・判決の事例説明

３．１．診断結果を得るための生体外サンプルの分析法が診断方法と判断された審決事例

2007年12月18日に、中国特許復審委員会は第12093号復審決定を下した[12]。当該復審決定において、フィンランド出願人ビオヒットの中国出願番号

---

(10)『審査操作規程･実質審査分冊』第10章第４．１．２節動物品種の事例（2011年２月、知識産権出版社)。

(11)『審査操作規程･実質審査分冊』第10章第４．１．３節植物品種の事例（2011年２月、知識産権出版社)。

02803495.3、公開番号CN1484765Aの出願（PCT国際出願番号PCT／FI2002／00008、PCT出願日2002年1月4日）における生体外検査法が診断方法であるか否かについての判断が説明されている。判断の主な理由は、生体外サンプルに関する方法発明であっても、その直接的な目的が疾患の診断である場合、特許法第25条第1項(3)の疾患の診断方法に該当し、特許されない[13]。

3.1.1. 拒絶査定の概要

本件特許出願の発明の名称は、"萎縮性胃炎の診断方法"である。本発明は、胃粘膜症状の評価方法、取分け被験者の粘膜胃変化、例えば、分析対象として感染マーカーを検定することにより萎縮性胃炎を診断する方法に関する。

審査官は、2005年4月8日に、一部の請求項の発明が疾患の診断方法に属し、特許法第25条第1項(3)の規定を満たさないとして本件出願について拒絶査定を下した。拒絶された請求項1は以下のようである：

"分析対象としてのペプシノーゲンI（PGI）、ガストリン及びヘリコバクター・ピロリ感染マーカーを検定することにより胃粘膜症状を評価する方法であって、当該被験者の検体につきペプシノーゲンI及びガストリン濃度を測定し、更にヘリコバクター・ピロリ・マーカー（HPマーカー）の濃度又は存在を決定すること、及び、

当該分析対象について得られたデータを、データ送受信処理手段としてのオペレーティング・システムからなるデータ処理手段に入力することからなり、当該データ処理手段が、当該分析対象についての測定濃度値を既定の当該分析対象に対するカットオフ値と比較して、被験者に特異的である比較結果の組合せを得る工程、及び当該比較結果の組合せに対応して情報を生成する工程、を実施するのに適合するものであることを特徴とする方法。"

---

(12) http://app.sipo-reexam.gov.cn/reexam_out/searchdoc/search.jsp、中国国家知識産権局専利復審委員会の前記ウェブサイトに復審決定号を入れれば、中国語原文の復審決定が得られる。（最終参照日：2014年2月5日）。

(13) 中国国家知的産権局専利復審委員会が作成編集した『専利権付与の他の実質性要件』第82頁～第84頁（2011年9月、知識産権出版社）

３．１．２．復審請求の審理及び審決

出願人は、2005年７月25日に拒絶査定に対して復審を請求した。出願人は、補正せずに、審査段階で主張してきた以下の同様な理由で主張した。本願発明は、被験者の生体外のサンプルのみに関し、人間あるいは動物を対象としていないので、特許法第25条第１項(3)の診断方法に該当しない。

前記の復審請求の理由に対して、復審委員会は以下の拒絶理由を持って復審通知書を発行した。

本出願の請求項１－12は分析対象としてのペプシノーゲンＩ（PGI)、ガストリン及びヘリコバクター・ピロリ感染マーカーを検定することにより胃粘膜症状を評価する方法に関する。該方法は、生体外サンプルを対象としているが、その直接目的は委縮性胃炎を診断するためである。該方法の測定結果から診断の結果を直接に得ることができるので、特許法第25条第１項(3)の疾患の診断方法に該当し、特許を付与することができない。

出願人は、前記の復審通知書を受けて、指摘された全ての診断方法に属する生体外の分析法を削除し、診断用キット及び診断用装置のみのクレームに補正した。

前記補正に基づいて、復審委員会が拒絶査定を取消した。

３．１．３．復審委員会の事例説明

本事例は、生体外の診断方法の判断に関する。特許審査において、生体外の検査法に関す方法は、診断方法に該当するか否かについて、よく議論になっている。特許審査基準第２部第１章第４．３．１．１節において、**“もしある発明は、記載の方式から見ると、生体外サンプルを対象としているが、それは、同じ主体の疾病診断の結果又は健康状況の取得を直接な目的としているならば、当該発明でも特許権が付与されることができない”**が明確に規定されている。

本事例において、元の請求項１は、被験者のペプシノーゲンＩ、ガストリン及びヘリコバクター・ピロリ感染マーカーを測定分析の対象とし、生体外のサンプルに対する分析法に属する。ただし、それらの分析対象が委縮性胃炎に密に関連し、その測定結果から正常範囲より超えている場合は、サンプルの被検体が委縮性胃炎を患われたことを分かる。即ち、請求項に記載の発明を実施して得られる情報に基づいて、当業者は直接に委縮性胃炎を患われたことを診断できる。従って、当該方法発明は、特許法第25条

第１項(3)の診断方法に該当し、特許を付与できない。

3．1．4．考察及び留意点

同 PCT 国際出願の日本出願（特願2002-554731、特表2004-517322）を調べた結果、日本では、前記同様の請求項１については、主には進歩性、単一性の拒絶理由である。審判を経て、適切な補正により、前記の請求項１に対応する生体外サンプルを測定し胃粘膜症状を評価する方法が、最終的に特許された。

日本と中国との不特許事由の判断の相違はこの事例で見える。筆者も複数の類似する事例を経験したことがある。生体外サンプルの検査法などの発明は、日本の審査実務において指摘されることが少ないが、中国では診断方法の不特許事由に該当するとよく指摘されている。ここでは、このような指摘に対してどのように対応すべきなのか、筆者の経験を説明する。

まずは、出願人あるいは代理人は、生体外サンプルの検査法などは、本当に中国特許審査基準に定義された診断方法に属するか否かを判断しなければならない。その判断の一番重要なポイントは、"直接目的"である。前記の関連規定に既に紹介していたが、方法発明の直接目的は、「診断」を得るのかあるいは「中間結果」を得るのかによって、診断方法に該当するか否かを判断される。方法発明の実施によって得られた結果から、当業者（医師）が直接に疾患を診断できる場合であれば、診断方法に該当してしまうが、もしも当該結果以外に、その他の医療情報がなければ疾患を診断できない場合、該発明は単に「中間結果」を得る目的であり、特許法の診断方法に属さないだろう。

前文に述べたように、特許審査基準第二部第１章第４．３．１．節において、疾病の診断方法に該当する発明について、以下の診断方法に該当しない場合を説明している。**"(3)診断結果又は健康状況の取得でなく、人体や動物体から分離している組織、体液あるいは排泄物に対して処理又は検査を行うことにより中間結果とする情報の取得のみを直接な目的とする方法、又は当該情報の処理方法"**が診断方法に属さないと規定している。更に、「中間結果」について、**"既存技術の中の医学知識及び当該特許出願の開示内容に基づいた情報そのものから、疾病の診断結果又は健康状況を直接に得られない場合に限り、これらの情報を中間結果と認められる"**とも規定されている。

次の事例では、単に中間結果を得るための発明について紹介する。

３．２．中間結果を得るための検査法が診断方法に属さないと判断された審決事例

2008年９月27日に、中国特許復審委員会は第15349号復審決定を下した[12]。当該復審決定において、米国出願人ジーイー・メディカル社の中国出願番号02822519.8、公開番号CN1585621Aの出願（PCT国際出願番号PCT／US2002／035578、PCT出願日2002年11月６日）について、命を有する人間あるいは動物を実施対象とするが、当該検査法が診断方法に属さない判断が下した。判断の主な理由は、方法発明の直接目的が診断結果を得るためではなく、既存方法への改善である。更に、発明の実施に得られる情報が中間結果に該当し、当該方法発明は特許法第25条第１項(3)の疾患の診断方法に属さない[14]。

３．２．１．拒絶査定の概要

本件特許出願の発明の名称は、“X線源・画像間の可変距離を利用した３D再構成システム及び方法”である。本発明には、患者のX線画像に関する医学診断イメージング装置及びX線画像を収集するための方法に関する。

審査官は、2007年９月21日に、装置クレームの進歩性が有しないとして本件出願について拒絶査定を下した。拒絶査定には、X線画像の収集方法が診断方法に属すことについて言及しなかった。

３．２．２．復審請求の審理及び審決

出願人は、2007年12月21日に拒絶査定に対して復審を請求し、また、進歩性に関する拒絶理由を解消するために、元の特許請求の範囲について限定補正をした。

前置審査の段階において、審査官は補正後の請求項の進歩性を否定する同時に、複数のX線画像の収集法の発明について、新に特許法第25条第１項(3)の診断方法の不特許規定を満たしていないと指摘した。

⒁中国国家知的産権局専利復審委員会が作成編集した『専利権付与の他の実質性要件』第93頁～第96頁（2011年９月、知識産権出版社）

復審委員会の合議審理により、前記の前置審査結果に対して、補正後の特許請求の範囲の進歩性を認める同時に、本願に含まれる複数のＸ線画像の収集方法に関する発明が診断方法に属していないとの結論を下した。理由は以下のとおりである：複数のＸ線画像の収集方法に関する発明の目的は、３次元（３D）パリュームを再構築する際に焦点の鮮鋭度が低下する課題を解決するためであって、画像データの品質を上昇されるためであり、画像を分析し診断結果を得るためでない。従って、審査官の本願発明が診断方法の不特許事由に該当する拒絶理由は不合理である。

2008年９月27日に、復審請求時の補正後の特許請求の範囲に基づいて、復審委員会は拒絶査定を取消した。

３．２．３．復審委員会の事例説明

本事例は、診断を得るためか“中間結果”を得るためかに関する判断を示している。本出願の複数のＸ線画像の収集法は、審査基準第２部第１章第４．３．１．１節の“命を有する人体や動物体を対象とする”要件を満たしているが、ただし、本願発明は、疾病診断の結果又は健康状況の取得を直接な目的とせず、画像データの品質を上昇するためである。更に、本願発明は、Ｘ線画像を収集するのみで、その画像に対して分析し診断することを行っていない。発明で当該Ｘ線画像の情報を得たとしても、単に３次元情報であり、中間結果に属する。従って、診断方法の判断における直接目的が診断であることを満たしていないため、本願の方法発明は、特許法第25条第１項(3)の不特許規定に該当しない。

ここで留意すべきなのは、“Ｘ線診断方法”について、実質上はＸ線画像を分析し、病理的な解釈し、疾患診断を得ることであるため、審査基準第２部第１章第４．３．１．１節に診断方法の実例として挙げている。ただし、Ｘ線画像を生成するための全ての発明は診断方法になるわけではない。例えば、本事例のように…Ｘ線画像を生成方法は、その目的は具体的な疾患を診断するのではなく、Ｘ線画像データの品質を上昇するためである場合は、当該方法発明は、診断方法に属さない。

３．２．４．考察及び留意点

同PCT国際出願の日本出願（特願2003-546751、特表2005-510278）を調べた結果、日本の審査においても、中国と同様に、複数のＸ線画像の

収集方法に関する発明は、人間を診断する方法に該当するから、特許法第29条第１項柱書に規定する「産業上利用することができる発明」に該当しないとの指摘がある。出願人は、前記関連発明の全てを削除し、医用診断イメージング･シスとテム（請求項１）、と医学診断イメージング装置（請求項２～５）だけに補正し、特許査定になった。

本事例から分かるように、日本と中国との診断方法に該当するか否かの判断は明らかに異なる。日本では本願のように、人間を実施対象とし、且つＸ線画像を得る方法に対して、特許を与えないが、中国では、例え人間を実施対象としても、発明の直接目的が診断結果を得るためでなければ、特許されることが可能である。

筆者自身の経験もあるが、発明が診断方法に該当する拒絶理由を受けた場合、もしも出願人により発明の直接目的が診断結果を得るためではないことを十分に説明できれば、特許されることが可能である。例えば、ある生体外サンプルの検査法について、当業者（医師）がその検査法の結果から直接に疾患を診断できる発明である場合でも、当該発明の直接目的では、診断の目的ではなく、より便利により低コストに生体外サンプルを測定するためであり、公知の生体外サンプルの検査法への改善である。このような反論と共に、適切に請求項を補正することで、拒絶理由が解消できた。

３．３．スキンケア法が病状を予防できるため治療方法と判断された審決事例

2006年11月７日に、中国特許復審委員会は第9603号復審決定を下した⑿。当該復審決定において、米国出願人ユニリーバー社の中国出願番号98107039.6、公開番号CN1196237Aの出願におけるスキンケアに関する方法が、実質上は医学上の治療方法に属すため、特許法第25条第１項⑶の不特許規定により特許されない判断について説明されている⒂。

３．３．１．拒絶査定の概要

本件特許出願の発明の名称は、“ヒドロキシ酸又はレチノイドを含む組成物”である。本発明は、ヒドロキシ酸又はレチノイドによる皮膚刺激を

⒂中国国家知的産権局専利復審委員会が作成編集した『専利権付与の他の実質性要件』第103頁～第107頁（2011年９月、中国知識産権出版社）

低減する組成物の提供に関する。

審査官は、2005年4月8日に、本件出願について拒絶査定を下した。拒絶査定の理由は、以下の請求項7は文言上ではスキンケアの方法だが、実質上は特許法第25条第1項(3)の治療方法に該当するため、特許されない。

【請求項7】：ヒドロキシ酸又はレチノイドを含む組成物の局所塗布により誘発される刺痛又は刺激を軽減するためのスキンケア方法であって、該組成物によって誘発される刺激を軽減するのに有効な量のTrichodesma lanicum種子抽出物を局所的に塗布することを含む方法。

具体的理由について、外物による皮膚の刺痛又は刺激は、人体の不正常状態である。疾患あるいは病状は、不正常の生理状態を指す。従って、請求項7の“刺痛又は刺激”が病状と見なすため、“刺痛又は刺激”を減らす方法は、医療方法に属し、特許されない。

3．3．2．復審請求の審理及び審決

出願人は、2005年7月25日に拒絶査定に対して復審を請求した。また、出願人は、補正せずに、以下の理由で主張した。①“刺痛又は刺激”は、スキンケアの中に刺激性な物質を使用して招いたことであり、病因も病巣もないので、疾患と見なすことができない。②当該方法発明の目的は、スキンケア中に、刺激物の影響を軽減するためであり、実質上でもスキンケアの方法ある。請求項にも明確にスキンケアの方法と限定されている。スキンケアの方法は非治療目的の方法であるため、認めるべきである。

復審委員会の合議審理により、前記の復審請求の理由に対して、以下の復審通知書が発行された。

請求項7は、ヒドロキシ酸又はレチノイドを含む組成物の局所塗布により誘発される刺痛又は刺激を軽減するためのスキンケア方法を特許請求しようとしている。該方法は、前記組成物によって誘発される刺激を軽減するのに有効な量のTrichodesma lanicum種子抽出物を局所的に塗布することを含む。明細書には、ヒドロキシ酸又はレチノイドは、スキンケア剤としての用途を説明しているが、高濃度で使用される時に、皮膚への刺激が伴ってしまう、例えば、皮膚の赤み又は刺痛などの症状がある。

従って、前記組成物が高濃度で使用される時に、皮膚の病理変化に伴うので、前記組成物が疾患の病因であり、損傷された皮膚が病巣になっている。そして、前記組成物による“刺痛又は刺激”は病患の症状そのとおり

である。請求項７は、記載上はスキンケアの方法だが、実質上は、“刺痛又は刺激”の症状とする病患への治療である。

従って、前記の請求項７の発明は、特許審査基準に規定する**“生きている人体や動物体に回復、あるいは健康を取り戻す、若しくは苦痛を減少させるために、病因や病巣を遮断、緩和、又は除去する過程”**を含むため、特許法第25条第１項(3)の疾患の診断と治療方法に該当し、特許されない。

更に、例えば、出願人は元の請求項をヒドロキシ酸又はレチノイドと、有効な量の Trichodesma lanicum 種子抽出物とを含む同一組成物の使用のような請求項に補正し、“刺痛又は刺激”の症状が発生される前に使用され、病状の軽減過程がなくした場合でも、該発明は、同様に疾患の予防目的を有する。従って、補正する請求項でも、同様に治療方法に属し、特許法第25条第１項(3)の規定により特許されない。

出願人は、前記の復審通知書を受けて、指摘された治療方法に該当する請求項７を削除し、組成物クレームのみの特許請求の範囲にした。前記の補正に基づいて、2006年11月７日に、復審委員会が拒絶査定を取消した。

３．３．３．復審委員会の事例説明

本事例は、スキンケアの美容法が治療目的を有するため治療方法と判断された事例である。審査基準第２部第１章第４．３．節において、単純な美容法は治療方法に属さない発明であると規定している。ここで留意すべきなのは、発明は、美容目的であっても、①治療目的あるいは治療効果を有するか否か、②外科手術工程を含むか否か、を留意しなければならない。治療目的を有する場合は、特許法第25条第１項(3)の規定により特許されない。外科手術工程を含む場合は、特許法第22条第４項の実用性規定により特許されない。

本事例では、前記の①に該当する。請求項では、スキンケア方法と限定されても、実質上では治療方法であるので、特許されない。また、復審通知書に記載のように、例えば、請求項７に対して補正し、方法発明は症状が発生する前に行う方法にしても、病患の予防目的を避けることができないため、特許されない。

３．３．４．考察及び留意点

同出願人の同発明の日本出願（特願平10-31238、特開平10-226634）を

調べた結果、日本の実体審査においては、請求項7である“ヒドロキシ酸又はレチノイドを含む組成物の局所塗布により誘発される刺痛もしくは刺激を軽減するための、トリコデスマラニカム（Trichodesma lannicum）種子抽出物とヒドロキシ酸又はレチノイドを含むキット”が特許を受けている。

3．4．植物細胞であっても植物品種に属すると判断された審決事例

2010年12月15日に、中国特許復審委員会は第29367号復審決定を下した[12]。当該復審決定において、ドイツ出願人の中国出願番号200480004680.9、公開番号CN1751126Aの出願（PCT国際出願番号PCT／EP2004／001469、PCT出願日2004年2月17日）に関する拒絶査定が維持された。審決の主な理由は、発明に記載の植物細胞及び組織は特許法第25条第1項の植物品種に該当されるため、特許を付与できない[16]。

3．4．1．拒絶査定の概要

本件特許出願の発明の名称は、“グリホサート耐性テンサイ”である。本発明は、グリホサート耐性テンサイ植物、その植物材料及び種子に関する。元の特許請求の範囲には、植物、該当テンサイ植物の種子、該当テンサイ植物の一部、細胞及び組織を特許請求しようとしている。

第一回拒絶理由通知における発明が植物品種に該当する拒絶理由を受けて、出願人は、植物、その一部及びその種子を削除し、該当植物の細胞及び組織のみの請求項に補正した。第二回拒絶理由において、植物品種の関する拒絶理由がなくなり、進歩性だけを指摘していた。出願人が進歩性に関する意見陳述をした後に、審査官は、2009年5月8日に、進歩性を有しない理由で本件出願について拒絶査定を下した。

3．4．2．復審請求の審理及び審決

出願人は、2009年8月24日に拒絶査定に対して復審を請求した。出願人は、本発明においてテンサイが耐性を得たともに、成長、生産量、品質な

---

(16)「植物細胞が特許権を付与できるか否か？」、筆者が中国国家知的産権局専利復審委員会医薬生物処の陳志飛と国家知的産権局専利管理司法実行処の王志超である、『中国発明和専利』2011年第5期。

どの農学的な特徴が改善されているため、有意な技術効果を有し、進歩性を有することを主張した。

前記の反論によって、復審委員会は進歩性の拒絶理由を指摘しなくなったが、職権審査により、拒絶査定に指摘されていないことが新たに持ち出して、特許請求するテンサイ植物の細胞、組織について、以下の理由により、特許法第25条第１項に規定の植物品種に該当し、特許されない判断を下した。

本願の特許請求するテンサイ植物の細胞と組織が植物品種に属する理由は、以下のとおりである。発明の有意な技術効果を認めるが、このような技術効果が植物として栽培される時にのみ現れ、当該テンサイ植物の細胞と組織のレベルでは、現れない。従って、発明の目的から見ると、テンサイ植物の細胞と組織が本発明の目的を実現するために、グリホサート耐性テンサイに成長させなければならない。更に、本願明細書及び既存技術により明確に発明のテンサイ細胞と組織からテンサイ植物を得ることができ、且つ既に成功にテンサイ細胞と組織を利用してテンサイ植物を得ている。従って、本願のテンサイ植物の細胞と組織は、実質は、植物の繁殖材とすることができる、即ち、植物品種に該当し、特許されない。

出願人が前記の不特許事由の指摘について反論していないため、2010年12月15日に、復審委員会は、拒絶査定を維持する拒絶審決を下した。

３．４．３．考察及び留意点

特許審査基準第２部第１章第４．４節において、以下の規定がある。**“動物と植物は生きている物体であるため、特許法25条１項(4)号の規定によると、動物と植物の品種は特許権が付与されてはならない”**。また、植物について、**“特許法で言う植物とは光合成により、水、二酸化炭素と無機塩など無機物で合成される炭水化物、蛋白質を利用して生命を維持し、通常は移動できない生物を言う。動物と植物の品種は特許法以外の他の法律・法規により保護されることができる、例えば、植物品種権は『植物品種権の保護条例』により保護されることができる”**と規定されている。

更に、特許審査基準第２部第10章第９．１．２．３節において、**“光合成作用を通じ、水や二酸化炭素、無機塩などの無機物を以って、炭水化物、蛋白質を合成することにより生存を維持している植物の単植株及びその繁殖材料（種子など）は、本部分第一章第４．４節に述べた「植物の品種」の**

範囲に該当し、特許法25条1項(4)号の規定により、特許権の付与を受けてはならない。植物の細胞、組織あるいは器官について、もし前記の特性を備えていない場合は、植物品種に該当せず、特許法第25条第1項(4)号に規定した範囲に該当しない”とも規定されています。

筆者の経験によると、数年前まで、植物体から植物の細胞、組織に補正すれば、拒絶理由を通常解消し、特許されていた。しかし、近年の実務において、植物細胞に補正しても、植物の細胞から植物体を得ることができるとして、このような補正を認めない場合が、多く見られている。この特許実務の変化に注目すべきと思う。

同出願人の同PCT国際出願の日本出願（特願2006-501861、特表2006-518205）を調べた結果、日本では、特許法第29条第2項、第36条第4項及び第6項に規定する要件を満たしていない拒絶理由を経て、拒絶査定になった。出願人は審判を請求したが、筆者が本節を作成する現在は、未だ審決は発行されていない。

本出願について、日本では、進歩性などを指摘されていることに対して、中国では、不特許要件を満たしていないとの異なる拒絶理由になっている。日中特許実務の相違点をこの事例からよく見える。

第4章
・
中国において適切な保護を受けるための中間対応の留意点

本章において、主に中国特許出願の審査段階において、さまざまな拒絶理由を受けた場合、適切な保護を受けるために、いかに対応した方がよいかについて説明する。同一発明の同一の出願書類に対して、出願される国によって審査官からの拒絶理由が異なる。本章では、中国においてバイオ化学分野の特許出願がよく受ける拒絶理由、及び適切な保護を受けるために中間対応の留意点を説明する。

第１節　単一性に関する拒絶理由

1.　関連規定

１．１．特許法及び特許法実施細則の関連規定

単一性について、中国特許法及び特許法実施細則において以下の規定がある。

“特許法第31条第１項：一つの発明又は実用新案の特許出願は、一つの発明又は実用新案に限らなければならない。一つの発明構想に属する二つ以上の発明又は実用新案は、一つの出願とすることができる。”

“特許法実施細則第34条：特許法第31条第１項の規定に基づいて、一件の特許として出願できる、一つの全体的発明構想に属する二つ以上の発明又は実用新案は、技術的に相互に関連し、一つ又は複数の同一の又は対応する特別な技術的特徴を含んでいなければならない。ここにいう「特別的な技術的特徴」とは、各発明又は実用新案を全体として、先行技術に対して貢献した技術的特徴をいう。”

１．２．審査基準の関連規定

１．２．１．特別な技術的特徴の定義

中国特許審査基準第二部第６章第２節において、特別的な技術的特徴について、以下のように詳細的に規定されている。

“特別な技術的特徴とは、特許出願の単一性を判断するために専らに提出した用語である。発明による先行技術に対して貢献した技術的特徴であり、即ち、先行技術に比べて、発明に新規性と進歩性を有させる技術的特徴であると理解すべき、且つ特許請求する発明の全体を考慮した上で確定されなければならない”

ここで留意すべき点として、「特別な技術的特徴」は、発明に新規性及び進歩性を有させる技術的特徴でなければならない。

１．２．２．化学発明の単一性の特有規定

中国特許審査基準第二部第10章第８節において、化学分野の発明の単一性について、以下のように詳細に規定されている。

1．2．2．1．マーカッシュ形式の請求項の単一性の判断

“8．1．1基本原則

ある出願において、1つの請求項の中で複数の並列的な選択肢が限定されていれば、「マーカッシュ形式」の請求項となる。マーカッシュ形式の請求項も同様に、特許法第31条1項及び特許法実施細則34条の単一性についての規定に合致しなければならない。もし、あるマーカッシュ形式の請求項における選択肢が、相互に類似した性質を有するものであれば、これらの選択肢が技術的に相互関連しており、相同又は相応の特定の技術的特徴を有することを認めなければならない。当該請求項は単一性要求に合致すると認められてもよい。このような選択肢はマーカッシュ構成要素と呼ばれる。

マーカッシュ構成要素が化合物である場合に､以下の基準を満たせば、各構成要素が類似した性質を備え、当該マーカッシュ形式の請求項は単一性を有することを認めるべき。

(1) 選択可能な化合物の全てが共通の性能又は作用を持つこと、及び

(2) 選択可能な化合物の全てが共通の構造を有しており、当該共通の構造がそれを既存技術と区別するための特徴となることができ、かつ、一般式で示される化合物の共通の性能又は作用にとっては不可欠である、あるいは、共通の構造を有することができない場合は、全ての選択肢が当該発明の属する分野において公認された同一の化合物分類に属すること。

「公認された同一の化合物分類」とは、当該分類に属する化合物が特許請求する発明にとって、同一の表現を持つ同類の化合物であることがその分野における知識に基づいて予測できることを意味する。即ち、各化合物が、どれも互換可能であり、達成される効果が同一であることが予測可能であることを意味する。”

1．2．2．2．中間体と最終生成物の単一性の判断

“中間体に係わる出願の単一性も同様に、特許法第31条第1項及び特許法実施細則第34条の規定に合致しなければならない。

8．2．1．基本原則

(1) 中間体と最終産物との間において、以下の条件を同時に満たす場合には、単一性を有する。

(i)　中間体と最終産物が同一の基本構造単位を有するか、あるいはその化学構造が技術上で密接に関連し、中間体の基本構造単位が最終産物に移行する。

(ii)　最終産物は、中間体から直接に製造されるか、あるいは中間体から直接に分離されてなるものである。

(2)　異なる中間体により同じ最終産物を製造するためのいくつかの方法において、もしこれら異なった中間体は同一の基本構造単位を有すれば、同じ出願において特許請求することが認められる。

(3)　同じ最終産物の異なる構造部分に使用される異なる中間体は、同じ出願において特許請求することができない。"

2.　審査事例

２．１．マーカッシュ形式の請求項の単一性の判断事例(1)

事例１：

請求項１：一般式が

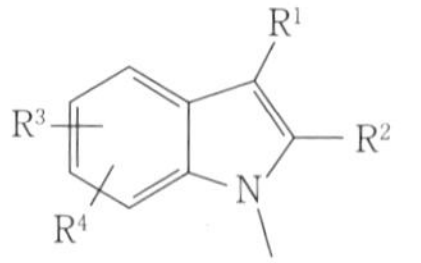

である化合物において、式中、R^1はピリジル基、R^2-R^4はメチル基、メチルフェニル基又はフェニル基であり、…当該化合物は血液の酸素吸収力を更に高めるのに用いられる医薬物である。

説明：一般式におけるインドールの部分がすべてのマーカッシュ化合物の共有の部分となるが、既存技術においては、前記インドールを共通の構造とし、かつ血液の酸素吸収力を増強する化合物が存在しているため、インドール部分は請求項１の一般式で示される化合物を既存技術と区別するための技術的特徴となることができない。従って、インドール部分に基づいて請求項１の単一性を判断することができない。

請求項１の一般式で示される化合物はインドール上のＲ１基を３－ピリジル基に変え、血液の酸素吸収力を更に高める役割を持っている。そのため、３－ピリジル基インドール部分が、一般式で示される化合物の作用にとって

(1)中国専利審査指南（2010）第二部第10章第８．１．２節の事例。

は不可欠で、既存技術と区別するための共通の構造であるものと認めてよい。従って、当該マーカッシュ形式の請求項は単一性を有する。

事例２：

請求項１：一般式が

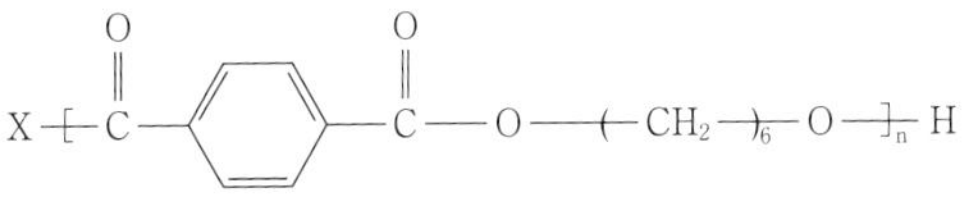

である化合物において、式中、100≧ｎ≧50、Ｘは、

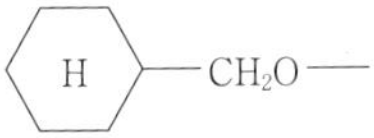

（Ⅰ）

或

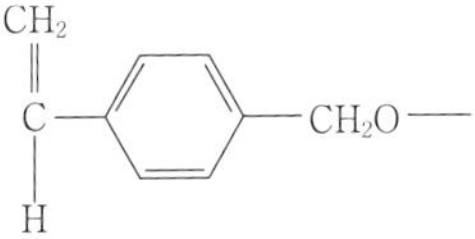

(Ⅱ)

説明：明細書において、当該化合物は既知のポリヘキサメチレンテレフタル酸エステルの末端基をエステル化して得られたことが示された。エステル化して(Ⅰ)になる時に、耐熱分解性を有するが、エステル化して(Ⅱ)になる時には、「CH２＝CH-」があるため、耐熱分解性を有しない。そのため、それらに共通の性能がなく、当該マーカッシュ形式の請求項は単一性を有しない。

事例３：

請求項１：活性成分として以下の一般式で示される化合物を含む殺線虫組成物である。

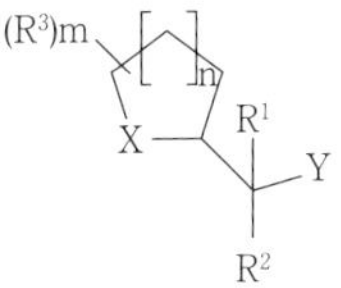

式中、ｍ、ｎ＝１、２又は３、Ｘ＝Ｏ、Ｓ、Ｒ３＝Ｈ、Ｃ１－Ｃ８アルキル基、Ｒ１とＲ２＝Ｈ、ハロゲン、Ｃ１－Ｃ８アルキル基、Ｙ＝Ｈ、ハロゲン、アミジン、…

説明：当該一般式に係わるすべての化合物は、共通の殺線虫作用を備えるものの、それぞれ５員、６員又は７員環化合物となっており、しかも類別が異なる複素環化合物であるため、共通の構造を有しない。また、その分野における既存技術に基づいて、これらの化合物が発明にとって、同一の表現を持ち、互換可能であり、かつ同じ効果が得られることは予測できない。従って、当該マーカッシュ形式の請求項は単一性を有しない。

事例４：

請求項１：有効量であるＡとＢの２種類の化合物の混合物と希釈剤又は不活性キャリアーを含む除草組成物において、Ａが２，４－ジクロロフェノキシ酢酸であり、Ｂが、硫酸銅、塩化ナトリウム、スルファミン酸アンモニウム、トリクロロ酢酸ナトリウム、ジクロロプロピオン酸、３－アミノ基－２、５－ジクロロ安息香酸、ジベンズアミド、アイオキシニル、２－（１－メチル－ｎ－プロピル）４、６－ジニトロフェノール、ジニトロアニリンとトリアジンの化合物から選定する除草組成物。

説明：こうした場合には、マーカッシュ構成要素Ｂは共通の構造を有しないもので、しかも当分野の既存技術に基づいて、これらマーカッシュ構成要素Ｂの各種化合物が除草成分となる際に互換可能でかつ同じ効果が得られることは予測できない。そのため、当該発明の関連技術において、同一種類の化合物に該当するものとして認められることができず、以下のような異なる種類の化合物に該当する。(a)　無機塩：硫酸銅、塩化ナトリウム、スルファミン酸アンモニウム、(b)　有機塩又は酸：トリクロロ酢酸ナトリウム、ジクロロプロピオン酸、３－アミノ基－２、５－ジクロロ安息香酸、(c)　アミド：ジベンズアミド、(d)　ニトリル：アイオキシニル、(e)　フェノール：２－（１－メチル－ｎ－プロピル）４、６－ジニトロフェノール、(f)　アミン：ジニトロアニリン、(g)　複素環：トリアジン。従って、請求項１において特許請求する発明は単一性を有しない。

事例５：

請求項１：Ｘ又はＸ＋Ａを含む炭化水素系気相酸化触媒。

説明：明細書によると、ＸはRCH３を酸化させてRCH２OHになり、Ｘ＋ＡはRCH３を酸化させてRCOOHになる。この２つの触媒に、RCH３の酸化に用いられるという共通の作用を有する。Ｘ＋ＡはRCH３をより完全に酸化させるが、作用は同じである。そして、この２種類の触媒にも、既存技術と区別し、かつ当該共通の作用にとっては不可欠である共通成分Xを有しているため、請求項1は単一性を有する。

2．2．中間体と最終産物の単一性の判断事例[2]

事例1

請求項1：

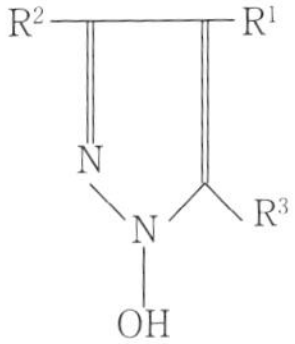

（中间体）

請求項2：

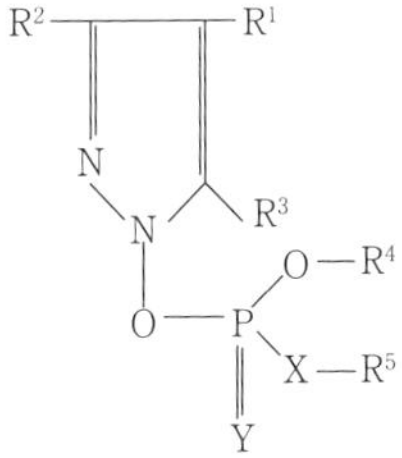

（最终产物）

説明：上記中間体と最終産物の化学構造が技術上で密接に関連しており、中間体の基本構造単位が最終産物に移行し、かつ当該中間体から直接に最終産物を製造することができる。従って、請求項1と請求項2との間には単一性を有する。

事例2：

請求項1：無定型ポリイソプレン（中間体）

請求項2：結晶ポリイソプレン（最終産物）

説明：この例において、無定型ポリイソプレンが引っ張られて直接に結晶型ポリイソプレンが得られ、それらの化学構造が同じであり、当該二つ請求項の間には単一性を有する。

---

(2)中国専利審査指南（2010）第二部第10章第8．2．2節の事例。

3. 留意点

3．1．日中両国の「特別な技術的特徴」の相違

単一性の判断おいて、各発明の共通する“特別な技術的特徴”があるか否かを最も重要な判断基準となっている。日中両国において、特許法などの条文上では、単一性に関する規定はほぼ同様であるが、特許審査基準レベルにおいでは、同様な専門用語である“特別な技術的特徴”について異なる定義になっている。

日本の単一性判断における“特別な技術的特徴”は、先行技術に対して新規性を有すればよく、進歩性を要求していない。それに対して、中国の単一性判断における“特別な技術的特徴”では、前記にも紹介した特許審査基準第二部第６章第２節の規定によると、先行技術に対して新規性及び進歩性を共に有しなければならない技術的特徴である。

実務において、同様な出願に対して、日本では単一性問題を指摘されていないが、中国では単一性が拒絶理由になっている場合がある。

3．2．単一性拒絶理由の発行

中国特許審査基準第二部第８章第４．４節の規定によると、単一性に欠ける出願について、審査官は以下のいずれかの方法を用いて対処することができる。

3．2．1．検索前に出願人に通知する

出願書類を読んでいると、審査官が出願の各発明の間に明らかに単一性に欠けると直ちに判断を下せる場合には、検索の実施を見送り、分割通知書を出願人に発行することにより、２ヶ月の指定期限までに出願を補正するよう出願人に通知することができる。

3．2．2．検索後に出願人に通知する

検索を実施した後に限って、出願の主題の間に単一性に欠けることが確定できる場合には、審査官は状況次第で検索や審査に進めることを見送るか、あるいは検索や審査に進めるかを決めることができる。検索及び審査を実施した結果、第１独立請求項、又はその従属請求項に権利付与の見通しがあり、そしてほかの独立請求項と当該権利付与の見通しのある請求項

との間に単一性に欠けることが認められた場合には、審査官はほかの独立請求項への検索や審査を見送ることができる。そして、第１回の拒絶理由通知書においては第１独立請求項、又はその従属請求項だけに対して審査意見を提示すると同時に、単一性に欠けるという出願の欠陥を克服するために、単一性に欠けているほかの請求項の削除あるいは補正を出願人に要求する。

検索及び審査を実施した結果、第１独立請求項及びその従属請求項には権利付与の見通しがなく、そしてほかの独立請求項の間には単一性に欠けることが確認された場合には、審査官はほかの独立請求項の検索や審査を見送ることができる。そして、第１回の拒絶理由通知書においては第１独立請求項及びその従属請求項には権利付与の見通しがないことを指摘すると同時に、当該特許出願の単一性に欠けるという欠陥を指摘する。あるいは、特に検索の分野がかなり隣接している又は大きく重なっている場合には、ほかの独立請求項の検索や審査を継続して実施してもよく、そして第１回の拒絶理由通知書において、単一性の欠陥及びほかの欠陥を同時に指摘する。

３．３．単一性拒絶理由に対する補正

３．３．１．補正内容的な制限

中国において、拒絶理由通知書にて単一性が指摘された場合、出願人は、審査官の判断が合理であると認めたときに、通常は状況に応じて審査官の言うとおりに単一性を満たさない内容を削除又は分割するか、あるいは発明の新規性及び進歩性を持たせる特別な技術的特徴を単一性が指摘された請求項に追加限定するような補正をする。

日本は、出願日が2007年４月以降の出願に関し、拒絶理由通知を受けた後は、審査対象なった請求項の発明と技術的に異なる別発明に変更する補正が禁止されている。これは所謂「シフト補正の禁止」であり、審査官が認定した特別な技術的特徴を含む発明にしか補正しないとならない。中国ではこのような厳しい補正制限がなく、審査官が指摘した欠陥を解消するためであれば、比較的に自由に補正することができる。例えば、新規性、進歩性が指摘された場合、単一性を有しないと指摘された全ての請求項について、新規性及び進歩性を有する特別的な技術的特徴を追加することができる。

中国の審査段階の補正制限について、主には特許法実施細則第51条第３項の規定を満たさなければならない。後文にまた詳細に説明するが、ここでは、単一性拒絶理由に対する補正の制限を説明する。以下の単一性拒絶理由に対する補正が特許法実施細則第51条第３項の規定を満たさないとして、認められない[(3)]。

① 単一性の欠陥を克服するために、審査官の既に検索又は評価した請求項を削除し、該請求項と単一性を有しないその他の未検索の請求項を残ること。

② 自発的に元の請求項の発明と単一性を有しない、明細書のみに記載した技術内容を補正後の請求項の発明にすること。

③ 単一性の欠陥を克服するために既に削除された発明を再び補正後の特許請求の範囲に追加すること。

３．３．２．事例によって単一性に対する補正の日中相違点

単一性欠陥に対する補正について、以下の事例を挙げて説明する。

例えば、以下の出願がある。

請求項１　Ａ

請求項２　Ａ＋Ｂ

請求項３　Ａ＋Ｃ

請求項４　Ａ＋Ｂ＋Ｃ

請求項５　Ａ＋Ｂ＋Ｃ＋Ｄ

審査官は、検索によりＡは発明の新規性及び進歩性を持たせる特別な技術的特徴ではないことを認定し、請求項１－５について、単一性を有しないと指摘した。

このような場合では、日本は、例えば、審査官が更に、請求項２を審査し、Ａ＋Ｂは新規性を有すれば、Ａ＋Ｂを特別な技術的特徴として認定する。そして、特別な技術的特徴であるＡ＋Ｂを含まれる請求項４と５を審査するが、Ａ＋Ｂを含まれていない請求項３については審査しないことになる。また、もし出願人が特別な技術的特徴がＡ＋Ｂであることを認める場合、シフト補正の禁止に従って、補正後の全ての請求項についても、Ａ

---

(3)『審査操作規程・実質審査分冊』第６章第１．３．２節（2011年２月、知識産権出版社）。

＋Ｂを含まなければならない。

それに対して、中国では、通常、審査官は、Ａが特別な技術的特徴ではないことを認定し、単一性を指摘する。ただし、審査官は、通常は何の特徴が特別な技術的特徴であるかを認定しない。従って、補正する場合は、例えば、以下の補正でも認めることになる。

⑴ 構成要件Ｃが発明に新規性及び進歩性を持たせることができる場合、以下の補正ができる。更に、全ての請求項が共通に構成要件Ｃを有するので、単一性を満たし、新規性と進歩性も有することになる。

請求項１　Ａ＋Ｃ
請求項２　Ａ＋Ｂ＋Ｃ
請求項３　削除
請求項４　削除
請求項５　Ａ＋Ｂ＋Ｃ＋Ｄ

⑵ 請求項に記載されていないが、明細書に記載されている構成要件のＥが発明に新規性及び進歩性を持たせることができる場合、以下の補正ができる。更に、全ての請求項が共通に構成要件Ｅを有するので、単一性を満たし、新規性と進歩性も有することになる。

請求項１　Ａ＋Ｅ
請求項２　Ａ＋Ｂ＋Ｅ
請求項３　Ａ＋Ｃ＋Ｅ
請求項４　Ａ＋Ｂ＋Ｃ＋Ｅ
請求項５　Ａ＋Ｂ＋Ｃ＋Ｄ＋Ｅ

ここでの構成要件Ｅの追加限定は、審査官の拒絶理由を克服するために行ったため、前文の認めない補正の第②項に自発的に追加した発明の補正には該当しない。

4. マーカッシュ形式クレームの単一性に関する審決事例

2009年９月11日に、中国特許復審委員会は第18930号復審決定を下した[4]。当該復審決定において、出願人の日本メジフィジックス株式会社の中国出願番

(4) http://app.sipo-reexam.gov.cn/reexam_out/searchdoc/search.jsp、中国国家知識産権局専利復審委員会の前記ウェブサイトに復審決定号を入れれば、中国語原文の復審決定が得られる。(最終参照日：2014年２月５日)。

号03822901.3、公開番号CN1684973A、（PCT国際出願番号PCT／JP2003／012362、PCT国際出願日2003年９月26日）の出願に関する復審請求の拒絶審決が下された。復審請求段階の補正に対して、関連する化合物が共通の構造を有するが、共通な特別な技術的特徴を有しない判断された。特許法に規定する単一性を満たさない理由で拒絶査定を維持した(5)。

４．１．拒絶査定の概要

本件特許出願の発明の名称は、"白血球結合性化合物及びその標識化合物を有効成分とする医薬組成物"である。発明は、白血球結合性化合物及びその標識化合物を有効成分とする医薬組成物に関する。特許請求する白血球結合性化合物は、白血球のホルミルペプチド受容体FPRとの結合部位であるMet又はNle-Leu-Phe-、全白血球中の単球、リンパ球への結合率を向上させるSer又はThrからなる結合部分、放射性金属又は常磁性金属で標識可能な基、及びこれらを結合する役割を負うスペーサーから構成される。当該白血球結合性化合物は、生体内外ですべての白血球に対して特異的な結合性を示し、かつ放射性金属又は常磁性金属で標識可能であり、従って個体の免疫応答反応を伴う白血球浸潤の盛んな部位のイメージングを行うSPECT画像診断、PET画像診断、MRI画像診断などに極めて有用である

2007年10月19日に、審査官は、本願請求項４が特許法第31条第１項の単一性要件を満たさないとして、本件出願について拒絶査定を下した。理由は、マーカッシュ形式で複数の化合物を特許請求しようとしていますが、これらの化合物の間に、共通な特別な技術的特徴を有しないため、単一性を満たしていないである。具体的に：

請求項４：式(1)で表される白血球結合性化合物が、

ホルミル-Nle-Leu-Phe-Nle-Tyr-Lys（NH２）－ε（-Ser-Cys-Asp-Asp）；

ホルミル-Nle-Leu-Phe-Nle-Tyr-Lys（NH２）－ε（-Ser-Cys-Gly-Asp）；

ホルミル-Nle-Leu-Phe-Nle-Tyr-Lys（NH２）－ε（-Ser-D-Arg-Asp-Cys-Asp-Asp）；

ホルミル-Nle-Leu-Phe-Nle-Tyr-Lys（NH２）－ε（-Ser-１，４，８，11-テ

(5) http://www.sipo.gov.cn/ztzl/ywzt/zlfswjdpx/201206/t20120627_715239.html、中国国家知識産権局ホームページに開示された専利復審委員会の復審決定の解説事例。（最終参照日：2014年２月５日）

トラアザシクロテトラデカン-1，4，8，11-テトラ酢酸）；
ホルミル-Nle-Leu-Phe-Lys（NH 2）-ε（-Ser-D-Ser-Asn-D-Arg-Cys-Asp-Asp）；
ホルミル-Nle-Leu-Phe-Nle-Tyr-Lys（NH 2）-ε（-Ser-D-Arg-ジエチレントリアミンペンタ酢酸）；
ホルミル-Nle-Leu-Phe-Nle-Tyr-Lys（NH 2）-ε（-Ser-1，4，8，11-テトラアザシクロテトラデカン-酪酸）；
ホルミル-Nle-Leu-Phe-Nle-Tyr-Lys（NH 2）-ε（-Ser-D-Arg-Asp-1，4，8，11-テトラアザシクロテトラデカン-酪酸）；
ホルミル-Nle-Leu-Phe-Nle-Tyr-Lys（NH 2）-ε（-Ser-D-Ser-Asn-1，4，8，11-テトラアザシクロテトラデカン-酪酸）；
アセチル-Nle-Leu-Phe-Nle-Tyr-Lys（NH 2）-ε（-Ser-D-Arg-Asp-Cys-Asp-Asp）；
カルバミル-Nle-Leu-Phe-Nle-Tyr-Lys（NH 2）-ε（-Ser-D-Arg-Asp-Cys-Asp-Asp）及び
メチル-Nle-Leu-Phe-Nle-Tyr-Lys（NH 2）-ε（-Ser-D-Arg-Asp-Cys-Asp-Asp）
よりなる群から選ばれる1である請求項1又は2に記載の白血球結合性化合物。

これらの複数の化合物の共通な活性は白血球に結合することである。本願明細書にZ-Y-Leu-Phe-の構造が一般式構造に白血球と結合する部位であることが記載されている。引用文献1には、既に顆粒性白血球と単核細胞に高い親和性を有するペプチット：ホルミル-Nle-Leu-Phe-Nle-Tyr-Lysが開示され、請求項4の複数の化合物の共通構造であるホルミル-Nle-Leu-Phe-Nle-Tyr-Lys、-Nle-Leu-Phe-Nle-Tyr-Lys、及びホルミル-Nle-Leu-Pheは、既に先行技術に開示されていたため、これらの化合物は特別な技術的特徴を有しない、単一性を満たさない。

4．2．復審請求の審理及び審決

出願人は、2008年2月3日に拒絶査定に対して復審を請求した。出願人は一部の化合物を削除し、共通の構造の「-Nle-Leu-Phe-Nle-Tyr-Lys（NH 2）-ε（-Ser」が全ての化合物に含まれるように補正していた。前記の共通構造が先行技術に開示されていないため、補正後のクレームが単一性を有することを主張した。

2008年12月２日に復審委員会は以下の拒絶理由を持って復審通知書を発行した。補正後クレームの化合物の共通の構造は「-Nle-Leu-Phe-Nle-Tyr-Lys（NH２）－ε（-Ser」であるが、引用文献１には、ホルミル-Nle-Leu-Phe-Nle-Tyr-Lysが受容体結合部として既に開示され、その構造及びそれに対応して顆粒性白血球と単核細胞に結合できる機能も開示されている。また、本願明細書の記載から、前記の共通の構造によって得たこれらの化合物の共通な機能ではない、前記の共通の構造は不可欠の構造とも言えない。従って、当該共通の構造が、特別的な技術的特徴と認定できない、特許法第31条の単一性規定を満たさない。

出願人は、前記の復審通知書に対して、全ての化合物に、共通の構造の「-Nle-Leu-Phe-Nle-Tyr-Lys（NH２）－ε（-Ser」を有し、且つ、該構造により全ての化合物がリンパ細胞と単核細胞に高い結合性を有するため、単一性を有することを意見陳述した。

復審委員会は、前記の陳述を認めなく、2009年９月11日に第18930号の審決を発行し、拒絶査定を維持した。

４．３．復審委員会の事例説明

本審決は、バイオ分野の典型的な単一性判断の審決であり、マーカッシュ形式の単一性判断基準により判断されている。

特許審査基準第二部第10章第８．１．１節によると、マーカッシュ構成要素が化合物である場合に、以下の基準を満たせば、各要素が類似した性質を備え、当該マーカッシュ形式の請求項は単一性を備えると認めなければならない。

⑴　選択可能な化合物の全てが共通の性能又は作用を持つこと、及び

⑵　選択可能な化合物の全てが共通の構造を有しており、当該共通の構造がそれを既存技術と区別するための特徴となることができ、かつ、一般式で示される化合物の共通の性能又は作用にとっては不可欠である、あるいは、共通の構造を有することができない場合は、全ての選択可能要素が当該発明の属する分野において公認された同一の化合物分類に属すること。

本事例において、特許請求する化合物の全てが白血球に結合できる共通の性能を有しているので、前記の第⑴の要件を満たしている。化合物の全てが

有する共通の構造である「-Nle-Leu-Phe-Nle-Tyr-Lys（NH２）-ε（-Ser」が前記の共通の性能によって不可欠ではないので、該共通の構造は、特別的な技術的特徴として認定されない。従って、特許法第33条の単一性の規定を満たさない。

４．４．考察及び留意点

本事例の拒絶査定が確定した。本事例から留意すべき点は、中国において、マーカッシュ形式クレームの単一性を判断する際に、選択可能な化合物の全てが共通の性能を持つ、且つ化合物の全てが新規性のある共通の構造を有している場合でも、これだけでは、これらの化合物が単一性を有する結論にはならない。当該共通の構造と当該共通の性能との対応関係も考慮しないといけない、即ち、当該共通の構造は当該共通の性能にとっては不可欠の構造でなければ単一性を有しないことになる。

また、同出願人の同 PCT 国際出願の日本出願（特願2004－539560）を調べた結果、審査経過において単一性を全く指摘されず、日本特許法第36条第４項と第６項の拒絶理由を経て、補正によって既に特許された。

同様な出願に対して、単一性について日本と中国の審査結果は異なる。筆者の実務経験においても、日本に単一性を全く指摘されない特許出願が中国で単一性がないと指摘されることがよくあった。日本と中国とは、同じ“特別的技術的特徴”の用語を使用しても、“特別的技術的特徴”に該当するか否かの判断基準が異なる。本節に説明した内容を留意すべきと思う。

第2節　新規性に関する拒絶理由

1. 関連規定及び留意点

1.1. 特許法の関連規定

1.1.1. 特許法第22条第2項の新規性の規定

“新規性とは、当該発明又は実用新案が既存の技術に属さないこと、いかなる部門又は個人も同様の発明又は実用新案について、出願日以前に国務院専利行政部門に出願しておらず、かつ出願日以降に公開された特許出願書類又は公告された特許書類において記載されていないことを指す。”

ここで留意すべきことは、“いかなる部門又は個人も同様の発明又は実用新案”である。即ち、拡大された先願について、同一出願者あるいは発明者の出願も新規性を影響することになる。日本との新規性判断の相違を留意すべきである。

1.1.2. 特許法第24条の新規性喪失例外の規定

“特許を出願する発明について、出願日前6カ月以内に以下の状況のいずれかがあった場合、その新規性を喪失しないものとする。

㈠　中国政府が主催する又は認める国際展示会で初めて展示された場合。

㈡　規定の学術会議又は技術会議上で初めて発表された場合。

㈢　他者が出願者の同意を得ずに、その内容を漏洩した場合。”

ここで留意すべきことは、第2項の「規定の学術会議あるいは技術会議」は、中国国内に行う会議である[(1)]。実務によくある、日本において行った学術会議あるいは技術会議について、日本出願では特許法第30条に基づいて新規性喪失の例外を主張しているが、中国では、新規性喪失の例外に当たらず、会議で開示された内容は既存技術として見なされる。

1.2. 審査基準の関連規定

中国特許審査基準第二部第3章第2節において、以下のように詳細に規定

⑴中国国家知識産権局条法司元司長の伊新天が作成した『中国専利法詳解』、第322頁、（2011年1月、中国知識産権出版社）。

されている。

1．2．1．新規性に関する概念

“新規性とは、発明又は実用新案が既存技術に該当しないこと、そしていかなる機構又は個人でも、同様の発明又は実用新案について、出願日以前に特許庁に出願を提出しておらず、かつ出願日以降（出願日を含む）に公開された特許出願書類、若しくは公告された特許書類に記載されていないことを言う。”

1．2．1．1．既存技術

“特許法第22条第５項の規定によると、既存技術とは、出願日以前に国内外で公然知られた技術を指す。既存技術は、出願日（優先権がある場合には、優先権日を指す）以前に国内外の出版物における公式な発表、国内外における公式な使用、あるいはその他の方式により公然知られた技術を含む。

既存技術は、出願日以前に公衆が知り得た技術的内容でなければならない。言い換えれば、既存技術は、出願日以前に公衆が取得できる状態にあり、かつ公衆がその中から実体的な技術知識を知り得るような内容を含んでいるものでなければならない。”

1．2．1．2．時間の限界

“既存技術の時間限界は出願日である。優先権を主張している場合には、優先権日を指す。広義的に言えば、出願日以前に開示された技術的内容の全てが、既存技術に該当するが、出願日当日に開示される技術的内容は既存技術の範囲に含まれない。”

1．2．1．3．公開方式

“既存技術の公開方式に、出版物による公開、使用による公開、その他の方式による公開との３種が含まれており、地域的な制限がない。”

2009年の第三回中国特許法の改正において、新規性の判断基準がいわゆる相対的新規性からいわゆる絶対的新規性に改正された、即ち、改正前では、既存技術は中国国外の公用を含まなかったが、改正により国外での公用も含むようになった。

１．２．１．４．抵触出願（拡大先願）

“特許法22条２項の規定によると、発明又は実用新案の新規性の判断に当たって、いかなる機構又は個人でも、同様の発明又は実用新案について、出願日以前に特許庁に提出しており、かつ出願日以降（出願日を含む）に公開された特許出願書類、若しくは公告された特許書類は、当該出願日に提出される特許出願の新規性を損なう。記載上の便利さから、新規性の判断に当たっては、こうした新規性を損なう特許出願を抵触出願という。”

中国で言う抵触出願は、日本の特許法第29条の２の拡大先願に対応するものである。このような出願が存在する場合、新規性の判断には先行文献となるが、進歩性の判断においては考慮せず、先行文献とならない。ここで留意すべきことは、中国の抵触出願は、同一出願者あるいは発明者の出願も含まれる。

１．２．２．新規性の判断基準

特許審査基準第二部第３章（新規性）第３．２節において、以下のよく見られる５つの状況の新規性の判断基準を挙げている。

１．２．２．１．実質上の同一内容の発明

“特許請求する発明又は実用新案が、引用文献により開示された技術的内容と完全に同一であるか、若しくは簡単な文字の変換しかない場合には、当該発明又は実用新案には新規性を有しない。また、前述の内容の同一には、引用文献から直接に、疑義なく確定できる技術的内容を含むものと理解するべきである。

例えば、１つの特許出願の請求項は「四角結晶体構造を持ち、主相がNd２Fe14Bである金属間化合物のNdFeB永久磁石合金で制作された電機回転子鉄芯」である場合、もし引用文献により「NdFeB磁石体で制作された電機回転子鉄芯」が開示されているなら、前述の請求項の新規性を喪失させることになる。当該分野の技術者が、「NdFeB磁石体」とは、主相がNd２Fe14Bである金属間化合物のNdFeB永久磁石合金であること、そして四角結晶体構造を備えることをよく知っているから。”

1．2．2．2．具体的（下位）概念と一般的（上位）概念

“特許請求する発明又は実用新案は引用文献に比べて、前者ではが一般的（上位）概念を採用し、後者では具体的（下位）概念を採用して、性質が同一種類である技術的特徴を限定しているところのみに区別があるならば、具体的（下位）概念の開示は、一般的（上位）概念により限定された発明の新規性を喪失させることになる。例えば、引用文献に開示された製品が「銅製のもの」である場合、「金属製」の同一の製品についての発明の新規性を喪失させることになる。ただし、当該銅製品の開示は銅以外の他の具体的な金属で作られた同一の製品についての発明又は実用新案の新規性を喪失させることにはならない。

逆に、一般的（上位）概念の開示は具体的（下位）概念に限定された発明の新規性に影響を及ばさない。例えば、特許請求する発明と引用文献との区別は、発明では「塩素」で引用文献の「ハロゲン族元素」又は具体的なハロゲン族元素の「フッ素」を代えているところだけであれば、引用文献の「ハロゲン族元素」の開示又は「フッ素」の開示は、塩素により限定された発明の新規性を喪失させることにならない。”

1．2．2．3．慣用手段を直接置換えだけ場合

“特許請求する発明と引用文献との区別は、属する技術分野の慣用手段の直接置換えだけであれば、当該発明は新規性を有しない。例えば、引用文献ではネジを採用した固定装置を開示しているが、特許請求する発明では、当該装置のネジによる固定方法をボルトによる固定方法に替えているだけならば、当該発明は新規性を有しない。”

1．2．2．4．数値と数値範囲

“特許請求する発明又は実用新案に、部品の寸法、温度、圧力及び組成物のコンポーネント・含有量など、数値又は連続して変化する数値範囲により限定された技術的特徴があり、それ以外の技術的特徴が引用文献と同一である場合には、その新規性の判断については以下の各規定に従わなければならない。

(1) 引用文献に開示された数値又は数値範囲は、技術的特徴の数値範囲内に入る場合には、特許請求する発明は新規性を有しない。例えば、

事例１：

特許請求する発明は、10％～35％（重量）の亜鉛と２％～８％（重量）のアルミを含み、残部が銅である銅基の形状記憶合金である。引用文献において20％（重量）の亜鉛と５％（重量）のアルミを含む銅基の形状記憶合金が開示されている場合、前述の引用文献の開示により、当該請求項は新規性を有しない。

事例２：

特許請求する発明は、アーチライニングの厚みが100～400㎜である熱処理用台車式炉である。引用文献において、アーチライニングの厚みが180～250㎜である熱処理用台車式炉が開示されている場合、前述の引用文献の開示により、当該請求項は新規性を有しない。

⑵　引用文献で開示した数値範囲が、技術的特徴の数値範囲の一部と重なっているか、若しくは、共通した端点がある場合、特許請求する発明は新規性を有しない。

事例１：

特許請求する発明は、焼成時間が１～10時間である窒化ケイ素セラミックスの生産方法である。引用文献に開示された窒化ケイ素セラミックスの生産方法において、焼成時間が４～12時間である場合には、焼成時間は４～10時間の範囲では重なっているので、当該請求項は新規性を有しない。

事例２：

特許請求する発明は、スプレー塗布時のスプレーガンの出力が20～50kWになるプラズマスプレー塗布方法である。引用文献では、スプレーガンの出力が50～80kWになるプラズマスプレー塗布方法が開示されている場合、50kWという共通の端点があるため、当該請求項は新規性を有しない。

⑶　発明の技術的特徴が離散数値である場合、引用文献に開示された数値範囲の両端点は、当該両端点のいずれか一つを同様な離散数値の発明の新規性を損ねるが、当該両端点の間のいずれかの数値である発明の新規性を損ねない。

例えば、特許請求する発明は、乾燥温度が40℃、58℃、75℃又は100℃であるチタニア光触媒の製造方法である。引用文献では乾燥温度が40℃～100℃のチタニア光触媒の製造方法が開示されている場合、当該引用文献は乾燥温度がそれぞれ40℃と100℃になる際の請求項の新規性を損ねるが、乾燥温度がそれぞれ58℃と75℃になる際の請求項の新規性を損ねない。

(4) 発明の技術的特徴の数値又は数値範囲は、引用文献で開示した数値範囲内に入っており、かつ引用文献で開示した数値範囲とは共通の端点がない場合には、引用文献により、特許請求する発明又は実用新案の新規性を損ねない。

事例1：

特許請求する発明は、リング径が95㎜である内燃機関用ピストンリングである。引用文献ではリング径が70～105㎜である内燃機関用ピストンリングが開示されている場合、当該対比文献は当該請求項の新規性を損ねない。

事例2：

特許請求する発明は、重合度が100～200であるエチレン・プロピレン共重合物である。引用文献では重合度が50～400であるエチレン・プロピレン共重合物が開示されている場合、当該引用文献は当該請求項の新規性を損ねない。”

1．2．2．5．性能、パラメータ、用途又は製造方法などの特徴を含む製品発明

“性能、パラメータ、用途又は製造方法などの特徴を含む製品の請求項の新規性の審査は以下の原則に従って行わなければならない。

(1) 性能、パラメータ特徴を含む製品の請求項

このような請求項について、請求項における性能、パラメータ特徴は、特許請求する製品にある特定の構造及び／又は組成を備えていることが暗に含まれているかを考慮しなければならない。当該性能、パラメータは、特許請求する製品の引用文献と区別される構造及び／又は組成が暗に含まれている場合には、当該請求項は新規性を有する。逆に、当業者は当該性能、パラメータに基づいても、特許請求する製品を引用文献と区別できないならば、特許請求する製品が引用文献と同一であることを推定できるため、出願された請求項に新規性を有しないことになるが、出願人は出願書類又は既存技術に基づき、請求項の中の性能、パラメータ特徴を含めた製品が、

引用文献の製品と構造及び／又は組成において違うことを証明できる場合を除く。

例えば、特許請求するのがＸ回折データなど複数種のパラメータにより特徴づけた結晶形態の化合物Ａであり、引用文献で開示されたのも結晶形態の化合物Ａである場合、もし、引用文献の開示内容に基づいても、両者の結晶形態を区別できなければ、特許請求する製品が引用文献の製品と同一であることを推定でき、当該出願された請求項は、引用文献に比べて、新規性を有しないことになるが、ただし、出願人は出願書類又は既存技術に基づき、出願された請求項により限定された製品が引用文献に開示された製品とは結晶形態において確かに異なることを証明できる場合を除く。

⑵　用途特徴を含む製品の請求項

このような請求項について、請求項における用途特徴は特許請求する製品にある特定の構造及び／又は組成を備えていることが暗に含まれているかを考慮しなければならない。もし、当該用途は製品そのものの固有の特性によって決まるものであり、用途特徴にも製品の構造及び／又は組成上の変化が暗に含まれていないならば、当該用途特徴に限定された製品請求項は引用文献の製品に比べては新規性を有しない。

例えば、抗ウイルス用の化合物Ｘの発明は、触媒用化合物Ｘの引用文献に比べると、化合物Ｘの用途が変化しているものの、その本質的な特性を決定する化学構造式には何らかの変化もないため、抗ウイルス用化合物Ｘの発明は新規性を有しない。ただし、もし当該用途には製品が特定の構造及び／又は組成が暗に含まれているならば、つまり、当該用途に製品の構造及び／又は組成上の変化を示すこととなり、当該用途における製品の構造及び／又は組成を限定する特徴を考慮しなければならない。

例えば、「クレーン用フック」はクレーンの寸法と強度などの構造だけに対応するフックを指すものであり、同じ形状を持つ一般つり人向けの「魚釣り用フック」に比べて、構造が異なり、両者は違う製品である。

⑶　製造方法の特徴を含む製品の請求項

このような請求項について、当該製造方法により、製品にある特定の構造及び／又は組成をもたらすかを考慮しなければならない。もし、当業者は、当該方法が必然的に、引用文献の製品と異なる特定の構造及び／又は組成を製品にもたらすことを断定できれば、当該請求項は新規性を有する。逆に、もし出願された請求項により限定された製品は引用文献の製品に比べて、記載された方法が違うものの、製品の構造及び組成が同じであれば、当該請求項は新規性を有しない。ただし、出願人は出願書類又は既存技術に基づき、当該方法により、製品に構造及び／又は組成上で引用文献の製品と異なる結果をもたらすか、若しくは当該方法で引用文献の製品と異なる性能を与えることを証明することにより、その構造及び／又は組成上で変化していることを示している場合は除く。

例えば、特許請求する発明はX方法で作られたガラスカップであり、引用文献に開示されたのはY方法で作られたガラスカップである。両方法で作られたガラスカップの構造、形状、構成材料が同じであれば、出願された請求項は新規性を有しない。逆に、もし前述のX方法に、引用文献には記載していない特定の温度における焼きなまし手順を含めており、当該方法により作られたガラスカップは耐砕性において、引用文献のガラスカップより明らかに高まっているならば、特許請求するガラスカップは製造方法によって、マイクロ構造上で変化し、引用文献の製品と異なる内部構造を有することが示されたため、当該請求項は新規性を有する。”

1．2．3． 化学発明の新規性

中国特許審査基準第二部第10章第５節において、化学発明の新規性について以下の特別な規定がある。

1．2．3．1． 化合物の新規性

“特許請求するのが化合物である場合、もしある引用文献の中で当該化合物についての言及があるなら、当該化合物に新規性を有しないものと推定される。ただし、出願人が出願日前に当該化合物が取得できないことを証明する証拠を提供できた場合を除く。ここでいう「言及」とは、当該化合物の化学名や分子式（又は構造式）、物理化学的パラメータ又は製造法（原料を含む）を明確に定義しているか、あるいは説明してい

ることを指す。

例えば、ある引用文献で開示された化合物の名称と分子式（又は構造式）が、認識し難いか、あるいは不明りょうであるが、当該文献には特許請求する化合物と同一な物理化学的パラメータ又は化合物の同定用のほかのパラメータなどが開示されている場合には、当該化合物に新規性を有しないと推定される。ただし、出願人が出願日前に当該化合物が取得できないことを証明する証拠を提供できた場合を除く。”

ここで留意すべきことは、化合物の新規性を判断する際に、前文に紹介したように、性能、パラメータ、用途又は製造方法の特徴を含む製品クレームについては、クレームの中の性能、パラメータ、用途又は製造方法の特徴が、特許請求する化合物に特定の構造及び／又は組成があることを暗示しているか否かを考慮しなければならない。化合物の構造及び／又は組成に新規性がなければ、物のクレームとしての新規性を認めない。

例えば、新規用途が発見された化合物について、化合物そのものが公知であれば、新規な用途によって化合物の製品クレームに新規性を持たせず、用途クレームにしなければならない。特に新規医薬用途の化合物について、医薬物の用途は治療方法に該当し、特許法第25条により特許されないので、スイスタイプの製薬用途クレームにしなければならない。このような医薬製剤について、日本の特許実務と異なるので、留意すべきである。

１．２．３．２．組成物の新規性

“ある引用文献において、成分（Ａ＋Ｂ＋Ｃ）からなる組成物甲が開示された場合、例え、

①　請求項の発明は組成物乙（成分はＡ＋Ｂ）であり、かつ請求項では「Ａ＋Ｂからなる」のような閉鎖式の記載形式を採用しているなら、当該発明と組成物甲において解決される技術的課題が同一のものであっても、当該請求項は依然として新規性を有する。

②　前記発明の組成物乙の請求項では、「Ａ＋Ｂを含む」のような開放式の記載形式を採用しており、かつ当該発明と組成物甲において解決される技術的課題が同一のものであれば、当該請求項は新規性を有しない。

③　前記発明の組成物乙の請求項では、排除法の記載形式を採用しているなら、つまりCを含まないことを示したなら、当該請求項は依然として新規性を有する。”

1．2．3．3．化学製品の用途発明の新規性

“新製品の用途発明は、当該製品が新規であるため、当然に新規性を有する。

既知の製品については、新規な用途をしたからといって新製品であると認定することはできない。例えば、洗浄剤としての製品Xが既知であれば、可塑剤として用いられる製品Xは新規性を有しない。ただし、既知の製品の新規な用途自体が発明であれば、既知の製品によって当該新規用途の新規性が否定されることはない。このような用途発明は使用方法発明に該当する。なぜなら、発明の実質は製品自体にあるのではなく、どのようにそれを使用するかにあるからである。

例えば、上述の従来洗浄剤とされていた製品Xについて、その後研究を経て、それにある添加剤を配合することで可塑剤として用いることができることが発見されたとすると、いかに調製するか、どの添加剤を選択するか、配合比はどれほどかなどは即ち使用方法の技術的特徴である。このような場合、審査官は、当該使用方法自体が新規性を有するか否かを評価しなければならず、製品Xが既知であることを理由に当該使用方法が新規性を有しないと認定してはならない。

化学製品に係わる医薬用途発明の新規性審査では以下の点を考慮しなければならない

①　新規な用途と既知の用途とが実質的に異なるか。表現形式が異なるのみで実質的に同一の用途に該当する発明は新規性を有しない。

②　新規な用途が既知の用途の作用メカニズム、薬理作用によって直接示唆されているか。もとの作用メカニズム又は薬理作用と直接的に同等な用途は新規性を有しない。

③　新規の用途が既知の用途の上位概念に該当するか。既知の下位の用途は上位の用途の新規性を潰すことができる。

④　投与対象、投与方式、経路、用量及び時間間隔などの使用に関連する特徴が製薬過程に対して限定作用を有するか。投薬の過程にのみ現れる区別の特徴によっては当該用途が新規性を有させることが

できない。”

ここで留意すべきことは、化学製品に係わる医薬用途発明の新規性審査において、“投与対象、投与方式、経路、用量及び時間間隔などの使用に関連する特徴”が製薬の過程に対する限定作用が考慮されるが、投薬の過程に対する限定作用が考慮されない。

即ち、医薬用途発明の新規性を持たせるために、医薬の使用過程の特徴ではなく、医薬の製造過程が他と特別できる特徴を有しなければならない。

１．２．４．新規性喪失の例外

特許法第24条において、出願日以前の６カ月以内の三つの開示により新規性を喪失しないと規定されている。特許審査基準第一部第１章第６．３節では、その三種類の開示について更に詳細に規定している。

１．２．４．１．中国政府が主催し又は承認した国際展覧会における初めての展示

“中国政府が主催する国際展覧会は、国務院・各部委員会が主催するもの、又は国務院が許可し、その他の機構あるいは地方政府が開催する国際展覧会を含む。

中国政府が承認する国際展覧会とは、国際展覧会条約に規定されたもので、国際展覧局で登録又は認可された国際展覧会を指す。

国際展覧会というのは、出展される展示品は主催国の製品のほか、外国からの製品も展示されなければならない。”

１．２．４．２．認可された学術会議又は技術会議で初めて発表

“認可された学術会議又は技術会議とは、中国国務院の関連主管部門又は中国全国的な学術団体組織が開催する学術会議又は技術会議を指し、省以下、又は中国国務院の各部委員会若しくは全国的な学術団体から委任を受けて、あるいはその名義により召集して開催する学術会議又は技術会議を含まない。”

ここで留意すべきことは、前記の学術会議又は技術会議について、中国国内に行われた学術会議又は技術会議であり、外国に行われた学術会議又は技術会議は、含まない[(1)]。

日本の認定された学術会議又は技術会議で開示になった技術内容について、基礎出願において、日本特許法第30条の新規性喪失の例外を主張して出願する場合はよくあるが、新規性喪失の例外を主張できないままで、中国で審査されなければならないことを、中国に出願する時点で考慮すべきである。

1.2.4.3. 他人が出願人の許可を得ずに当該内容を漏らした場合

"他人は出願人の許可を得ずに、当該内容を漏らしたことにより開示されたことは、他人が明示又は黙認された守秘の約束を守らずに発明の内容を開示すること、他人が威嚇、詐欺又はスパイ活動などの手段により発明者、あるいは出願人から発明の内容を得ることによって発明を開示することを含む。

特許を出願する発明について、出願日以前の6ヶ月以内に、他人が出願人の許可を得ずに当該内容を漏らしたことを、出願人が出願日以前に知っているならば、特許出願時に願書で声明し、出願日より2ヶ月以内に証明資料を提出しなければならない。出願人が出願日以降に知っている場合は、当該事情を知った後の2ヶ月以内に新規性を喪失しない猶予期間を要求する声明を提出し、証明資料を添付しなければならない。審査官は必要であると判断した際に、指定された期限以内に証明資料を提出するよう、出願人に要求して良いとする。"

2. 審査事例

2.1. 明確的に新規性を有しない事例(2)

請求項：ペクチンから作製した分子量が5000の多糖。

引用文献には、ペクチンから作製した分子量を開示していない多糖が記載されているが、その作製方法が出願の明細書に記載の多糖の作製方法と同様である。

解説：

特許請求するのは、ペクチンから作製した分子量が5000の多糖である。明細書の記載から、該多糖がA方法によって作製したものが分かる。引用文献

(2)『審査操作規程・実質審査分冊』第3章第3.2.2節の事例3（2011年2月、知識産権出版社)。

には、ペクチンから作製した多糖が開示され、且つ作製方法Ａも開示されている。前記の二種の作製方法において、原材料、工程及び作業条件は完全に同様である。引用文献に多糖の分子量を開示していなくても、同じ生産法を使用しているため、作製した多糖も必ず同様である。従って、引用文献に開示した多糖も分子量5000の多糖であり、特許請求する多糖は新規性を有しない。

２．２．推定的に新規性を有しない事例(3)

請求項：厚さが6.0～10.0μｍであり、且つ90度、無負荷で熱処理１時間により、熱収縮率が0.8％以下である、ポリエステル・フィルム。

引用文献には、厚さが8.0μであり、150度、無負荷で熱処理１時間により、熱収縮率が１．４以下である、ポリエステル・フィルムが開示されている。

解説：

特許請求するのはポリエステル・フィルムである。引用文献には、厚さが特許請求する範囲に入るポリエステル・フィルムが開示された。熱収縮率を測定する熱処理の温度が異なって、両者の熱収縮率が比較できないが、ポリエステル・フィルムについて、通常、熱処理の温度が低いほど、熱収縮率が低くなる。従って、特許請求するポリエステル・フィルムは、引用文献のポリエステル・フィルムと同様なものであることを推定し、新規性を有しない。

２．３．立体異性体の新規性判断(4)

化合物の立体異性体を特許請求する際に、既存技術において、該化合物の立体異性体を言及したことが全くない、あるいはただ該化合物には非対称炭素原子が存在しているから光学異性体が存在するだろうと言及しているのみの場合は、通常、特許請求する立体異性体の新規性を認められる。

既存技術において、特許請求する立体異性体の名称が開示された場合、既存技術が該立体異性体を言及したことになり、該立体異性体の新規性がないと推定される。

---

(3)『審査操作規程・実質審査分冊』第３章第３．２．３．１節の事例１（2011年２月、知識産権出版社）。

(4)『審査操作規程・実質審査分冊』第10章第１．５．２節（2011年２月、知識産権出版社）。

既存技術において、化合物のラセミ体が開示され、該化合物が一つのキラル中心のみを有する場合、そのラセミ体が一対の鏡像異性体の等モル混合物だけであり、一般的に。当業者は慣用の技術手段に基づいて、その中のR－異性体とS－異性体を分離できるはず。従って、当業者が既存技術によりその中の異性体を分離できないことが証明できる場合を除く、該化合物に含まれる一対の鏡像異性体が開示されたと推定する。

2．4．純度により限定される化合物の新規性判断[5]

純度により限定は、化合物の構造に対して何らかの影響も与えていない、即ち、既存技術に公知の化合物と区別できるために、化合物に何らかの新しい特徴も与えていない。従って、出願日の前に当業者が当該純度の化合物を得ることができないことを出願人が証拠を提出して証明できる場合を除き、通常、純度により限定される化合物は新規性を有しない。

事例：

請求項：純度が99．96重量％以上の化合物Ａ。

既存技術には、化合物Ａが既に開示されたが、その純度について言及されていない。

事例解説：

① 既存技術に化合物Ａの純度が言及されていないが､化学分野において、通常、化合物の精製方法が慣用の技術手段であり、当業者が実際のニーズによってさまざま純度の公知化合物を得ることができるので、該請求項に特許請求する化合物Ａが新規性を有しない。

② ただし、出願人が、化合物Ａそのものの構造及び性状により、該技術分野の慣用の精製方法により本発明が達した純度までに精製できないことを証明できる場合、該請求項の新規性を認められる。例えば、該化合物の沸点がとても高いため、蒸留精製には厳しい高温条件で行わなければならないが、該化合物の耐熱性ではよくなく、高温の状況に二つの比較的に安定したラジカルに分解してしまうため、蒸留精製が難しい。また、化合物Ａが結晶を形成しにくいため、再結晶する方法による精製もできないなど…。

(5)『審査操作規程・実質審査分冊』第10章第１．５．３節（2011年２月、知識産権出版社）。

ここで留意すべきことは、特別な分野おいて、純度の変化により製品の構造と性状に変化を至る場合もある。例えば、超純度シリコンの場合、金属シリコン－単結晶シリコンが非常に高い純度になる場合、例えば純度が99.9999％以上の場合、単結晶シリコンが今までにない優れた半導体の特性が現れる。このような場合は、該物質の構造（微細構造を含む）と特性には本質的に変化があるので、純度により限定が公知物質に新しい特徴を与える可能性があり、その新規性は認められる。

２．５．医薬組成物の新規性判断

医薬組成物の新規性を判断する際に、その組成成分とその含量によって判断されるべきである。投与経路、投与量と投与法、投与対象、及び医薬物の用途、性状、製造法などの特徴で医薬組成物を表現する場合、当該特徴が、製品の構造及び／又は組成に影響を与えているか否かを考慮すべきである。

２．５．１．投与経路の特徴による新規性判断(6)

事例１：

請求項：有効成分Ａ、Ｂ及びＣを含む経口液剤

引用文献において、有効成分Ａ、Ｂ及びＣを含む注射液が開示されている。

事例解説：

前記請求項に特許請求する経口液剤と引用文献に開示された注射液と比べて、投与経路が異なる。例えば溶解度、pH、浸透圧、イオン強度などの注射液に対する基本的な要求が、経口液剤より高くなっているので、当業者は、注射液が通常経口液剤として使用できることを公知する。従って、請求項に記載の経口液剤が引用文献の注射液を含むため、前記の請求項は、新規性を有しない。

事例２：

請求項：有効成分Ａ、Ｂ及びＣを含む経口液剤

引用文献において、有効成分Ａ、Ｂ及びＣを含む経皮貼布剤が開示され

---

(6)『審査操作規程・実質審査分冊』第10章第２．２．２．(1)節の事例１と事例２（2011年２月、知識産権出版社）。

ている。

事例解説：

前記請求項に特許請求する経口液剤と引用文献に開示された経皮貼布剤と比べて、投与経路の相違によってその医薬物に使用される補助剤が全く異なることが分かる。即ち、経口液剤は液体の補助剤を含むが、経皮貼布剤は固体の補助剤を含む。従って、前記の請求項が新規性を有する。

２．５．２．投与量と投与法の特徴が医薬組成物への限定にならない[7]

医薬物の投与量と投与法（時間と頻度を含む）は、通常、医薬組成物の構造及び／又は組成に影響を与えないため、既存技術との相違が投与量と投与法にあるだけの製品は、通常新規性を有しない。

事例：

請求項：有効成分ＡとＢを含み、毎日に0.05～10mgのＡ及び５～50mgのＢの投与量で１～３回を投与する、糖尿病を治療する併用医薬製品。

引用文献には、糖尿病を治療できる公知の注射液Ａと経口剤Ｂとの併用が開示された。

事例解説：

前記請求項は、ＡとＢを含む医薬組成物、及び単独の医薬物Ａと単独の医薬物Ｂからなる併用医薬物を特許請求しようとしている。該請求項に記載の発明は、引用文献と比べて、その相違は、毎日に0.05～10mgのＡ及び５～50mgのＢの投与量で１～３回を投与する投与量と投与法の特徴のみにある。前記特徴が製品そのものに何らかの限定も与えていないので、該請求項は新規性を有しない。

２．５．３．投与対象の特徴が医薬組成物への限定にならない[8]

既存技術に比べて、その相違が投与対象のみである医薬組成物が通常新規性を有しない。例えば、既存技術において、ラットモデル実験で化合物Ａの溶液が高血圧を治療する効果があることは開示された場合、人間を治

(7)『審査操作規程・実質審査分冊』第10章第２．２．２．(2)節の事例３（2011年２月、知識産権出版社）。

(8)『審査操作規程・実質審査分冊』第10章第２．２．２．(4)節（2011年２月、知識産権出版社）。

療する化合物Ａを含む医薬組成物が新規性を有しない。

２．５．４．治療用途の特徴が医薬組成物への限定にならない(9)

治療用途の特徴が医薬組成物の構造及び／又は組成に影響を与えないため、医薬組成物への限定にならない。

事例：

請求項：活性成分Ａ、ゲル化剤、及び0.5～１ｇ／100㎖の無機塩水を含む、中耳炎を治療する組成物。

引用文献には、有効量のＡ、ヒドロキシエチルセルロース、及び生理食塩水を含む、頑固性湿疹の治療剤が開示されている。

事例解説：

引用文献のヒドロキシエチルセルロースは、一種の具体的なゲル化剤であり、且つ生理食塩水も一種の具体的な無機塩水であるため、前記の請求項と引用文献との相違が、治療用途のみにある。該治療用途の特徴が医薬組成物の構造及び／又は組成に影響を与えないため、該請求項は新規性を有しない。

筆者の追加説明：

日本では新規医薬用途を有する医薬組成物クレームの新規性が認められるので、中国において、このような医薬組成物に対してよく拒絶理由が発行される。ここで留意すべきことは、前記の医薬組成物クレームは製薬用途発明のスイスタイプクレームに補正すれば､新規性を有することになる。

２．６．製薬用途発明の新規性判断

２．６．１．唯一の活性成分としての製薬用途発明の新規性判断(10)

物質の医薬用途発明は、製薬用途発明である“Ｙ疾患を治療するための医薬物の製造における物質Ｘの使用”と記載する必要がある。前記の医薬物の物質Ｘが、Ｙ疾患を治療するための活性成分であり、唯一の活性成分としてもよく物質Ｘ以外のその他の活性成分と併用してもよい、と解釈さ

(9)『審査操作規程・実質審査分冊』第10章第２．２．２．(3)節の事例４（2011年２月、知識産権出版社）。

(10)『審査操作規程・実質審査分冊』第10章第２．３．１節の事例１と事例２（2011年２月、知識産権出版社）。

れる。従って、既存技術に、物質Ｘを含む、発明と同様な治療用途が有する医薬物が開示された場合、当該発明は新規性を有しない。

事例１：

請求項：病患Ｙを治療するための医薬物の製造における多糖Ｃの使用。

既存技術において、公知の抽出物Ｚに活性成分としてフラボンＥ、フラボンＦ、多糖Ｂ及び多糖Ｃなどが含まれて、且つ抽出物Ｚが病患Ｙを治療できることが開示されていた。ただし、単一の成分として、多糖Ｃが病患Ｙを治療できることについては開示されていない。

解説：

既存技術において、活性成分として多糖Ｃが含まれている抽出物Ｚが既に開示され、且つ抽出物Ｚが病患Ｙを治療できることも開示されたので、前記の請求項は、新規性を有しない。

ただし、出願人が、前記請求項を"病患Ｙを治療するための医薬物の製造における、唯一の活性成分とする多糖Ｃの使用"あるいは"病患Ｙを治療するための医薬物の製造における多糖Ｃの使用、ここで、前記医薬物が抽出物Ｚではない"に補正すれば、新規性を有することになる。

事例２：

請求項：病患Ｙを治療するための医薬物の製造における多糖Ｃの使用。

既存技術において、公知の抽出物Ｚに非活性成分として多糖Ｃなどが含まれて、且つ、抽出物Ｚが病患Ｙを治療きることが開示されていた。

解説：

既存技術において、多糖Ｃが含まれている抽出物Ｚが病患Ｙを治療できることも開示されたが、多糖Ｃは非活性成分であるため、多糖Ｃの病患Ｙを治療できる活性が開示されていない。従って、前記の請求項は、新規性を有する。

２．６．２．投与量と投与法の特徴が製薬用途発明の限定にならない[11]

医薬物の投与量と投与法とは、医薬物用量（mg医薬物量／kg体重）、投

⑾『審査操作規程・実質審査分冊』第10章第２．３．１．２．⑴節の事例１と事例２（2011年２月、知識産権出版社）。

与時間、頻度、特定な投与方式及び複合投与法などを含むが、通常、医師の治療方法への選択と密な関係があり、医薬物又は製剤そのものとの必須の関係がない。従って、既存技術との相違が投与量と投与法にあるだけの製薬用途発明は、通常新規性を有しない。

事例１：

請求項：細菌感染を治療する医薬の製造における医薬物Ａの使用、ここで、３～75mg／日、一日おき投与することを特徴とする。

既存技術において、医薬物Ａが細菌感染を治療できる効果が公知である。

事例解説：

該請求項の発明と既存技術との相違が、医薬物の投与量と投与法にあるだけで、該請求項は、新規性を有しない。

事例２：

請求項：病患Ｂを治療するための医薬物の製造における化合物Ａの使用、前記の医薬物は、食物を消費する前の５～30分くらいに、ヒト患者に経口投与される。

既存技術において、化合物Ａがヒト患者に経口投与されると病患Ｂを治療できることが開示されている。

事例解説：

該請求項の発明と既存技術との相違が、医薬物の投与時間にあるだけで、製薬過程に影響を与えず、限定にならない。従って、該請求項は、新規性を有しない。

２．６．３．投与対象の特徴による製薬用途発明の新規性の判断[12]

通常は、投与対象の種族、年齢、性別などの相違が製薬用途発明に新規性を持たさないが、もしも投与対象の相違によって治療疾患の相違をもたらす場合、当該製薬用途発明が新規性を有することになる。

例えば、幼年痴呆症と老年痴呆症について、文字から見ると単に投与対象の相違であるが、本質上では、異なる疾患である。幼年痴呆症は、脳の

⑿『審査操作規程・実質審査分冊』第10章第２．３．１．２．⑵節の事例８と事例９（2011年２月、知識産権出版社）。

発達不全で、知力が低下している痴呆症ダルが、老年痴呆症は、脳神経の変性疾患で、アルツハイマー病とも呼べる。このような場合は、投与対象の相違によって、製薬用途発明は新規性を有する。

事例１：

請求項：ヒトの細菌Ｙ感染を治療するための医薬物の製造における化合物Ｘの使用。

既存技術において、化合物Ｘがマウスモデルにおいて細菌Ｙ感染を治療できる作用が開示されている。

事例解説：

該請求項の発明と既存技術との相違が、投与対象にあるだけである。本発明の投与対象は人類であり、既存技術ではマウスである。細菌Ｙは感染の原因であるため、人類においても、マウスにおいても、該細菌による疾患は同様である。従って、このような投与対象の相違が、該製薬用途発明の新規性を持たせない。

事例２：

請求項：非血友病の哺乳動物の出血を治療するための医薬物の製造における化合物Ｘａの使用。

既存技術において、化合物Ｘａが血友病の哺乳動物の出血を治療できる作用が開示されている。

事例解説：

該請求項の発明と既存技術との相違が、投与対象にあるだけである。本発明の投与対象は非血友病の哺乳動物であり、既存技術では血友病の哺乳動物である。当業者が、公知常識から分かるように、血友病の血液凝固と非血友病の血液凝固のメカニズムが異なる。本発明に限定した非血友病の出血が実質上は異なる疾患になるため、該請求項は、新規性を有する。

２．６．４．投与経路と使用部位の特徴による製薬用途発明の新規性判断[13]

投与経路と使用部位の特徴が製薬用途発明に既存技術と区別することが

---

(13)『審査操作規程・実質審査分冊』第10章第２．３．１．２．(3)節（2011年２月、知識産権出版社）。

できれば、例えば、両者の医薬物の形式が異なる場合、当該製薬用途発明は新規性を有する。前文の２．４．１の医薬組成物の新規性の判断にご参照ください。

事例：

請求項：疾患Ｙを治療するための皮下注射用の医薬物の製造における化合物Ｘの使用。

既存技術において、化合物Ｘが筋肉注射用の医薬物として疾患Ｙを治療することが開示されている。

事例解説：

該請求項の発明と既存技術との相違が、投与経路にあるだけである。本発明の投与経路は皮下注射であり、既存技術では筋肉注射である。当業者が、公知常識から分かるように、皮下注射用の医薬物と筋肉注射用の医薬物との相違がない。従って、該請求項は新規性を有しない。

3. 医薬物の併用がそれらの複合医薬物の新規性を影響しないと判断された判決事例

中国最高裁判所は、北京双鶴薬業株式会社と湖北威爾曼製薬株式会社、国家知的財産局特許審判委員会との特許権無効審判審決取消訴訟に係る事例を、2011年の知財訴訟の十大事件の一つとして選んだ(14)。該事例において、複合医薬物製品特許の新規性、進歩性の判断、クレームの解釈、特許法に規定する特許登録要件と関係行政法律法規における薬品の開発･生産に係る規定との関係、明細書の作成などの法的問題について、重要な指導的意見が提示されている。ここでは、主に医薬物の併用が開示されてもそれら医薬物から作製した複合医薬物は新規性を有する判断について紹介する(15)。

３．１．無効審判の概要

特許番号 ZL97108942.6である、発明の名称が「β－ラクタマーゼ抵抗性抗生物質複合物」である中国特許は2000年12月に特許された。特許された唯

(14) http://www.sipo-reexam.gov.cn/zhuanti/cases/2011/201204/t20120423_143168.htm 最高裁判所が公表した2011年知的財産権司法保護の十大訴訟案件。(最終参照日：2014年２月５日)。

(15)劉新宇等、『中国特許「β－ラクタマーゼ抵抗性抗生物質複合物」の無効審判審決取消訴訟に係る再審申立事件（(2011) 行提字第８号)』の一部内容を参考している。日本弁理士会のパテント誌、2012年、Vol.65、No.9、pp31～40。

一の請求項は、β－ラクタマーゼ抵抗性抗生物質の複合医薬物に関する以下のクレームである。

“請求項1：スルバクタムと、ピペラシリン又はセフォタキシムとからなる組成物であって、スルバクタムとピペラシリン又はセフォタキシムとを、0.5～2：0.5～2の割合で混合して複合医薬物にすることを特徴とするβ－ラクタマーゼ抵抗性抗生物質複合物。”

2002年12月に、北京双鶴薬業股分有限公司は、前記特許権について、特許復審委員会に以下の理由により無効審判を請求した。

証拠文献には、前記スルバクタムと、ピペラシリン又はセフォタキシムとの併用について、既に開示された。また、併用時の使用量について、「ピペラシリンの投薬量は4gであり、1日に3回投与し、セフォタキシムの投薬量は2gであり、1日に3回投与する。上記抗生物質を投与する度に、同時にスルバクタム1gを投与する」の記載があり、前記請求項の範囲に入ることになる。更に、併用の効果についても、「スルバクタムと、ピペラシリン又はセフォタキシムとの併用は耐用性に優れる」などが開示されている。

従って、無効請求人は、前記の証拠文献により該特許の請求項1の発明が新規性且つ進歩性を有しないと主張した。

被請求人の特許権者は､以下の反論で新規性を有することを主張していた。証拠文献に開示されているのは医薬物の併用である。医薬物の併用は、異なる単一の薬品を併用して臨床治療を行う方法であり､臨床医学の範囲に属し、ランダムで一時的であり、かつ動的で不確実であるという特徴を有する。一方、本特許は複合医薬物である。複合医薬物は、新薬証明書及び生産許可証を取得した後、2種以上の薬物又は化合物で生産される薬物製剤という製品であり、薬学の範囲に属し、不変、安定かつ長期的であるという特徴を有する。よって、請求項1の複合医薬物は証拠文献の薬物併用と本質的な違いを有し、新規性を有する。

特許復審委員会は、2003年8月に無効審決第8113号を下し、該特許権（唯一の請求項1）について、以下の理由により、新規性を有するが進歩性がないため、該特許権を無効にした。

新規性について、医薬物の併用と複合医薬物は異なる概念である。証拠文献にはスルバクタムとピペラシリン又はセフォタキシムとを併用できることが開示されているが、スルバクタムとピペラシリン又はセフォタキシムとを混合して製造された具体的な医薬組成物が開示されていないため、請求項1

は新規性を有する。ただし、進歩性について、証拠文献の開示（医薬物の併用及びその効果の説明）から、該請求項の発明（複合医薬物）は容易に想到できるため、請求項１は進歩性を有しないと判断した。

３．２．審決取消訴訟の概要

特許権者の湖北威爾曼製薬会社は、当該無効審決に不服として、北京市第一中等裁判所に審決取消訴訟を提起した。一審判決（(2006）一中行初字786号行政判決）は、復審請求における、新規性を有し進歩性を有しない意見に同意し、審決を維持した。

特許権者は、一審判決を不服として、北京市高等裁判所に上訴し、進歩性を有すると主張した。二審裁判所は、第8113号審決の「対象特許が進歩性を有しない」という判断は理由が不十分であり、一審裁判所の判決は一部の認定に根拠が欠如するとして、一審判決及び第8113号審決を取消す旨の（2007）高行終字第146号行政判決を下した。

無効請求人の北京双鶴薬業会社は、二審判決を不服として、最高裁判所に再審申立をした。最高裁判所は、二審判決の事実認定及び法律適用に誤りがあるとして、二審判決を取消し、一審判決及び第8113号審決を維持する旨の最終判決を下した。本件特許権は最終に無効にされた。

３．３．考察及び留意点

本件の判決事例は、主に複合医薬物製品特許の新規性、進歩性の判断、クレームの解釈、特許法に規定する特許要件と関係行政法律法規における薬品の開発・生産に係る規定との関係などについて、指導的な意味があったと言われているが、ここでは主に新規性について説明する。

最高裁の判決に、医薬物併用の開示が複合医薬物の新規性への影響について、以下のような説明がある。複合医薬物は医薬物の生産、製造分野の専門用語である。それは、臨床上の治療や実験などのために異なる医薬物をその場で配合してなる医薬物の併用とは、性質が異なる。中国において、医薬物の併用は、一時的までので、動的であるため、複合医薬物の新規性を損なわないと判断された。

第３節　進歩性に関する拒絶理由

1.　関連規定

1．1．特許法の関連規定

1．1．1．特許法第22条第３項の進歩性の規定

“進歩性とは、既存の技術と比べて当該発明に突出した実質的特徴及び顕著な進歩があり、当該実用新案に実質的特徴及び進歩があることを指す。”

1．1．2．特許法第22条第５項の既存技術の規定

“本法でいう既存技術とは、出願日以前に国内外において公然知られた技術を指す。”

1．2．審査基準の関連規定

1．2．1．進歩性に関する用語の解釈

特許審査基準第二部第４章第２節において、発明の進歩性に関する用語について、更に以下のように規定されている。

1．2．1．1．既存技術

“特許法第22条第３項で言う既存の技術とは、特許法第22条第５項と本部分第三章第２．１節で定義した既存技術を指す。

特許法第22条第２項に言うような、出願日以前にあらゆる部門又は個人が特許庁に出願を提出しており、かつ出願日以降に開示された特許出願書類又は公告された特許書類に記載された内容は、既存技術に該当しないため、発明の進歩性の評価時には考慮しないものとする”

1．2．1．2．突出した実質的特徴

“発明に突出した実質的特徴があるとは、当業者にとって、発明は既存技術に比べて非自明的であることを指す。当業者が既存技術を基に、単なる論理に合った分析や推理又は限られた試験により得られるような発明は、自明的であり、突出した実質的特徴を有しないものである。”

１．２．１．３．顕著な進歩

“発明に顕著な進歩があるとは、発明は既存技術に比べて、有益な技術的効果をもたらすことを指す。例えば、発明で既存技術に存在する欠陥や不足を克服し、若しくはある技術課題の解決に構想の異なる技術案を提供し、あるいはある新規な技術発展の傾向を表している場合など。”

１．２．１．４．当業者

“当業者とは、その技術分野の技術者とも呼ばれるが、ある仮定の「人」を指すものであり、出願日又は優先権日以前に、発明が属する技術分野における全ての一般的な技術的知識を知っており、その分野における全ての既存技術を知り得るとともに、その日以前の通常の実験の手段を運用する能力を有するが、創造能力は有しないことを仮定したものである。”

１．２．２．進歩性の審査

特許審査基準第二部第４章第３節において、進歩性の審査について、以下のように規定されている。

１．２．２．１．三部法による突出した実質的特徴の判断

“特許請求する発明が既存技術に比べて自明的であるか否かを判断するには、通常は以下に挙げられる３つの手順に沿って行って良いとする。

⑴　最も類似した既存技術を確定する。

最も類似した既存技術とは、既存技術において特許請求する発明と最も密接に関連している１つの技術を言う。これは、発明に突出した実質的特徴を有するか否かを判断する基礎になる。最も類似した既存技術は、例えば、特許請求する発明と技術分野が同一であり、解決しようとする技術課題、技術的効果又は用途が最も類似し、及び／又は発明の技術的特徴を最も多く開示している既存技術、若しくは、特許請求する発明と技術分野が異なるが、発明の機能を実現でき、かつ発明の技術的特徴を最も多く開示している既存技術など。注意されたいのは、最も類似した既存技術を確定する時に、まずは技術分野が同一又は近似している既存技術を考慮しなければならない。

⑵　発明の相違の特徴及び発明で実際に解決する技術課題を確定する。

審査において、発明が実際に解決した技術課題を客観的に分析し、確定しなければならない。そのため、まずは特許請求する発明が最も類似した既存技術に比べて、どんな相違の特徴があるかを分析し、それからこの相違の特徴が達成できる技術的効果に基づき、発明が実際に解決する技術課題を確定しなければならない。この意味で言えば、発明が実際に解決する技術課題とは、より良好な技術的効果を得るために最も類似した既存技術に対し改善する必要のある技術的任務を言う。

審査の過程において、審査官が認定する最も類似した既存技術は、出願人が明細書において説明している既存技術と異なる可能性もあるため、最も類似した既存技術に基づき改めて確定した、発明が実際に解決する技術課題は、明細書において説明している技術課題と異なる可能性がある。こうした場合に、審査官が認定した最も類似した既存技術に基づき、発明が実際に解決する技術課題を改めて確定しなければならない。

改めて確定した技術課題は、おそらく各発明の具体的な状況により定める必要がある。その分野の技術者が当該出願の明細書の記載内容からその技術的効果を知り得るものなら、原則としては、発明のいかなる技術的効果でも改めて確定した技術課題の基礎となることができる。

(3) 特許請求する発明が当業者にとって自明的であるか否かを判断する。

この手順において、最も類似した既存技術及び発明が実際に解決する技術課題に着手して、特許請求する発明が当業者にとって自明的であるか否かを判断しなければならない。判断の過程において確定するのは、既存技術が全体として、ある種の技術的示唆が存在するかということ、つまり既存技術の中から、前記相違の特徴をその最も類似した既存技術に加えることにより、そこに存在する技術課題（即ち、発明が実際に解決する技術課題）を解決するための示唆が示されているかということである。

このような示唆は、当業者がその技術課題に直面した時に、その最も類似した既存技術を改善して、特許請求する発明を得るために動機づけるものである。既存技術にこのような技術的示唆が存在する場合には、発明は自明的であり、突出した実質的特徴を有しない。

以下に挙げられる状況は通常、前記技術的示唆が存在すると考えられる。

(i) 前述の相違の特徴は公知の常識である。

(ii) 前述の相違の特徴は最も類似した既存技術と関連する技術的手段である

(iii) 前述の相違の特徴は別の引用文献に開示されている関連の技術的手段であり、当該技術的手段がこの引用文献において果たす役目が、その相違の特徴が特許請求する発明においてその改めて確定された技術的問題を解決するための役目と同じである。”

１．２．２．２．顕著な進歩の判断

“以下に挙げられる状況は通常、発明に有益な効果を有し、顕著な進歩を有するものと認めるべきである。

(1) 発明は既存技術に比べて、より良好な技術的効果を有する。例えば、品質の改善、生産量の向上、エネルギーの節約、環境汚染の防止と処置など。

(2) 発明で技術的構想が違う技術案が提供されており、その技術的効果はほぼ既存技術の水準に達している。

(3) 発明はある新規な技術発展の傾向を表している。

(4) ある側面においてマイナス効果も有するが、発明はその他の側面において明らかに積極的な技術的効果を有する。”

１．２．３．化学発明の進歩性

特許審査基準第二部第10章第６節において、化学発明の進歩性について、以下のように規定されている。

１．２．３．１．化合物の進歩性

“(1) 構造上で既知化合物に類似することなく、新規性を有する化合物が、一定の用途又は効果を有する場合には、審査官はその進歩性を認め、予想外の用途又は効果を求める必要がない。

(2) 構造上で既知化合物に類似している化合物は、予想外の用途又は効果を有しなければならない。この予想外の用途又は効果は、当該

既知化合物の既知用途と異なっている用途、あるいは既知化合物のある既知の効果に対する実質的な改良や向上、あるいは公知の常識においては明確にされていないか、又は常識から推論しては得られない用途や効果であってもよい。

(3) 2つの化合物が構造上で類似するか否かは、その所属分野に係わっている。審査官は、分野に応じて異なる判断基準を採用しなければならない。

(4) 注意を払わなければならないのは、単に構造が類似していることだけを理由にある化合物の進歩性を否定せず、その用途や効果が予想できるということを更に説明するか、あるいは当業者が既存技術に基づき、論理的な分析や推理、又は有限な試験を通じて、この化合物の製造あるいは使用が可能であることを説明しなければならない。

(5) ある技術案の効果は、既知の必然的な傾向がもたらすものであれば、当該技術案に進歩性を有しない。”

1.2.3.2. 化学製品用途発明の進歩性

“(1) 新規製品用途発明の進歩性

新規な化学製品について、もし当該用途が構造又は組成が類似している既知製品から予見できるものでなければ、この新規製品における用途発明は進歩性を有するものと認めてよい。

(2) 新規製品用途発明の進歩性

既知製品における用途発明の進歩性について、当該新規用途がもし、製品自体の構造や組成、分子量、既知の物理化学的性質及び当該製品の従来の用途から自明的に得られないか、若しくは予見できず、新規に発見された製品の性質を利用し、予想外の技術的効果を生じるものであれば、この既知製品における用途発明は進歩性を有するものと認めてよい。”

2. 審査事例

2.1. 自明でないと判断される組み合わせ発明(1)

事例：

「深冷処理及び化学めっきニッケル－リン－希土工程」の発明である。発明は公知の深冷処理と化学めっきを相互に組み合わせたものに関する。既存技術は、深冷処理の後に、ワークピースに非慣用の温度で焼き戻し処理を行い、応力を除き、組織と性能を安定させる必要があった。本件発明では深冷処理の後、ワークピースの焼き戻し又は経時処理は行う代わりに、80℃±10℃のめっき液の中で化学めっきを行うものである。これで前述の焼き戻しや経時処理を省いたほか、ワークピースに依然に安定した基体組織と耐磨性、耐蝕性並びに基体との結合が優れためっき層を備えさせる。このような組合せ発明の技術的効果は、その分野の技術者にとっては事前に予測し難いため、この発明は進歩性を有する。

説明：

以上の事例のように、組み合わせた各技術的特徴が機能上で相互に支持し合い、新規な技術的効果を得ている場合、又は組み合わせた後の技術的効果は個々の技術的特徴の効果の総和よりも更に優れている場合、このような組合せ発明は突出した実質的特徴と顕著な進歩を有し、発明には進歩性を有する。ここで、組合せ発明の個々の単独の技術的特徴そのものが完全に又は部分的に既知なものか否かは、当該発明の進歩性の評価に影響を与えない。

２．２．技術効果が予測できると判断される選択発明[(2)]

事例：

組成物Ｙの中のコンポーネントＸの最低含有量を確定したことを特徴とする組成物Ｙの熱安定性の改善についての発明の場合、実際に、この含有量はコンポーネントＸの含有量と組成物Ｙの熱安定性の関係曲線から導き出せるため、この発明には進歩性を有しない。

説明：

このような発明は、既存技術の中から直接に導き出せる選択であるため、この発明は進歩性を有しない。

２．３．技術効果が予測できないと判断される選択発明[(3)]

事例：

⑴中国専利審査指南（2010）第二部第４章第４．２．⑵節。
⑵中国専利審査指南（2010）第二部第４章第４．３．⑶節。
⑶中国専利審査指南（2010）第二部第４章第４．３．⑷節。

「クロロチオギ酸を製造する方法発明」である。クロロチオギ酸を製造する既存技術の引用文献において、原料メルカプタンに対する触媒カルボキシル酸アミド及び／又は尿素の用量比は、0より大きく、100％（mol）以下であり、挙げた例において、触媒の用量比は２％（mol）〜13％（mol）であり、触媒用量比が２％（mol）になったところから、収率が向上することを示している。なお、一般専門技術者も収率を向上させるためにも、触媒用量比を高める方法をよく採用している。本発明では、低めの触媒用量比（0.02％（mol）〜0.2％（mol））を採用して収率を11.6％〜35.7％向上させ、予測された収率範囲を大きく超えたとともに、反応物の処理工程を簡略化した。この発明は進歩性を有する。

説明：

以上の事例のように、選択したことにより発明で予測できない技術的効果を得られる場合、このような発明は予測できない顕著な進歩を有し、進歩性を有する。選択発明の進歩性を判断する際に、選択で与える予測できない技術的効果は主な判断因子となる。

２．４．公知製品の新しい用途発明の進歩性判断(4)

公知製品の新しい用途発明とは、公知製品を新しい目的に用いた発明をいう。公知製品の新しい用途発明の進歩性を判断する時に、通常は、新しい用途と従来用途の技術分野が離れているか近いか、新しい用途でもたらす技術的効果などを考慮する必要がある。

⑴　新しい用途は、公知材料の公知性質を利用しただけの場合、その用途発明には進歩性を有しない。

【例】潤滑油として公知組成物を同一の技術分野に切削剤として用いるような用途発明には進歩性を有しない。

⑵　新しい用途は、公知製品の新規に発見された性質を利用し、かつ予測できない技術的効果を得ている場合、この用途発明は突出した実質的特徴と顕著な進歩を有し、進歩性を有する。

【例】木材殺菌剤に用いられたペンタクロロフェノール製剤を除草剤として用いて、予測できない効果を得ている用途発明は進歩性を有する。

⑷中国専利審査指南（2010）第二部第４章第４．５．節。

２．５．技術効果が当然な傾向のため進歩性を有しないと判断される化合物発明[5]

事例：

既存技術のある殺虫剤Ａ－Ｒにおいて、ＲがＣ$_{1-3}$のアルキル基であり、且つ殺虫効果はアルキル基Ｃ原子数の増加に伴って高まることが指摘されている。ある出願における殺虫剤はＡ－Ｃ$_{4}$Ｈ$_{9}$であって、殺虫効果は既存技術と比べて明らかに高まってあることが開示されている。既存技術では殺虫効果を高める必然的な傾向が指摘されているため、当該出願は進歩性を有しない。

説明：

このような発明の効果は、既知の当然な傾向がもたらすものであるため、本発明は、進歩性を有しない。

２．６．立体異性体の進歩性判断[6]

既存技術において、ある化合物が開示されていれば、該化合物の立体異性体を特許請求する際に、当該立体異性体が予測できない技術効果を有する場合のみ、その進歩性が認められる。

予測できない技術効果は、例えば、一対の鏡像異性体の活性が予想以上に良い、あるいは一対の鏡像異性体の活性がそのラセミ体の活性に相当するが、毒性が非常に低い、あるいは一対の鏡像異性体がそのラセミ体との活性が完全に異なる活性を有するなどである。

進歩性を有する立体異性体を取得する方法も進歩性を有する。

２．７．化合物の誘導体の進歩性判断[7]

化合物の一般的な誘導体は、該化合物の塩、エステル、溶媒和物、プロドラッグなどが挙げられる。異なる誘導体は、異なる物理・化学的特性（例えば、溶解性、溶解速度及び安定性など）を有するが、異なる薬理学的特性を

---

(5)中国専利審査指南（2010）第二部第10章第６．１．(5)節。

(6)『審査操作規程・実質審査分冊』第10章第１．６．２節（2011年２月、知識産権出版社）。

(7)『審査操作規程・実質審査分冊』第10章第１．６．４節（2011年２月、知識産権出版社）。

有することもある。通常、教科書において、いかに非特定的な化合物をさまざまの誘導体に作製し、その技術効果への予測も教示されている。例えば、天然及び合成した有機塩基について、対応するその塩酸塩、硫酸塩又は硝酸塩を形成することによって、通常、水溶性を向上させることができる。

化合物が進歩性を有する場合、その一般的な誘導体も進歩性を有する。

化合物が進歩性を有しない場合、その誘導体の進歩性は主にその技術効果が予測できるか否かによって判断される。例えば、教科書には、化合物をその塩、あるいはエステルに転化すれば、その溶解度が高くなりあるいは低くなると記載されている場合、当該化合物の塩あるいはエステルは進歩性を有しないが、特許請求する化合物の特別な塩あるいはエステルは、当業者が予測できない技術効果を有する場合、進歩性を有することになる。

2．8．医薬組成物の進歩性判断

2．8．1．含量の特徴による進歩性判断[8]

医薬組成物の発明が既存技術に比べて、組成成分の含量に相違があるだけの場合、当業者がその含量の相違を容易に想到することができ、且つ予測できない技術効果がない場合、該組成物は、進歩性を有しない。

事例：

請求項：腸炎を治療するための固体組成物であって、100mgの組成物に0.5～10mgの医薬物X及び薬用キャリアが含まれていることを特徴とする。

明細書には、本発明が低い量の医薬物Xの製剤及び腸炎を治療するための使用に関すると記載されている。本発明は、既存技術における腸炎を治療するため、医薬物Xを使用する際の副作用の欠陥を克服した。

既存技術において、300mg医薬物Xを含む500mg顆粒組成物を毎日二回、患者に投与することで腸炎を治療できると開示されている。

事例解析：

前請求項の発明が既存技術に比べて、医薬物の含量に相違があるだけ。本発明が提供しているのは、腸炎を治療できる低い量の固体組成物である。医薬物の活性成分の含量を減少したら副作用が減るのは、当業者の公知常識であるため、特許請求する組成物がその活性成分の含量の減少により腸

(8)『審査操作規程・実質審査分冊』第10章第2．2．3．(1)節（2011年2月、知識産権出版社）。

炎の治療効果が相応的に減っているなら、当業者が該組成物を容易に想到できる。該請求項は、進歩性を有しない。

２．８．２．二つ以上の活性成分を含む医薬組成物の進歩性[9]

二つ以上の薬学的な活性成分を含む医薬組成物が既存技術に比べて、予測できない技術効果が引き起された場合、例えば、協同効果を起こしたあるいは副作用を低減した場合、該組成物が進歩性を有する。該組成物と既存技術と区別できる技術的特徴が有する機能が、公知された場合、その技術効果を当業者が予測できるもので、該組成物は容易に想到でき、進歩性を有しない。

以下によく見られる進歩性を有しない場合を挙げる：

① 活性が同一又は類似する二つ以上の公知成分の複合使用が、協同効果あるいはその他の予測できない効果を引き起していない場合。

② 二つ以上の活性成分の複合使用が、協同効果あるいは相乗効果のような有意な技術効果を引き起しているが、その協同効果あるいは相乗効果が既存技術から予測することができる場合。

③ 疾患の異なる臨床症状に対して治療効果がある異なる公知の活性成分の複合使用の場合。

事例：

請求項：１：10～10：１のセファロスポリンＡとβ－ラクタマーゼ阻害剤Ｂを含む、複合抗菌性組成物。

引用文献には、セファロスポリンとβ－ラクタマーゼ阻害剤との併用は、通常相乗効果を有することが開示され、特に１：20～20：１のセファロスポリンＣとβ－ラクタマーゼ阻害剤Ｂの併用投与法が開示されている。

事例解析：

前請求項の発明が既存技術に比べて、その相違は以下のとおりである。①本出願は組成物の形式であり、引用文献では併用投与の形式である；②本出願の組成物にはセファロスポリンＡが含まれているが、引用文献ではセファロスポリンＣが含まれている；③セファロスポリンとβ－ラクタマーゼ阻害剤の比率が違う。

---

(9)『審査操作規程・実質審査分冊』第10章第２．２．３．(3)節（2011年２月、知識産権出版社）。

併用投与の方式から複合の医薬組成物に変更することは、本技術分野の公知常識であり、セファロスポリンAとセファロスポリンCとの置換も本技術分野の慣用手段である。更に、引用文献には、セファロスポリンとβ－ラクタマーゼ阻害剤の併用は、通常相乗効果を有すると開示された。従って、該請求項は、突出した実質的特徴及び顕著な進歩有しないため、進歩性を有しない。

2.8.3. 剤型の特徴による進歩性判断[10]

普通製剤は、通常、錠剤、カプセル剤、丸剤、注射剤、シロップ剤、顆粒剤、経口液剤、又はパッチなどを指し、徐放製剤が含まない。特許請求する医薬組成物が既存技術に比べて、その相違点が剤型の変更のみであり、その優れた技術効果は剤型そのものが有するものであり、且つ当業者が該製剤を製造するのに困難を有していない場合、該医薬組成物の製剤は、容易に想到でき、進歩性を有しない。

変更後の医薬製剤の用途が既存技術と本質的な相違がある場合としても、該医薬製剤そのものは、通常進歩性を有しない、なぜなら、用途の変化が剤型の変化に引き出されたものではない。

事例：

請求項：アスピリンと、デンプン、スクロース、ラクトース又は微結晶性セルロースから選択される希釈剤と、ステアリン酸、ステアリン酸マグネシウム、滑石粉から選択される潤滑剤、を含む充填剤を特徴とする、心臓血管疾患を治療するためのカプセル剤。

明細書の記載によると、本発明はアスピリンが心血管疾患の治療活性を有することを発見した。既存技術には、アスピリン錠剤が解熱鎮痛薬として一般的に使用することが開示されている。

事例解析：

本発明に特許請求する心臓血管疾患を治療するためのカプセル剤について、カプセル剤は活性成分の匂いなどが改善できるなどの優れた特徴があるので、当業者は錠剤からカプセル剤に変更する動機がある。また、本発明のアスピリンのカプセル剤の用途が既存技術から予測できないが、剤型の変化に引き出されたものではない。従って、該請求項は進歩性を有しな

(10)『審査操作規程・実質審査分冊』第10章第2．2．3．(4)節（2011年2月、知識産権出版社）。

い。

ただし、該アスピリンカプセル剤は、既存技術に対して新規な治療用途を有するので、心臓血管疾患を治療するための医薬物の製造におけるアスピリンの使用の発明については、進歩性を有する。

２．９．進歩性の拒絶理由に対する追加実験データ(11)

出願人は進歩性の拒絶理由に対して、特許請求する発明が予測できない用途あるいは使用効果を証明するために証拠を提出する際に、以下の原則に従って考慮しなければならない。

① 該証拠は、比較実験の証拠あるいはその他の同類の証拠でなければならない。例えば、出願人は、既存技術の証拠（本技術分野の公知常識）を提出して、特許請求する発明の用途あるいは効果が予測できないことを証明する場合。

② 該証拠が特許請求する範囲と対応しなければならない。

③ 比較実験の効果証拠は、元の明細書に明確に記載し且つ相応の実験データを挙げている技術効果に対するものでなければならない。例えば、元の明細書において、技術効果について結論的なあるいは断言的な記載があるが、効果実験データによって証明されていない場合、出願人が出願日以降にあるいは拒絶理由通知書を応答する際に、該技術効果を証明するため提出した実験データあるいは効果実施例は、受け入れられない。

④ 比較実験は、特許請求する発明と最も類似した既存技術の間に行わなければならない。

事例：

明細書において、発明はＡ、Ｂ及びＣの三つの技術効果があると記載され、且つ実験データによってＡとＢの二つの技術効果が証明されて、実験データによってＣの技術効果が証明されていない。既存技術によってＣの技術効果が予測できない。引用文献において、ＡとＢの二つの技術効果を有する類似の発明が開示されているため、審査官は本発明が進歩性を有しないとの拒絶理由を発行した。出願人は、拒絶理由を応答する際に、本発明は引用文献に記載の発明と比べ、予測できないＣの技術効果があるとの実験データを提出

(11)『審査操作規程・実質審査分冊』第10章第２．１．２．２．節（2011年２月、知識産権出版社）。

した。

事例解析：

出願人は、拒絶理由を応答する際に、本発明は引用文献に記載の発明と比べ、予測できないCの技術効果があるとの実験データを提出したが、元の明細書に当該技術効果を証明できる関連内容がないし、既存技術から予測もできないため、該Cの技術効果を証明する実験データは受け入れてはならない。即ち、該追加実験データは、本願発明の進歩性を証明するための根拠にならない。

3. 審決・判決の事例説明

3.1. 製薬用途発明の進歩性がないと判断された審決事例

2010年1月20日に、中国特許復審委員会は第21752号復審決定を下した[12]。当該復審決定において、米国出願人ワイス株式会社（Wyeth K. K.）の中国出願番号01818926.1、公開番号CN1678312A（PCT国際出願番号PCT／US2001／047324、PCT出願日2001年11月13日）の出願に関する復審請求の拒絶審決が下された。審決の主な理由は、製薬用途発明が進歩性を有しないことである。出願人は審決取消訴訟を提起していないため、拒絶査定は確定した[13]。

3.1.1. 拒絶査定の概要

本件特許出願の発明の名称は、"抗腫瘍剤としてのCCI-779の使用" である。本発明は、腫瘍の治療におけるCCI-779の使用に関する。

2007年11月9日に、審査官は、特許法第22条第3項の進歩性規定を満たさないとして、本件出願について拒絶査定を下した。

拒絶査定となった主な理由は、①複数の引用文献において、既にCCI-779の癌細胞への抑制作用及びCCI-779が神経膠芽細胞腫、前立腺癌、結

(12) http://app.sipo-reexam.gov.cn/reexam_out/searchdoc/search.jsp、中国国家知識産権局専利復審委員会の前記ウェブサイトに復審決定号を入れれば、中国語原文の復審決定が得られる。（最終参照日：2014年2月5日）。

(13) http://www.sipo.gov.cn/ztzl/ywzt/zlfswjdpx/201205/t20120529_699310.html、中国国家知識産権局ホームページに開示された専利復審委員会の復審決定の解説事例。（最終参照日：2014年2月5日）。

腸癌、リンパ癌、小細胞肺癌、悪性黒色腫及び腎臓癌に対する治療効果を奏することが記載されている。②本願発明が引用文献との相違点は、CCI-779がその他の癌に対する治療効果があることである。③引用文献の開示によって、当業者は、治療のため及びより多い癌治療薬の選択のため、CCI-779をその他の腫瘍に使用するのは、容易に想到できる。従って、本願の発明は、自明であり、且つ予測できない有意な技術効果を有しないため、進歩性規定を満たさない。

３．１．２．復審請求の審理及び審決

出願人は、2008年２月25日に拒絶査定に対して復審を請求した。請求項について補正し、以下のように難治性癌を追加し更に限定した。

補正後の独立請求項は「「哺乳動物における難治性癌の治療のための医薬の調製における、３－ヒドロキシ－２－（ヒドロキシメチル）－２－メチルプロピオン酸とのラパマイシン42－エステル（CCI-779）の使用であって、該難治性癌が乳癌、肺の神経内分泌腫瘍、及び頭頚部癌より選択されるところの使用」である。

更に、出願人は、引用文献には、CCI-779がさまざまの癌に対して治療できることが記載されておらず、且つ難治性癌に対して治療できる教示もない；また、難治性癌は一般的な治療において反応せず、一般的な標準治療方法が治療できない腫瘍を指す；の復審請求の理由で、補正後の請求項の進歩性を主張した。

前記の補正及び復審請求の理由に対して、前置審査において、審査官は以下の拒絶理由を持って拒絶査定を維持していた。癌治療において、より多い選択できる医薬を得るため、特に本願発明の公知化合物が既に乳癌などの癌に対する治療効果を奏することが開示された場合、当業者は抗癌活性を有する公知の化合物を各種癌の治療に試してみることが容易に想到できる。更に、本願明細書から、本発明の化合物は、難治性の乳癌、肺の神経内分泌腫瘍及び頭頚部癌に対する予測できない治療効果が得られたとは言えないため、補正後の請求項が依然として進歩性を有しない。

復審委員会は合議審理を行い、以下の復審通知書を発行した。補正後請求項に記載の発明と引用文献の内容との相違は、CCI-779が「難治性癌」に対する製薬における用途である。本願明細書に記載の難治性癌は、標準治療方法を経て依然として癌が進展する腫瘍である。引用文献において、

CCI-779が乳癌、小細胞肺癌などの多数の癌に対する治療効果を奏することが記載されて、その治療のメカニズムも開示された。癌の異なる段階において、前記メカニズムが適用される可能性があるので、当業者は、標準治療方法を与えた後でも、CCI-779を使用して、難治性癌を治療してみることを容易に想到できる。更に、CCI-779が難治性癌への治療の予測できない技術効果がある証拠もない。従って、当該発明は進歩性を有しない。

出願人は、前記の復審通知書について、補正せずに以下のように反論した。一部の引用文献に開示されたCCI-779の特定な癌への治療効果などは予測的なものだけであり、具体的な試験を行っていない。当業者は、具体的な実験を行わないと、その他の非難治性癌を治療する方法で本願に記載の難治性癌を治療できるとは予測できない。更に、引用文献にはCCI-779がいろんな腫瘍に対する治療効果が開示されたが、本願発明に限定する癌では開示されていない。一部の腫瘍に治療効果があるとしてもその他の腫瘍に同様に治療効果があるとは言えない。従って、補正後の請求項は進歩性を有する。

復審委員会は前記の反論を認めず、本願の拒絶査定を維持した。

3.1.3. 復審委員会の事例説明

本願発明の進歩性の有無について、引用文献にはCCI-779が難治性の乳癌、肺の神経内分泌腫瘍、及び頭頚部癌への使用の技術示唆を有するか否かにより、判断されている。

具体的に、本願発明は、典型的な製薬用途発明に属している。このような発明の進歩性を判断する際に、CCI-779を例として、以下の場合が存在する可能性がある。

① 既存技術にCCI-779が具体的な難治性癌を治療できることが直接に開示された場合、進歩性は当然有していなく、新規性さえも有しない。

② 既存技術にCCI-779が難治性癌を治療するメカニズムが開示されたが、直接にCCI-779が具体的な種類の難治性癌を治療できることが開示されていない場合、ある具体的な癌を治療できない反証がなければ、当該具体的な癌への製薬用途発明は進歩性を通常有しない。

③ 既存技術にCCI-779が癌を治療するメカニズムが開示され(ただし、該メカニズムが難治性癌に適応するか否かは未知である)、且つCCI-779が多数の異なる種類の癌を治療できる場合（ただし、難治性癌を

治療できるか否かは未知である)、当業者は、癌細胞が前記メカニズムにより制御されていることを推測できるなら、前記メカニズムが当該癌に適応できない証拠を提出しない限り、当該癌が難治性癌であるか否かに関わらず、CCI-779を使用して治療してみることを容易に想到できる。

④　既存技術にCCI-779が癌を治療するメカニズムが開示されず、且つCCI-779が難治性癌を治療できることも開示されていない場合、当業者が、CCI-779がその難治性癌に使用し治療してみる技術的な示唆がないと考え、当該発明は進歩性を有すると判断される。

３．１．４．考察及び留意点

本願は中国において以上の経緯で特許法第22条第３項の進歩性規定を満たさず、拒絶が確定した。同出願人の同発明に対応する日本出願（特願2002－542375、特表2004－517065）を調べた結果、日本特許法第29条第２項、第36条第６項などの拒絶理由で、拒絶査定となったが、審判を経て、補正したクレームに対して、前置審査において特許された。

日本で特許された独立請求項は、「哺乳動物における難治性癌の治療のための医薬の調製における、３－ヒドロキシ－２－（ヒドロキシメチル）－２－メチルプロピオン酸とのラパマイシン42－エステル（CCI-779）の使用であって、該難治性癌が肺の神経内分泌腫瘍、又は頭頚部癌より選択されるところの使用」である。

日中両国の医薬用途発明の進歩性判断の相違がこの事例で見える。ただし、通常、筆者の経験によると、医薬分野以外の出願において、日本で進歩性を認めた発明が中国では進歩性がないと判断された事例は少ない。

３．２．製薬用途発明の進歩性があると判断された審決事例

2004年７月19日に、中国特許復審委員会は第4979号復審決定を下した[12]。当該復審決定において、米国出願人セプラコア社の中国出願番号951977136.X、公開番号CN1176598A（PCT国際出願番号PCT／US1995／015995、PCT出願日1995年12月11日）の出願に関する復審請求の容認審決が下された。主に進歩性が有しないに関する拒絶査定が取消され、再びの審査により本願の製薬用途発明が特許された[14]。

3．2．1．拒絶査定の概要

本件特許出願の発明の名称は、“デスカルボエトキシロラタジンを用いるアレルギー性鼻炎及び他の疾患の治療のための方法及び組成物”である。本願発明は、非鎮静抗ヒスタミン薬の投与に関連した副作用の付随的障害を回避しつつ、ロラタジンの代謝誘導体であるデスカルボエトキシロラタジン（DCL）を用いてアレルギー性鼻炎又は他の障害を治療する方法に関する。

拒絶査定となった独立請求項は、治療的有効量のDCL又はその医薬上許容される塩がアレルギー性鼻炎を治療する医薬物の製造における使用を特許請求しようとしている。ロラタジンはアレルギー性鼻炎を治療する際に副作用が起こすが、本願発明では、前記副作用を減らす同時にアレルギー性鼻炎を治療する非鎮静性医薬物を提供する。

既存技術は、既にDCLがロラタジンの代謝誘導体であり且つ抗ヒスタミンの活性を有することを開示した。

2003年5月9日に、審査官は、特許法第22条第3項の進歩性規定を満たさないとして、本件出願について拒絶査定を下した。拒絶査定となった主な理由は、DCLはロラタジンの代謝誘導体であり且つ非鎮静性抗ヒスタミン剤であるため、当業者は、DCLをアレルギー性鼻炎に使用させることを容易に想到できる。従って当該発明は進歩性を有しない。

3．2．2．復審請求の審理及び審決

出願人は、2003年8月20日に拒絶査定に対して復審を請求し、審査段階で主張してきた以下の同様な理由で再び主張した。

① 出願人は、添付資料を添付し、ヒスタミン受容体はＨ１以外にＨ２など複数の受容体も存在することを説明且つ証明した。化合物の異なる受容体に対する選択は、その臨床応用に影響する。当業者は非アレルギー性疾患を治療するために、Ｈ１アンタゴニストを使用するのが公知常識である。従って、抗ヒスタミン剤がＨ１アンタゴニストであるか否かの確認は、判断のポイントである。引用文献には、DCLが

⒁ http://www.sipo.gov.cn/ztzl/ywzt/zlfswjdpx/200807/t20080710_410936.html、中国国家知識産権局ホームページに開示された専利復審委員会の復審決定の解説事例。（最終参照日：2014年2月5日）。

抗ヒスタミン活性を有することは開示されたが、Ｈ１アンタゴニストであることが開示されていないし、どのようなアレルギー性疾患を治療できるのかも開示されていない。

② 代謝誘導体がその親化合物と必ずしも同じ作用を有することではない、例えは、親化合物が活性を有しても代謝誘導体が活性を有しない場合もよくある。従って、DCL はロラタジンと同じ作用を有することを容易に想到できない。

③ 本願明細書には、DCL がＨ１アンタゴニストであることの確認をしただけではなく、DCL はロラタジンより優れたアレルギー性鼻炎を治療する効果があることを開示した。

復審委員会は合議審理を行い、前記の理由を認め、本願の拒絶査定を取消した。審査部に戻って、再びの審査により、以下の独立請求項１が特許された。

“請求項１：治療的有効量の DCL 又はその医薬上許容される塩がアレルギー性鼻炎を治療する同時に、非鎮静性抗ヒスタミン薬の投与に関連した副作用を回避できる医薬物の製造における使用。”

３．２．３．復審委員会の事例説明

審査基準によると、公知物質の新規用途の進歩性判断について、公知物質の性能、効果、及び新性能と物質そのものの特徴との関連性、の三つの角度から考慮しなければならない。本出願に特許請求する発明は、DCL がアレルギー性鼻炎を治療する医薬物の製造における使用である。まず、DCL は既存技術から公知物質であると認定され、更に当業者が、DCL が抗ヒスタミン薬として使用できることを公知している。

本事例の争点は、DCL がロラタジンの代謝誘導体であり、且つ抗ヒスタミンの活性を有する既存技術から、本発明を容易に想到できるか否かである。

本審決に至った経緯として、まず、ヒスタミン受容体はＨ１以外にＨ２など複数の受容体も存在する、当業者は非アレルギー性疾患を治療するために、Ｈ１アンタゴニストを使用するのが公知常識である。即ち、抗ヒスタミン剤がＨ１アンタゴニストであることを確定しなければ、アレルギー性鼻炎を治療できることを容易に想到できない。また､既存技術において、DCL が抗ヒスタミン活性を有するとしても、Ｈ１アンタゴニストである

ことが開示されていない。本願において初めてＨ１アンタゴニストであることを確認した。更に、既存技術において、DCL がロラタジンの代謝誘導体であり且つロラタジンがアレルギー性鼻炎を治療できることが開示されたが、代謝誘導体がその親の化合物と必ずしも同じ作用を有することではないので、当業者は、DCL はロラタジンと同じ作用を有することを容易に想到できない。進歩性判断における“後知恵”という過ちを避けるべきである。

本願発明が進歩性を有すると判断されたもう一つ重要な理由は、本願明細書には、実施例により、DCL はロラタジンより優れたアレルギー性鼻炎を治療する効果があると開示された。このような効果では、その構造から当業者は予測することができない。従って、既存技術に比べて請求項１の発明は、突出した実質的特徴及び顕著な進歩を有し、特許法第22条第３項の進歩性規定を満たしている。

３．２．４．考察及び留意点

本願は中国において前記の請求項１などの発明が特許された。同出願人の同発明に対応する日本出願（特願平８－521002、特表平10－512240）を調べた結果、日本特許法第29条第２項、第36条第６項などの拒絶理由を経て、特許査定となった。

日本において特許された請求項１は以下にある。

“請求項１：DCL 又はその医薬上許容される塩の治療的有効量を含み、非鎮静抗ヒスタミン薬の投与に関連した副作用の付随的障害を回避しつつ、ヒトにおけるアレルギー性鼻炎を治療するために使用される医薬組成物であって、１日あたり0.1～５㎎の量の DCL の投与に適合した該医薬組成物”。

日中の審査実務の相違により、中国の製薬用途発明のスイスタイプクレームに対して、日本では医薬組成物クレームになっている。日本において、進歩性を満たすために、審査段階で DCL の投与量を追加限定していたが、中国では、対応するスイスタイプの製薬用途クレームにおいて、前記の具体的な投入量が限定せずに、進歩性を有することを判断された。また、前文に既に紹介したように、投入量の限定は、製薬用途クレームに対して限定にならない特徴でもある。

第４節　サポート要件に関する拒絶理由

1.　関連規定

１．１．特許法第26条第４項の規定

“特許請求の範囲は、明細書を根拠とし、明りょう且つ簡潔に特許の保護を求める範囲を記載しなければならない。”

１．２．審査基準の関連規定

特許審査基準第２部第２章第３．２．１節に、以下の追加規定がある。

“特許請求の範囲が明細書を根処にしなければならないとは、特許請求の範囲が明細書にサポートされなければならないことを指す。特許請求の範囲の各請求項に記載の発明は、当業者が明細書に十分に開示された内容から得られ、又は概括して得られる発明でなければならず、且つ明細書に開示された範囲を超えてはならない。”

１．２．１．許される概括

“もし当業者が明細書に記載されている実施態様のすべての同等な代替方式又は明らかな変形方式がすべて同一の性能又は用途を有することを合理的に予測できる場合は、請求項の保護範囲をそのすべての同等な代替方式又は明らかな変形方式を含むよう概括することを出願人に許すべきである。請求項の概括が適切であるか否かについて、審査官はそれに関連する既存技術を参照して判断を行わなければならない。パイオニア発明については、改良発明よりも広い範囲への概括が許される。”

１．２．２．許されない概括

“上位概念に概括され又は並列の選択方式に概括された請求項については、このような概括が明細書にサポートされているか否かを審査しなければならない。請求項の概括が、出願人が推測した内容を含んでおり、その効果を予め確定し又は評価することが困難であるときは、このような概括は明細書に開示された範囲を超えていると認定すべきである。請求項の概括によって、当業者が、その上位概念又は並列の選択方式に包含される一

又は複数の下位概念又は選択方式では、特許発明が解決しようとする技術的課題を解決し同様な効果を得ることができないと疑う理由を有するときは、その請求項は明細書にサポートされていないと認定する。”

1．2．3．機能的あるいは効果的特徴による限定

“通常、製品クレームに対して、機能的あるいは効果的特徴を用いて発明を限定することはなるべく回避すべきである。ただし、ある技術的特徴は構造的特徴によって限定できない、又は技術的特徴が構造的特徴によって限定するよりも、機能的あるいは効果的特徴を用いて限定するほうがより適切であって、かつ該機能あるいは効果は明細書に定めた実験あるいは操作あるいは所属技術分野の慣用手段により、直接的かつ肯定的に検証できる場合に限り、機能的あるいは効果的特徴を用いて発明を限定することは許される。”

1．2．4．機能的限定がカバーする範囲

“請求項に含まれる機能的限定の技術的特徴は、記載された機能を実現できるすべての実施態様をカバーしていると理解すべきである。機能的限定の特徴を含める請求項に対して、該機能的限定が明細書にサポートされているかを審査しなければならない。”

“また、明細書には曖昧な方式だけでその他の代替的態様も適用でき得ると記載しており、当業者にとって、これら代替的態様が何なのか、又はどのようにこれら代替的態様を応用すればよいかが不明りょうである場合は、請求項のなかの機能的限定も許されない。なお、単なる機能的請求項は、明細書にサポートされないため、これも許されない。”

1．2．5．数値範囲のサポート規定

“請求項において、背景技術に対する改善で数値範囲に関わっている場合に、通常は、開始値及び終了値の近辺における実施例（開始値と終了値が望ましい）を示すべきである。数値範囲が広い場合に、少なくとも中間値における実施例を１つ示さなければならない。”

2. 審査事例

２．１．上位概念への概括

２．１．１．明細書にサポートされていない事例(1)

請求項：植物ウイルス抑制剤としての化合物Ａの使用。

明細書には、該化合物の植物ＴＭＶウイルスへの抑制作用の効果実験データのみが開示されている。

事例分析：

植物ウイルスには、例えばTMV、PXV、CMV、PYV、TNVなどが含まれるのが、それぞれの発病機構では完全に異なる。当業者は明細書の記載により、前記の化合物Ａが全ての植物ウイルスに対する抑制活性を有することを予測できない、即ち、請求項の発明には出願人の推測する内容も含まれ、且つその効果も確定できない。従って、前記の請求項は、明細書によりサポートされていない。

２．１．２．明細書にサポートされている事例(2)

請求項：変形固定板であって、柔軟性材料からなる外層…などを有する。

明細書には、変形固定板の柔軟性材料の外層は、固定板の内部材料による皮膚へのかすり傷を防止するために設置されていることが記載されている。そして、明細書に外層が“発泡体”である変形固定板しか記載されていない。

事例分析：

明細書には外層が“発砲体”である変形固定板しか記載されていないが、請求項には柔軟材料の上位概念に概括されている。当業者は、例えば綿布、織布などその他の柔軟材料も変形固定板の外層として使用され、明細書の発泡体のみに限定されないことを容易に想到できる、且つ、これらの柔軟材料は共に期待の技術効果を達成できるので、該請求項は明細書にサポートされている。

---

(1)『審査操作規程・実質審査分冊』第２章第２．２．１節の案例２（2011年２月、知識産権出版社）。

(2)『審査操作規程・実質審査分冊』第２章第２．２．１節の案例３（2011年２月、知識産権出版社）。

2．2．数値範囲の概括(3)

請求項：蛋白質分解酵素Aが蛋白Yを分解する方法であって、酵素分解反応液の pH 値は5.0～8.0。

明細書には、酵素分解反応液のｐＨ値は7.5の実施例のみが開示されている。

事例分析：

既存技術において、蛋白質分解酵素Aは通常、アルカリ性条件で分解反応を行う。よって、当業者は明細書に記載の pH7.5の実施例から酸性条件の pH5.0からアルカリ性条件の pH8.0までの範囲の全ては当該発明を実施できることを合理的に予測できない。従って、前記の数値範囲が明細書にサポートされていない。

2．3．機能的あるいは効果的な特徴による限定する事例(4)

請求項:カプセルに包まれる塩酸ベンラファキシンの徐放性製剤であって、前記製剤が、150ng／mlの血清ピーク濃度且つ24時間を持続できる治療有効な血中濃度を提供できることを特徴とする。

事例分析：

前記請求項には、徐放性製剤を使用した後に達する効果が記載されているだけで、該徐放性製剤の製品としての技術的特徴が記載さていない。このような記載は、該技術効果を実現できる全ての発明をカバーするが、当業者は、明細書における具体的な実施態様から、該技術効果を実現できる全ての実施態様を想到することができないので、当該請求項は明細書にサポートされていない。

2．4．薬理機構により限定する製薬用途クレーム(5)

薬理機構により限定する製薬用途クレームにおいて、特許請求する製薬用途あるいは医薬物の活性は、発病機構、作用機序、薬理活性などの特徴によって限定されている。

---

(3)『審査操作規程・実質審査分冊』第２章第２．２．３節の案例（2011年２月、知識産権出版社）。

(4)『審査操作規程・実質審査分冊』第２章第２．２．２節の案例５（2011年２月、知識産権出版社）。

(5)『審査操作規程・実質審査分冊』第10章第２．３．２節（2011年２月、知識産権出版社）。

例えば、

“NK１受容体拮抗薬と関連する疾患の医薬物の製造における化合物Ａの使用”

“プロテアーゼＢ阻害剤の製造における組成物Ｃの使用”

“５-HT２受容体拮抗活性医薬物の製造における物質Ａの使用”など。

(1)　薬理機構により限定する製薬用途クレームにおいて、機構と疾患との間に対応関係を有しなければならない。

①　公知の作用機序あるいは薬理活性が疾患との対応関係は開示された場合、例えば、カルシウム拮抗剤（CCB）は心血管疾患の治療剤として使え、血管拡張剤は降圧の治療剤として使えるなどの場合、明細書に効果実験データは当該医薬物が当該作用機序により機能していることを証明できれば、十分な開示要件は満たされることになる。

②　新しい作用機序と疾患との対応関係は既存技術に開示されていない場合、明細書において効果実験データにより前記の対応関係を証明しなければならない。そうでなければ、当業者は、当該作用機序と具体的な疾患とつなぐことができない。当該作用機序への作用は、特定な疾患を治療できることが実施できないので、当該明細書は、十分な開示要件を満たしていない。明細書に前記の対応関係を証明する効果実験データが記載された場合でも、具体的な適応症により限定された製薬用途クレームしか認めない。なぜなら、当業者は、既存技術及び明細書の記載から当該作用機序がその他の疾患に関わっているか否かを予測することができない。こうした作用機序により限定される請求項は、明細書からサポートされていない。

事例：

請求項：あるキニンが仲介する疾患の医薬物の製造における化合物Ｘの使用。

明細書において、化合物Ｘがあるキニンの受容体と結合できることが記載されている。

説明：既存技術あるいは本願明細書から前記キニンがどのような疾患と関連していることが明確に開示されていない場合、明細書における該用途発明の開示が不十分である。中国特許法第26条第３項の十分な開示要件を満たしていない。

(2)　薬理機構が異なるが、同じ疾患を治療している製薬用途クレームが新規性を有しない。

薬理機構は、単に疾患を治療できる理由への発見である、薬理機構が異なるとしても、治療できる疾患が同様であれば、新規性を有しない。

2．5．生物配列の誘導体を含む製品クレーム

バイオ分野において、出願人は一つの具体的生物配列に基づいて、該配列の同源性、同一性、置換、欠失もしくは付加された、あるいはハイブリダイズするなどの限定方式によって非常に広い範囲を特許請求する場合がよくある。このような限定方式についてのサポート要件の審査は以下のように行う[6]。

同源性、同一性、置換、欠失もしくは付加された、あるいはハイブリダイズするなどの限定方式によって限定する生物配列の製品クレームについて、機能的限定が含まれていなければ、当該請求項は、明細書にサポートされていないと判断される。

例えば、機能的限定が含まれている場合でも、明細書に前記対応する具体的な配列の例示を挙げていなければ、該請求項は明細書にサポートされていない。

更に、明細書に前記対応する具体的な配列の例示を挙げている場合でも、当該具体の事例から合理的に請求項の保護範囲を予測できるか否かについて考慮されるべきである。

2．5．1．明細書に具体的な例示がない場合[7]

生物配列の繊細な相違はその機能を変化あるいは喪失させる場合がある。従って、ある遺伝子あるいは蛋白質について、その配列以外の誘導体も同じ機能を持つか否かについて、対応する証拠により証明しなければならない。もしも明細書において、対応する配列の例示が記載されていない場合、変異体を特許請求する遺伝子あるいは蛋白質の請求項は明細書にサポートされていない。

事例：

(6)『審査操作規程･実質審査分冊』第10章第４．４節（2011年２月、知識産権出版社）。
(7)『審査操作規程・実質審査分冊』第10章第４．４．２．１節の案例（2011年２月、知識産権出版社）。

請求項：核酸分子であって、①配列番号１に対する相同性がＸ％以上である核酸分子；②配列番号２に示されたアミノ酸配列において１若しくは数個のアミノ酸が置換、欠失若しくは付加されたアミノ酸配列をコードする遺伝子；③配列番号１とストリンジェントな条件下でハイブリダイズし得る核酸分子；且つ前記全ての核酸分子がＡ酵素活性を有するタンパク質をコードする遺伝子である。

事例分析：

前記請求項の①、②及び③は、それぞれ「同源性」、「置換、欠失もしくは付加された」、及び「ハイブリダイズする」などの限定方式により限定する配列製品クレームである。これらの遺伝子は元の配列番号１の遺伝子と一定的な類似性があるが、配列構造上の相違もある。核酸配列の変化によってコードするアミノ酸配列も変化するので、蛋白質の空間的な構造を影響する恐れがある。従って、Ａ酵素活性を有する蛋白質をコードできる配列番号１以外に、Ａ酵素活性を有する蛋白質をコードできる、その他の「同源性」、「置換、欠失もしくは付加された」、あるいは「ハイブリダイズする」などの限定方式により限定する核酸分子の存在があるか否かを、実験データで証明しなければならない。明細書にその他の核酸分子の例示を挙げていない場合は、当業者はこのような核酸分子の存在を確認できないので、前記の請求項は明細書にサポートされていない。

２．５．２．明細書に具体的な例示がある場合(8)

同源性、同一性、置換、欠失もしくは付加された、あるいはハイブリダイズするなどの限定方式によって限定する生物配列の製品クレームについて、例えば、明細書に具体的な配列の例示を挙げている場合でも、当該具体の事例から合理的に請求項の保護範囲を予測できない場合は、明細書にサポートされていない。

事例：

請求項：配列番号２に対する相同性が70％以上であるポリペプチドであって、Ａ酵素活性を有するポリペプチドである。

明細書において、配列番号２は出願人が単離したＡ酵素活性を有するも

(8)『審査操作規程・実質審査分冊』第10章第４．４．２．２節の案例（2011年２月、知識産権出版社）。

のであり、その長さは100aaである。更に、明細書において、配列番号２に対する相同性が98％であるＡ酵素活性を有するポリペプチドも開示されている。ただし、Ａ酵素活性のドメインのアミノ酸配列が開示されていない。

事例分析：

配列番号２の長さは100aaである、配列番号２に対する相同性が70％以上であるポリペプチドの範囲はとても広いが、相同性が98％以上であるポリペプチドの範囲は比較的に小さい。アミノ酸配列の繊細な変化により空間構造的な変化を行う可能性があり、更に機能的な変化も至れる。従って、当業者は、配列番号２に対する相同性が70％以上である全てのポリペプチドは、Ａ酵素活性を有することを予測できない。従って、前記の請求項は、明細書にサポートされていない。

3．審決・判決の事例説明

3．1．機能限定で記載された請求項が明細書に支持されると判断された審決事例

2012年１月12日に、中国特許復審委員会は第39218号復審決定を下した[9]。当該復審決定において、出願人日本たばこ産業株式会社の中国出願番号200610100648.1、公開番号CN101028519B、出願日2000年８月30日の出願に関する復審請求の容認審決が下された、具体的に、機能限定で記載された請求項が明細書に支持されていると判断し、拒絶査定が取り消された。本出願は再びの審査を経て、特許権が付与された[10]。

3．1．1．拒絶査定の概要

本件特許出願の発明の名称は、"免疫性疾患を治療する医薬組成物"である。本発明は、免疫性疾患を治療する医薬組成物に関し、具体的にAILIM（JTT－１抗原、JTT－２抗原、ICOS及び８Ｆ４とも呼ぶ）に対す

(9) http://app.sipo-reexam.gov.cn/reexam_out/searchdoc/search.jsp、中国国家知識産権局専利復審委員会の前記ウェブサイトに復審決定号を入れれば、中国語原文の復審決定が得られる。（最終参照日：2014年２月５日）。

(10) http://www.globalipdb.jpo.go.jp/judgment/3152/、日本特許庁の前記のウェブサイトの一部の記載内容を参考していた。（最終参照日：2014年２月５日）。

る抗体が、関節リウマチや変形性関節症などの関節症、移植片対宿主病、移植免疫拒絶、炎症（肝炎や炎症性腸疾患）、外来抗原による免疫感作により惹起される該抗原に対する抗体の過剰産生を伴う疾患症状に対して有意な治療効果を有することを見出した。

拒絶された請求項１は、「医薬組成物の製造おけるAILIMに結合する抗体、あるいはその一部の用途であって、前記医薬組成物は、移植片対宿主反応、及び移植片対宿主反応、あるいは組織若しくは臓器の移植に伴う免疫拒絶を抑制、治療あるいは予防し、前記抗体あるいはその一部は、活性化したＴ細胞の増殖を抑制し、あるいは活性化したＴ細胞によるサイトカインの産生を抑制する活性を有する前記用途。」である

2010年10月15日に、審査官は、特許法第26条第４条の規定に基づいて、前記請求項が明細書にサポートされていないとして、本件出願について拒絶査定を下した。

具体的に、以下の理由を挙げている。請求項１は、製薬用途を特許請求しようとする。その中に、「AILIMに結合する抗体、あるいはその一部」及び「活性化したＴ細胞の増殖を抑制し…」の機能限定は特定な具体的な態様によって実現した、即ちＢ10.5ハイブリドーマが産生する抗体によって実現したのである。①当業者は、Ｂ10.5ハイブリドーマが産生する抗体以外の異なる構造の抗体あるいはその一部が、AILIMに結合できれば、必ず移植片対宿主反応及び移植免疫拒絶などを治療あるいは予防できることが確定できない。②更に、当業者は、明細書に挙げた具体的な実施態様以外に、どのような活性化したＴ細胞の増殖を抑制できるが、どのようなAILIMに結合する抗体、あるいはその一部があるが、且つそれらが本願の技術効果を実現できるのか、を確定できない。

３．１．２．復審請求の審理及び審決

出願人は、2011年１月30日に拒絶査定に対して復審を請求した。復審段階において、出願人は、元の請求項１のAILIM抗体をAILIMモノクローナル抗体に限定し、且つ抗体の一部を「F（ab'）２、Fab'、Fab、Fv、sFv、あるいはdsFv」と限定した。更に証明文献を提出し、以下の理由で特許性を主張していた。

① 移植片対宿主反応及び移植免疫拒絶は、ドナー／宿主細胞の活性化、即ち、Ｔ細胞の増殖あるいはＴ細胞によるサイトカインの産生によっ

て引き起こされるものである。従って、T細胞の増殖あるいはT細胞によるサイトカインの産生を抑制することによって、移植片対宿主反応及び免疫拒絶を治療できる。

② 本願明細書の複数の実施例によって、B10.5、SA12などの抗体が活性化したT細胞の増殖あるいは活性化したT細胞によるサイトカインの産生を抑制することによって、発明の技術効果を達成した。これらの実験データから、当業者は類似する抗体が類似する作用を発揮し、同様な技術効果を達成できることを合理的に予測できる。

③ 当業者は、公知するAILIMのアミノ酸配列及び公知するハイブリドーマの抗体作製技術によって、AILIMモノクローナル抗体を作製することができる。更に、本願明細書の教示によってT細胞の増殖あるいはサイトカインの産生を抑制できる抗体を選択することができる。

前記の補正及び意見陳述に対して、復審委員会の合議審理により、以下の理由で本件の拒絶査定が取り消された。

請求項に含まれる機能的限定の技術的特徴は、記載された機能を実現できるすべての実施形態をカバーしていると理解すべきである。明細書には、請求項に限定した機能を実現できる幾つの具体的な実施態様が列挙された場合、且つ当業者が既存技術から該機能をその他の代替的態様により実現できることを合理的に予測できれば、請求項の機能限定の限定方式を認めるべきである。

本願において、請求項1はAILIMに結合するモノクローナル抗体あるいはその一部の製薬用途を特許請求しようとしている。①B10.5、SA12などの複数抗体が活性化したT細胞の増殖あるいは活性化したT細胞によるサイトカインの産生を抑制することによって発明の技術効果を達成できている。当業者は、移植片対宿主反応及び、移植片対宿主反応あるいは組織あるいは臓器の移植に伴う免疫拒絶はドナー／宿主細胞の活性化、即ち、T細胞の増殖あるいはT細胞によるサイトカインの産生によって引き起こされるので、“活性化したT細胞の増殖を抑制する…”機能は必然的に移植片対宿主反応及び免疫拒絶に対して一定の治療作用を有し…AILIMに結合するモノクローナル抗体が“活性化したT細胞の増殖を抑制する…”機能を有することは合理的に予期できる。②当業者は通常のハイブリドーマ技術で、創造的な労力を要せずに、どのようなモノクローナル抗体がAILIMに結合し、かつ前記抑制及び治療活性を有するかを理解できる。

③明細書の実験データから、全体的に抗 AILIM モノクローナル抗体が有するＴ細胞に対する抑制活性を証明している。

従って、補正後の特許請求の範囲は、拒絶査定における明細書のサポート要件の拒絶理由を解消したので、拒絶査定が取消される。

３．１．３．考察及び留意点

審査基準第２部第２章第３．２．１節において、以下の規定がある。**"通常、製品クレームに対して、機能的あるいは効果的特徴を用いて発明を限定することはなるべく回避すべきである。ただし、ある技術的特徴は構造的特徴によっても限定できない、又は技術的特徴が構造的特徴によって限定するよりも、機能的あるいは効果的特徴を用いて限定するほうがより適切であり、かつ該機能あるいは効果は明細書に定めた実験あるいは操作あるいは所属技術分野の常用手段により直接的かつ肯定的に検証できる場合に限り、機能的あるいは効果的特徴を用いて発明を限定することは許される。"**

中国でのサポート要件の審査が厳しいとよく言われているが、本事例のように、審査官の判断が不合理の場合、発明の特徴によって合理的に予測できることをしっかり反論すべきと思う。

同出願人の同発明の対応する日本出願（特願2000－258470、特開2002－138050）を調べた結果、日本では、特許法第29条第１項、第２項に規定する新規性、進歩性要件を満たしていない拒絶理由を経て、補正によって特許された。日本ではサポート要件に関する指摘がない。

---

(11) http://www.sipo.gov.cn/ztzl/ywzt/zlfswjdpx/201107/t20110722_612559.html、中国国家知識産権局ホームページに開示された専利復審委員会の復審決定の解説事例。（最終参照日：2014年２月５日）。

3．2．上位概念への概括が明細書に支持されていないと判断された審決事例

2007年9月3日に、中国特許復審委員会は第12242号復審決定を下した[9]。当該復審決定において、出願人フランス国家健康科学研究所の中国出願番号00801877.4、公開番号CN1321167A（PCT国際出願番号PCT／FR00／02443、PCT国際出願日2000年9月5日）の出願に関する復審の拒絶審決が下された。具体的に、請求項の上位概念への概括が明細書に支持されていない拒絶査定が維持された。審決取消訴訟を提出していないため、拒絶査定は確定した[11]。

3．2．1．拒絶査定の概要

本件特許出願の発明の名称は、“HLAという背景において提示されたペプチドに特異的なCD8＋Tリンパ球個体群の検出及び精製手段”である。本発明は、HLAという背景において提示されたペプチドに特異的なCD8＋Tリンパ球個体群の検出及び精製手段を提供する。具体的に、クラスIのMHCに類似する組換え型タンパク質から作製された多量体において、タンパク質が、CD8と重鎖の間の相互作用の親和力の減少ひいては抑制を導く少なくとも1つの改変をTリンパ球のコレセプタCD8と重鎖の相互作用ゾーン内に有していることを特徴とする多量体を対象とする。抗原ペプチドと複合体形成されたこれらの多量体は、診断及び治療目的で応用される。

2004年5月14日に、審査官は、特許法第26条第4条の規定に基づいて、特許請求する発明が明細書にサポートされていないとして、本件出願について拒絶査定を下した。

具体的に、CD8と重鎖の間の相互作用の親和力の減少ひいては抑制を導く少なくとも1つアミノ酸の改変は、親和力以外の生物活性に影響を及ぶ可能性があるか否かを予測できない。当業者は、とても広い範囲である少なくとも1つアミノ酸の改変の多量体が、発明の目的を達成できることを予測できない。明細書に記載された実施例の具体的な改変は当分野において予測できる範囲である。従って、明細書に支持されていない。

3．2．2．復審請求の審理及び審決

出願人は、2004年8月25日に拒絶査定に対して復審を請求した。復審段

階において、出願人は、請求項１を「クラスⅠのMHCに類似する組換え型タンパク質から作製された４量体複合体であって、該タンパク質が、CD８と重鎖の間の相互作用の親和力の減少を導くため、少なくとも１つアミノ酸の置換をＴリンパ球のコレセプタCD８と重鎖の相互作用用ゾーン内に有していることを特徴とする４量体複合体」に補正した。更に、出願人は、添付資料を追加し、当業者が過度の試行錯誤をいらずに明細書に記載の具体的な改変以外でも、発明目的を達成できる４量体複合体を得ることができると主張した。

復審委員会は前記の補正と反論を認めず、拒絶査定を維持した。主な理由として、異なる位置で、異なる数量なアミノ酸の改変はタンパク質の性能への影響が異なる。特に、機能ドメインに行うアミノ酸の置換、欠失あるいは付加などはタンパク質の機能が変わる可能性が大きい。本願明細書において、一種の４量体複合体しか記載されていない、更に、CD８と重鎖の相互作用用ゾーン内にアミノ酸の改変の具体的位置、数量及び類型なども記載されていない。既存技術においても、CD８と重鎖の相互作用用ゾーン内にどのような改変が発生した後に、CD８と重鎖の間の相互作用の親和力を減少しながら、タンパク質の生物活性を維持している教示もない。従って、請求項１に含まれる大量な４量体複合体が、全て本発明の技術問題を解決できることを予測できない。従って、当該発明は、特許法第26条第４項の規定を満たしていない。

３．２．３．復審委員会の事例説明

本事例からバイオ医薬出願人に一定な提示を挙げている。バイオ医薬分野が実験的な科学分野であり、技術効果へ影響する因子は多く、複雑である。技術態様において、繊細な変化でも異なる技術効果に至る場合もあり、当業者はこのような変化により効果への影響を予測することが難しい。特許保護の範囲を拡大したい場合、当業者は上位概念に含まれる全ての実施態様が技術効果を達成できることを確信するため、できるだけ多い実施例を挙げることが重要である。

３．２．４．考察及び留意点

同出願人の同PCT国際出願の日本出願（特願2001－522275、特表2003－510039）を調べた結果、日本では、特許法第29条第１項、第２項に規定

する新規性、進歩性要件、及び第36条第４項、第６項に規定する実施可能要件とサポート要件を満たしていない拒絶理由を経て、2012年５月15日に以下の請求項１等について特許が付与された。

請求項１：MHC クラスＩモノマー４量体複合体であって、該 MHC クラスＩモノマーは、α３ドメイン内において MHC クラスＩモノマーがＴリンパ球のコレセプタ CD８と相互作用するゾーンの位置245にバリン残基へのアラニン残基の突然変異を有し、Ｔリンパ球のコレセプタ CD８に対する前記４量体複合体の親和力は、対応する未変性４量体複合体の親和力と比べて減少している、４量体複合体。

即ち、日本において、具体的な限定を追加した上、“突然変異を有し”の使用を認めている。

第５節　十分な開示要件に関する拒絶理由

前文の第２章において、それぞれのバイオ化学発明の明細書を作成する際に、中国の十分な開示要件（日本では実施可能要件と相当する要件）を満たすために、関連規定及び審査、審決、判決事例などを紹介した。本節では、十分な開示要件の拒絶理由を受けた際に、その関連規定及び対応方法のみを簡単に紹介する。

また、中国の十分な開示要件の拒絶理由については、通常は具体的な請求項に対するものではなく、明細書に対するものである。中国拒絶理由通知書の固定仕様の前文を見ると分かるように、審査官が提出する審査意見は、明細書についてと特許請求の範囲について、分けられている。明細書についての審査において、特許法第26条第３項の十分な開示要件の規定は含まれている。ただし、特許請求をしていない発明について明細書に十分に開示されていなくても、拒絶理由にならない。中国の十分な開示要件の拒絶理由は、形式上は、明細書に対するものだが、実質上は、日本の実施可能要件と同様である。

1.　特許法第26条第３項の規定

“明細書には、発明又は実用新案について、その技術分野に属する技術者が実施することができる程度に、明りょうかつ完全な説明を記載しなければならない。必要なときには、図面を添付しなければならない。要約には、発明又は実用新案の技術の要点を簡潔に説明しなければならない。”

2.　拒絶理由の対応

２．１．実施できない状況及びバイオ化学分野の事例

特許審査基準第二部第２章第２．１．３．節には、特許法第26条第３項の十分な開示要件の規定を満たさない、技術課題を解決することができる技術手段を欠く５種類の実施できない状況を挙げている。

以下では、バイオ化学分野に特化した事例を挙げながら、前記５種類の状況を説明する。

(1)　明細書には単なる任務及び／又は発想を記載しているか、若しくはある願望及び／又は結果を示しており、当業者が実施できる技術上の解決手段

を全く記載していない場合。

例えば、抗癌剤の発明について、癌細胞を殺す同時に正常の人体細胞を損害しない医薬物を説明しているが、明細書に具体的に、該医薬物の化学構造あるいは分子の組成、該医薬物を製造するための手段（原料、製造工程など）、及び生体外細胞実験、動物実験あるいは臨床実験の実験データなどが記載されていない。このような場合は、明確に特許法第26条第３項の十分な開示要件の規定を満たしていない。

(2) 明細書には技術上の解決手段を記載しているが、当業者にとっては、その手段が曖昧であり、明細書の記載に基づきも具体的に実施することができない場合。

例えば、ある化合物の高純度的な提出方法発明について、課題を解決する手段を記載しているが、その中にある工程の具体的な条件がなくて、当業者は試行錯誤を繰り返さなければ本発明を実現できない。出願人は、指摘された工程の具体的な条件及び操作方法が公知されており、広く使用されていることを反論しながら、関連証拠を提出できなかった。このような場合は、技術上の解決手段の記載が曖昧であり、発明を実施することができないと判断される。

(3) 明細書には技術上の解決手段を記載しているが、当業者は当該手段を利用しても、発明で解決しようとする技術的問題を解決できない場合。

例えば、ある抗体の製造法の発明について、明細書において、詳細に原料、製造の工程、製造の条件及び臨床の抗ウイルスの実験データを記載されているが、その中にある工程では、抗体及びその培地の混合物を沸騰して滅菌すると記載されている。当業者であれば、抗体及びその培地の混合物を沸騰すれば、抗体を失活し、抗ウイルスの機能がなくなるはずと分かる。従って、当該発明は、技術的問題を解決できない。

(4) 出願の主題は複数の技術手段からなる発明であり、その中の１つの技術手段について、当業者は明細書の記載内容に基づいて実現できない場合。

例えば、ある化合物の生産率を高める装置の発明について、該装置に供給部、反応部、後処理部が含まれる。明細書において、供給部と反応部について詳細に説明し且つ図面も挙げているが、後処理部については、特定の構造により高生産率を達成したと説明したが、その構造と図面を挙げていない。このような場合は、該装置について明細書での開示が不十分であるため、特許法第26条第３項を満たしていないと判断される。

(5)　明細書に具体的な発明を記載しているが、当該発明では実験の結果により裏付けられなければ成立できないが、実験上の証拠を挙げられていない場合。

例えば、公知の化合物の新規用途発明について、通常、該用途と効果を証明するために、裏付ける実験上の証拠を明細書に記載されなければならない。そうでなければ、実施できる要件を満たすことができない。

２．２．対応の方法

２．２．１．証拠提出と共に反論する

出願人が審査官の審査意見に同意することができない場合、証拠を提出すると共に反論することができる。例えば、当業者の公知常識により、指摘された内容が記載されていなくても発明を実施することができる。

出願人が自らの反論を証明するために、できるだけ公知常識として裏付けの証拠を提出しなければならない。前記の証拠を提出する際に、以下の点を留意すべきである。

①　提出する証拠に記載の技術内容は、審査官に指摘された技術内容とは、完全に一致しなければならない。そうでなければ、同じ技術内容として確定できない、関連性がないとして、証拠が採用されない場合がある。

②　提出する証拠が複数である場合、審査官に指摘された内容が、複数の証拠による複数の技術解釈になる場合、全ての技術解釈についても、共に発明を実施できることを証明しなければならない。

③　提出する証拠は出願日前のものであるべきである。また、できる限り正式な教科書、正式な出版物が好ましい。出願日の後に開示されたもの、非正式な出版物、又は追加する実験データ及び実施例などは通常認めないので、留意すべきである。

２．２．２．関連発明を削除する

特許法第33条の規定により、元の出願書類に記載されていない実施例あるいは実験データを出願書類に追加してはならない。もしも有力な公知常

識の証拠により指摘された内容が開示されなくても、発明が実施できることを証明できない場合、指摘された十分な開示を満たさない内容に関する発明を特許請求する範囲から削除しなければならない。

2．2．3．明細書に記載の商標あるいは商品名の開示不十分な指摘について

例えば、明細書において、商標あるいは商品名のみを使用して発明に係る製品あるいは物質を表示し、当業者が該製品あるいは物質を確認できないため、発明を実施できないとの指摘がある。

このような場合は、特許請求する発明の技術分野及び具体的な技術内容によって、明細書の前記の使用が認めるか否かを判断しなければならない。

通常、使用される商標あるいは商品名が以下の意味を有する場合は問題にならなくて、認められる[(1)]。

① 具体的な製品あるいは物質を指している場合。例えば、“Teflon”は化学名称がポリ四フッ化エチレン（PTFE）の物質を指す。

② 内容確定した公知の製品あるいは物質を指している場合。例えば、中国の“雲南白薬”は、その具体的な組成が国家秘密であるが、それが指す製品では内容確定した公知製品である。

③ シリーズの公知の製品あるいは物質を指し、且つ該シリーズの製品あるいは物質が当該発明において同様な作用をする場合。もしも使用される商標あるいは商品名は複数の異なるシリーズの製品あるいは物質を指し且つこれらの製品の機能も同様ではない場合では、通常認められない。

2．3．留意点

中国において、十分な開示要件に関する拒絶理由を受けた際に、通常、追加実験例や実験データなどを認めないため、出願人が最初の明細書を作成する際に、前文第2章に紹介した事項を留意しながら作成すべきである。

また、日本は、ある請求項について、第36条第4項と第6項を同時に指摘することが多いが、中国では、日本特許法第36条第4項に相応する中国特許法第26条第3項が明細書に対するものであり、請求項について指摘しない。

---

(1)『審査操作規程・実質審査分冊』第2章第1．3．2節（2011年2月、知識産権出版社）。

ただし、特許請求をしていない発明について明細書に十分に開示されていなくても、拒絶理由にならない。実質上は、日本の実施可能要件と同様である。

3. 背景技術の追加証拠を認めず関連発明を削除しなければならない審決事例

2007年7月27日に、中国特許復審委員会は第11220号復審決定を下した[(2)]。当該復審決定において、ドイツ出願人ウルザファルム社の中国出願番号01819500.8、公開番号CN147633Aの出願（PCT国際出願番号PCT／EP01／13897、PCT出願日2001年11月28日）における十分な開示要件を満たさないことについて判断及び説明されている。主には、背景技術の追加証拠を認めず、関連発明を削除しなければならないとの判断に関する[(3)]。

3.1. 拒絶査定の概要

本件特許出願の発明の名称は、“炎症性疾患の処置及び創傷治癒過程における補助療法のためのブロメラインの使用”である。本発明は、個体における炎症を軽減又は予防するための、そして創傷治癒過程における補助療法としての、個体におけるIL－(8)レベルを増加させるための医薬物の調製におけるブロメラインの使用に関する。

審査官は、2004年7月9日に、以下の理由で第一回拒絶理由通知書を発行した。①請求項1－7に記載の発明が治療方法に属し、不特許事項を満たさない；②当業者は、ブロメラインが個体におけるIL－(8)レベルを増加させることから、炎症性疾患の処置及び創傷治癒過程の結論に至らないし、明細書にも実験データにより証明されていないため、本願明細書が十分な開示要件を満たしていない。

出願人は、治療方法と指摘された請求項をスイスタイプの製薬用途クレームに補正し、また4つ参考文献を証拠として提出した。参考文献の開示により、IL－(8)レベルを増加させる場合、炎症への処置及び創傷の治癒に有利することが証明されている。

---

(2) http://app.sipo-reexam.gov.cn/reexam_out/searchdoc/search.jsp、中国国家知識産権局専利復審委員会の前記ウェブサイトに復審決定号を入れれば、中国語原文の復審決定が得られる。(最終参照日：2014年2月5日)。

(3)中国国家知識産権局専利復審委員会が作成編集した『専利権付与の他の実質性要件』第558頁～第561頁（2011年9月、知識産権出版社）。

2005年4月8日に、明細書が十分に開示されていない理由で特許法第26条第3項の規定を満たさないとして本件出願について拒絶査定を下した。

拒絶査定を受けた請求項1は“個体におけるIL－8レベルを増加させるための医薬の製造のためのブロメライン及び／又は1個以上のそのコンポーネントの使用”である。

3．2．復審請求の審理及び審決

出願人は、2005年7月5日に拒絶査定に対して復審を請求し、補正せずに、審査段階で主張してきたと同様な理由で主張した。

前記の復審請求の理由に対して、復審委員会は以下の拒絶理由を持って復審通知書を発行した。①提出された参考文献D3とD4の公開日は、本出願の優先日の後であるため、公知文献として認めない；②クレームに記載のブロメラインの製薬用途について、明細書において、ブロメラインが中性顆粒細胞のIL－(8)レベルが増加させることが記載されているが、当業者から、ブロメラインが炎症性疾患の処置及び創傷治癒過程に有利である結論を至らないため、反論を認めない。

出願人は、前記の復審通知書を受けて、ブロメラインが炎症性疾患の処置及び創傷治癒過程に関する治療を削除し、ブロメラインがIL－(8)レベルを増加させる用途クレームに補正した。前記補正に基づいて、復審委員会が拒絶査定を取消した。

前記補正された請求項1は、“個体におけるIL－(8)レベルを増加させるための医薬物の製造におけるブロメラインの使用”である。

審査部での再びの審査により、前記の補正後の発明が特許された。

3．3．復審委員会の事例説明

本事例は、十分な開示要件を満たさない拒絶理由について、どのような証拠を認めるのか、元の出願書類の内容を超えているか否かの判断に関する。背景技術として公知常識を全く追加できないことではないが、元の出願書類の範囲を超えてはいけない。

背景技術への修正について、まず出願日前の既存技術であるか、また、当該発明の内容に関与しないことを確認する必要がある。

３．４．考察及び留意点

同 PCT 国際出願の日本出願（特願2002－545725、特表2004－519433）を調べた結果、日本では、日本特許法第36条第４項、第６項、及び第29条第１項の拒絶理由を受け、審判を経て、特許された。

詳細の審査経緯などはここでは省略するが､日本で特許された請求項１は、“創傷治癒過程における補助療法のための医薬の製造のための、加熱処理によりそのプロテアーゼ活性が破壊されたブロメラインの使用”である。

第６節　必要な技術的特徴に関する拒絶理由

独立請求項について、“発明が技術的な問題を解決するために必要な技術的特徴がない”ため、特許法実施細則第20条第２項を満たさないとの拒絶理由が発行される場合がある。特許法実施細則第20条第２項の規定は日本特許法第36条第５項に相応するものである。

日本は、日本特許法第36条第５項について、拒絶理由にならないが、中国では、“必要な技術的特徴がない”に関する規定が拒絶理由と無効理由のいずれにもなる。

本節では、“必要な技術的特徴がない”の拒絶理由に関する規定及び審査、審決事例を説明する。

1.　関連規定

１．１．特許実施細則第20条第２項の規定

“独立請求項は発明又は実用新案の技術案を全体的に反映し、技術的課題を解決する必要な技術的特徴を記載しなければならない。”

１．２．審査基準の関連規定

１．２．１．必要な技術的特徴の定義と認定

特許審査基準第２部第２章第３．１．２節に、以下の追加規定がある。

“独立請求項は発明又は実用新案の技術案を全体的に反映し、技術課題を解決するために必要な技術的特徴を記載しなければならない。

必要な技術的特徴とは、発明又は実用新案でその技術課題を解決するには不可欠な技術的特徴をいい、その総和は、発明又は実用新案の技術案を構成するに足るものであって、背景技術におけるその他の技術案から区別させるようにしている。

ある技術的特徴が必要な技術的特徴であるか否かを判断するには、解決しようとする技術課題を基に、明細書に記載された全体の内容を考慮しなければならない。単に、実施例における技術的特徴を必要な技術的特徴としてそのまま認定してはならない。”

以上の規定から、独立請求項に全ての必要な技術的特徴が含んでいるか否かについての判断は、主に以下の判断による。①該独立請求項に記載の

発明は、該発明が解決しようとする技術課題を解決できるか否か、且つ②該独立請求項に記載の技術案が、背景技術のその他の技術案と区別できるか否か。

１．２．２．独立請求項の前提部分の必要な技術的特徴

特許審査基準第２部第２章第３．３．１節に、以下の規定がある。

“特許法実施細則第21条によると、発明又は実用新案の独立請求項は、前提部分と特徴部分を含み、以下の規定に従って書かなければならない。

(1)　前提部分：保護を求めている発明又は実用新案の技術案の主題名、及び発明又は実用新案の主題と最も類似した既存技術との共通した必要な技術的特徴を明記する。

(2)　特徴部分：「…を特徴とする」又は類似した文言を使って、発明又は実用新案が最も類似した既存技術と区別される技術的特徴を明記する。これらの特徴と前提部分で明記した特徴とともに、発明又は実用新案で求める保護範囲を限定する。”

…

“独立請求項の前提部分における、発明又は実用新案の主題と最も近似した現有技術との共通した必要な技術的特徴とは、特許請求する発明又は実用新案の技術案と最も近似した１つの現有技術書類との共通した技術的特徴を指す。適当な場合に、発明又は実用新案で特許請求する主題と最も近似した既存技術書類を１つ選定して、「分界」を行うものとする。

独立請求項の前提部分において、特許請求する発明又は実用新案の技術案の主題名を明記する以外、発明又は実用新案と緊密な関係を持ち、共通している必要な技術的特徴のみを記載する必要がある。例えば、カメラ関連の発明において、当該発明の実体はカメラのカーテンシャッターの改善である場合、その請求項の前提部分において、「カーテンシャッターを含むカメラ…」だけを書けば良いものとし、その他の共通的な特徴は、例えばミラーとファインダーなどのカメラの部品を前提部分に書かなくても良い。独立請求項の特徴部分には、発明又は実用新案の必要な技術的特徴のうちに、最も近似した現有技術と異なった区別される技術的特徴を記載しなければならない。これらの区別される技術的特徴と前提部分の技術的特徴とともに、発明又は実用新案の全ての必要な技術的特徴を構成し、独立請求項で求める保護範囲を限定するものである。”

以上の規定から、独立請求項の公知（前提）部分において、特許請求する発明の主題名称以外に、発明と緊密な関係を持ちしている必要な技術的特徴のみを記載する必要がある。

1．2．3．組成物の発明の必要な技術的特徴の特別な規定

特許審査基準第２部第10章第４．２．２節に、以下の規定がある。

“(1) **もしも発明の実質又は改良が、成分自体のみにあって、その技術的課題の解決は、成分の選択のみにより決定されており、そして成分の含有量はその分野の技術者が既存技術に基づいて、又は簡単な実験により確定することができるなら、独立請求項において成分のみを限定することが認められる。ただし、もしも発明の実質あるいは改良が、成分にありながら、含有量にも関連しており、その技術的課題の解決は、成分の選択により決定されるだけでなく、当該成分の特定の含有量の確定によっても決定されるものであれば、独立請求項においては、成分と含有量の両方を同時に限定しなければならない。そうしないと、当該請求項が必要な技術的特徴を欠き、不完全なものとなる。**

(2) **一部の分野において、例えば合金分野の場合には、合金の必要成分及びその含有量は通常、独立請求項において限定しなければならない。**”

2. 留意点

2．1．審査事例[1]

独立請求項は、技術的特徴Ａと技術的特徴Ｂを含む発明Ｘを特許請求しようとしている。明細書の発明内容において、発明Ｘには更に技術的特徴Ｃも含まれている。

説明：独立請求項に特許請求の発明は明細書に記載の発明と比べて、技術的特徴Ｃが含まれていない。このような場合は、独立請求項に特許請求の発明Ｘが発明の少なくても一つの技術課題を解決できるか否かを検討しなければならない。もしも技術的特徴Ｃが含まれていない場合、何らかの技術課題

(1)『審査操作規程・実質審査分冊』第２章第５．１．節の案例１（2011年２月、知識産権出版社）。

でも解決できないならば、技術的特徴Ｃは発明を実施できる必要な技術的特徴と認めるべきである。

２．２．審査の方針[2]

⑴　必要な技術的特徴は、独立請求項に対するものである。例え従属請求項の追加技術的特徴が不完全であり、発明の更なる解決すべき技術課題を解決できない場合であっても、特許法実施細則第20条第２項の規定に該当しない。

⑵　必要な技術的特徴が欠ける独立請求項は、既存技術に対して新規性及び／又は進歩性を有しない場合であり、相応する必要な技術的特徴を追加すれば、当該発明が新規性、進歩性を有することになる場合は、審査官は具体的状況に応じて審査方針を決める、ただし、通常は、該独立請求項が新規性、進歩性を有しない欠陥を指摘すべきである。

⑶　独立請求項に非必要な技術的特徴が含まれている場合は、審査官が反対意見を提出してはならない。

２．３．特許法第26条第４項のサポート要件に関する拒絶理由との相違[3]

特許法第26条第４項に関する拒絶理由は、独立請求項と従属請求項と共に適用されるが、特許法実施細則第20条第２項に関する拒絶理由は、独立請求項にのみ適用される。

独立請求項について、請求項の記載内容によって、それぞれに特許法第26条第４項又は特許法実施細則第20条第２項に適用される。

①　必要な技術的特徴がない場合は、特許法実施細則第20条第２項に適用される。例えば、独立請求項には、必要な技術的特徴が欠けており、発明が解決しようとする技術課題を解決できない場合、特許法実施細則第20条第２項に適用される。

②　必要な技術的特徴が欠けていないが、技術的特徴の概括が不合理である場合、特許法第26条第４項を適用される。例えば、請求項に含まれる一つあるいは複数の技術的特徴から概括した範囲が不合理であり、当業者から、概括した範囲において発明が解決しようとする技術課題を解決

⑵『審査操作規程･実質審査分冊』第２章第５．２．節（2011年２月､知識産権出版社）。
⑶『審査操作規程･実質審査分冊』第２章第５．３．節（2011年２月､知識産権出版社）。

できず且つ同様な技術効果を達成でない内容を含んでいる疑いがあれば、該請求項は明細書からサポートされていない。

審査段階において、特許法第26条第4項と特許法実施細則第20条第2項との適用について、審査意見が合理であり、理由と結論と一致すれば良い。

3. 化学組成物クレームの必要な技術的特徴が欠けると判断された審決事例

2005年3月28日に、中国特許復審委員会は第7009号無効宣告決定を下した[(4)]。当該決定において、中国特許権者威世薬業有限公司の中国特許号98103220.6、公告番号CN10552491Cの特許（出願日は1998年7月15日、特許公告日は2000年8月9日）について、鎮痛剤の組成物の成分の含量が独立請求項に記載されていないため必要な技術的特徴が欠けると判断された。ここでは、主に当該審決の必要な技術的特徴が欠けると判断された部分を紹介する[(5)]。

3．1．特許権の概要

本件特許発明の名称は、"鎮痛剤及びその製造方法"である。本特許発明は、鎮痛作用が強く、副作用が極めて少ない鎮痛剤及びその製造方法に関し、特にウシワクシニアウイルス（Vaccinum variolae）リスタを用いてウサギを接種し、複数の処理により前記ウサギかの皮膚組織から活性製剤を製造する方法及び所記の活性製剤と賦形剤と組合せて製造した鎮痛剤に関する。

特許されたクレームにおいて、以下の独立請求項1と独立請求項7が含まれる。

"請求項1：活性製剤及び賦形剤を含む鎮痛剤であって、前記活性製剤が、アルギン酸、トレオニン、セリン、グルタミン酸、グリシン、アラニン、バリン、イソロイシン、ロイシン、チロシン、フェニルアラニン、リジン及びヒスチジンを含み、更にウロカニン酸、ウラシル、ヒポキサンチン、キサンチン及びチミンを含む；該製剤が無色又は淡黄色の液体であり、pH値が7.0～8.0である、265－275nmにおいてUV吸収を有し、ニンヒドリン反応が陽

---

(4) http://app.sipo-reexam.gov.cn/reexam_out/searchdoc/search.jsp、中国国家知識産権局専利復審委員会の前記ウェブサイトに復審決定号を入れれば、中国語原文の復審決定が得られる。（最終参照日：2014年2月5日）。

(5)中国国家知的産権局専利復審委員会が作成編集した『専利権付与の他の実質性要件』第463頁～第466頁、（2011年9月、知識産権出版社）。

性で、タンパク質の各種な測定が陰性で、３，５－ジヒドロキシトルエン－塩酸反応が陽性で、ヒ素モリブデン法呈色反応が陽性である。”

“請求項７：活性製剤であって、アスパラギン酸、トレオニン、セリン、グルタミン酸、グリシン、アラニン、バリン、イソロイシン、ロイシン、チロシン、フェニルアラニン、リジン及びヒスチジンを含み、更にウロカニン酸、ウラシル、ヒポキサンチン、キサンチン及びチミンを含む；該製剤が無色又は淡黄色の液体であり、pH 値が7.0～8.0である、265－275nm においてUV 吸収を有し、ニンヒドリン反応が陽性で、タンパク質の各種な測定が陰性で、３，５－ジヒドロキシトルエン－塩酸反応が陽性で、ヒ素モリブデン法呈色反応が陽性である。”

３．２．無効審判の審理及び審決

無効審判請求人は、新規性、進歩性と共に、独立請求項１及び独立請求項７が特許法実施細則第20条第２項（当時は特許法実施細則第21条第２項であった）を満たさないとの無効理由を挙げている。ここでは、主に必要な技術的特徴に関する無効理由及びその審理と審決を紹介する。

具体的に、無効請求人から、以下の無効理由を主張した。請求項１及び７の活性製剤について、その製造法による限定しないと確定できない。該活性製剤の製造法、含まれる具体的な成分とその含量及びその理化学的性質の技術的特徴は、本特許発明の技術課題を解決し、且つ既存技術と区別する“必要な技術的特徴”である。従って、独立請求項１及び独立請求項７は、必要な技術的特徴を有しない、特許法実施細則第20条第２項を満たしていない。

復審委員会の合議審理により、前記無効理由に対して、以下の審理結果を挙げている。発明が技術課題を解決するために、何かの技術手段を採用しなければならない。この技術手段を表す技術的特徴は、当該発明に不可欠な必要な技術的特徴であり、独立請求項には、これらの必要な技術的特徴が記載されなければならない。

本案例において、本特許での活性製剤が特定の生物的由来なものであり、即ち、ウシワクシニアウイルス（Vaccinum variolae）リスタを用いてウサギを接種し、(b)～(g)工程の複数の処理を経て、鎮痛作用が強く、副作用が少ない製剤を製造されたのである。当業者が分かるように、バイオ製品の分野において、生物サンプルの成分が複雑かつ多様であり、抽出又は生物サンプルに対する処理の方法と条件が、通常最終産物の理化学特性に影響することになる。本特許の請求項１と７には活性製剤に含まれる18種類の公知物質及びその理化学性質が限定されている。これらの技術的特徴が単なる最終産物への分析結果であり、実験データにより前記の特徴が当該鎮痛剤の鎮痛作用及び安全性を決める技術的特徴であることが証明されていない。このような場合、その製造方法の特徴である(a)〜(g)工程は本発明が特許請求する鎮痛剤の不可欠な技術的特徴である。従って、独立請求項１と７は、必要な技術的特徴を有しない、特許法実施細則第20条第２項を満たしていない。

本件の特許権者より、請求項１と７の活性製剤の本質がその組み合わせの成分にあり、即ちアミノ酸と核酸の組合せにある、また、２つ請求項に限定している理化学特性がその成分と相応していることを反論したが、復審委員会の合議体は、限定された18種類の成分が広く公知の物質であり、且つ、これら公知物質の成分の組合せ及びそれに相応する理化学特性が限定した製剤を用いて鎮痛剤の活性製剤になる証拠がないため、特許権者の反論を認めていない。

その他の無効理由の審理も含めて、最終的に元の請求項１と７が無効にされたことを含めて、本件特許権の一部の請求項が無効にされた。

３．３．復審委員会の事例説明

本事例の争点は、化学製品の製造法が化学製品クレームの必要な技術的特徴になるか否かの判断にある。化学分野において、化学製品クレームは、通常、その構造又は／及び組成の特徴により表現されるべきだが、構造又は／及び組成が明確に表現できない場合、更に物理化学パラメータ又は／及び製造方法により表現することができる。ただし、構造もしくは組成の特徴、また製造法もしくは物理化学パラメータの特徴のいずれを用いて化学製品を限定する場合であっても、該化学製品の発明の必要な技術的特徴が記載されなければならない。

本事例において、請求項１と７の発明には、18種類アミノ酸と塩基の組成を限定しているが、これらは公知の物質であり、該公知物質のそのものが鎮痛の作用を有しない。更に、特許権者から、請求項１と７に記載の組成により優れた鎮痛活性と低下した副作用の技術効果を達することができる証拠を提出していない。また、請求項１と７に記載の理化学パラメータでは、バイオ製品を製造において慣用の測定結果であり、当業者は、それらの理化学パラメータを満たしていれば必ず発明を実施できる、技術効果を達成できることが確認できない。

一方、本願明細書の開示から分かるように、本発明の最終産物である有効な鎮痛製剤がウイルスを用いてウサギを接種し、(a)～(g)工程の複数の処理を経て得られるものである。更に、該鎮痛剤が(a)～(g)工程の複数の処理の後に、鎮痛剤の効果を表したものである。

従って、方法技術の特徴の(a)～(g)工程の複数の処理が本特許発明の鎮痛剤にとって、必要な技術的特徴である。独立請求項１と７は、特許法実施細則第20条第２項を満たしていない。

第７節　新規事項に関する拒絶理由

2006年版中国特許審査基準の改正以来、中国において、新規事項に関する拒絶理由（中文では範囲を超えた補正）が多く発行され、新規事項に関する審査が非常に厳しくなった。日本で認められる補正が中国では新規事項と判断される場合が多くあり、困惑する出願人がいる。本節では、中国の新規事項の判断に関する関連規定、及びバイオ化学分野に特化した審査事例また審決・判決事例を紹介する。

1.　関連規定

１．１．特許法第33条の規定

“出願人は、その特許出願書類を補正することができる。ただし、発明及び実用新案の特許出願書類の補正は、元の明細書と特許請求の範囲に記載された範囲を超えてはならない。意匠の特許出願書類の補正は、元の図面又は写真に示された範囲を超えてはならない。”

１．２．審査基準の関連規定

特許審査基準第二部第８章第５．２．１．１節において、補正の内容と範囲について、以下のように規定されている。

“審査官は出願人が提出した補正書類を審査する際、特許法第33条の規定を厳正に把握しなければならない。出願書類の補正が出願人の自発補正か、通知書で指摘された欠陥に対する補正かを問わず、元の明細書と特許請求の範囲に記載された範囲を超えてはならない。元の明細書と特許請求の範囲に記載された範囲は、元の明細書と特許請求の範囲に文字どおりに記載された内容と、元の明細書と特許請求の範囲の文字どおり記載された内容及び明細書に添付された図面から直接的に、疑義なく確定できる内容を含む。”

ここで留意すべきなのは、元の明細書及び特許請求の範囲に記載された範囲は、①元の明細書及び特許請求に文字どおりに記載された内容と、②元の明細書及び特許請求の範囲の文字どおり記載された内容及び明細書の図面から直接的に、疑義なく確定できる内容との二種類である。

審査の実務において、前記②に記載の“直接的に、疑義なく確定できる内容”は、元の明細書及び特許請求の範囲の文字に記載されていないが、当業者が元の明細書と特許請求の範囲の文字に記載された内容及び明細書に添付された図面に基づいて、唯一に確定できる内容を意味している[1]。

2. 審査事例

2．1．認める数値範囲の補正[2]

請求項の発明においては、ある温度値が20℃～90℃である。引用文献で開示された技術的内容と当該発明との区別は、その開示された相応する温度範囲が０℃～100℃になっている。当該文献では更に、当該範囲以内にある特定値40℃も開示した。そのために、審査官は拒絶理由通知書において、当該請求項が新規性を有しないと指摘した。

特許出願の明細書又は特許請求の範囲に、20℃～90℃の範囲以内の特定値で40℃、60℃、80℃も更に記載されていた場合は、出願人が請求項における当該温度範囲を60℃～80℃若しくは60℃～90℃に補正することが認められる。

説明：数値範囲の技術的特徴を含む請求項における数値範囲に対する補正は、補正後の数値範囲の開始値及び終了値が元明細書及び／又は特許請求の範囲において確かに記載されていること、そして補正後の数値範囲が元の数値範囲以内にあることを前提とした場合に限って、認められるものとなる。

2．2．認めない数値範囲の補正

2．2．1．明確でない内容を明確で具体的な内容に変更する場合[3]

高分子化合物の合成に関する特許出願において、元の出願書類では、「やや高い温度」で重合反応が進行するとしか記載されていない。出願人が、審査官の引用文献に40℃で同じ重合反応が進行するとの記載を見て、元の明細書の「やや高い温度」を「40℃より高い温度」に変更した。「40℃より高い温度」との言い方が、「やや高い温度」の範囲に含まれているが、当業者は、元の出願書類の「やや高い温度」が「40℃より高い温度」を指すことを理解できないため、このような補正は新規事項に該当する。

⑴『審査操作規程･実質審査分冊』第８章第９．１．節（2011年２月、知識産権出版社）。
⑵中国専利審査指南（2010）第二部第８章第５．２．２．１．⑵節。
⑶中国専利審査指南（2010）第二部第８章第５．２．３．２．⑵節の事例。

2．2．2．単点の数値から数値範囲に変更する場合

事例１[4]

元の出願書類において温度条件を10℃又は300℃と限定し、その後に明細書において10℃～300℃に補正した場合、もしも元出願書類に記載された内容から直接的に､疑義なくその温度の範囲を得ることができないなら、その補正は、元の明細書と特許請求の範囲に記載された範囲を超えているため、新規事項に該当する。

事例２[5]

元の出願書類において組成物のある成分の含有量を５％又は45％～60％に限定しているが、その後に５％～60％に補正した場合、もしも元出願書類に記載された内容から直接的に、疑義なくその含有量の範囲を得ることができないなら、その補正は、元の明細書と特許請求の範囲に記載された範囲を超えているので、新規事項に該当する。

2．3．認めない上位概念への概括

2．3．1．技術的特徴を変更して上位概念へ概括する場合[6]

元の請求項がゴムを製造する成分に関するものであるが、元の明細書において、明確に記載されている場合を除き、これを弾性材料を製造する成分に変更してはならない。

弾性材料はゴムの上位概念。ゴム以外の弾性材料は、元の明細書と特許請求の範囲を超えているので、新規事項に該当する。

2．3．2．技術的特徴を削除して上位概念へ概括する場合[7]

元の出願書類において、“天然の繊維素”のみが記載されているのに、出願人は“繊維素”に変更してならない。

“繊維素”は、“天然の繊維素”と“非天然の繊維素”を含むので、“非天然の繊維素”は、元の明細書と特許請求の範囲を超えているので、新規

⑷中国専利審査指南（2010）第二部第８章第５．２．３．２．⑷節の事例３。

⑸中国専利審査指南（2010）第二部第８章第５．２．３．２．⑷節の事例４。

⑹中国専利審査指南（2010）第二部第８章第５．２．３．２．⑴節の事例２。

⑺『審査操作規程・実質審査分冊』第８章第９．３．３節の事例（2011年２月、知識産権出版社）。

事項に該当する。

２．４．認めない下位概念への補正[8]

特許請求する発明には“流体材料”が記載されている。明細書の実施例において採用される複数の具体的な“流体材料”は共に非導電性の材料である。元の明細書と特許請求の範囲には、“非導電性流体材料”が全く記載されていない場合、“流体材料”から“非導電性流体材料”への補正をしてはならない。

“流体材料”を“非導電性流体材料”に変更する場合は、新規な“非導電性”の技術的特徴が新規事項に属する。また、例えば、実施例の非導電性の具体的な“流体材料”が記載されているとしても、具体的な流体材料から“非導電性流体材料”の上位概念へ概括することができないので、このような補正も同様に認められない。

２．５．認める明白な誤記の補正[9]

事例：特許出願の明細書において、コンタクトレンズの直径サイズに関する全ての記載は10cmとなっている。当業者は、当該技術情報を見るとたん、即時に直径のサイズの単位が間違ったことを分かる、且つ当業者は、元の出願書類から直接に、疑義なく正しい直径サイズが10mmであることを分かる場合、“コンタクトレンズの直径サイズは10cmである”の記載が明白な誤記と判断される。従って、“コンタクトレンズの直径サイズは10mmである”への補正が認められる。

説明：

出願書類の明白な誤記は、当業者が見た途端に、即時に間違いを認識でき、且つ即時にいかに補正することが分かる場合を指す。例えば、文法的なミス、文字的なミス、タイプライターのミス、及び前後矛盾的なミスなど。

「即時に間違いを認識できる」とは、当業者が元の出願書類と公知常識に基づいて判断できることを指す。

(8)『審査操作規程・実質審査分冊』第８章第９．３．１節の事例２（2011年２月、知識産権出版社）。

(9)『審査操作規程・実質審査分冊』第８章第９．３．７節の事例（2011年２月、知識産権出版社）。

「即時にいかに補正することを分かる」とは、当業者が元の出願書類に基づいて直接に、疑義なくに確定できることを指す。

2.6. 除く補正

2.6.1. 認める除く補正(10)

除く補正は、否定的な言葉を使用して特許請求の範囲の一部を放棄する補正である。除く補正によって元の出願書類に開示されていない技術的特徴を排除し、特許請求の範囲を限定する。主には、化学分野及び数値範囲に関する補正に現れる。通常、そのたの補正形式でも拒絶理由を解消できる場合は、除く補正を使用してはならない。

以下の除く補正は認められる。

① 特許請求の範囲から、特許権を付与しない主題を除く場合。例えば、特許法第25条第1項に規定する"治療方法"を除くために、請求項に"非治療目的"の追加限定が認められる;

② 請求項の新規性を満たせるために、拡大先願(抵触出願)の関連内容を除く場合;

③ 請求項の新規性を満たせるために、以下のような既存技術を除く場合:当該既存技術は、特許請求する発明と比べて、所属する技術分野、解決する技術課題、発明の構想が全く異なり、当該既存技術は発明の完成に何らかの教示と示唆も与えていない。ただし、特許請求の範囲から除く既存技術が、本願発明の進歩性を評価する時に影響する場合では、当該既存技術に対する除く補正が認められない。

2.6.2. 認めない除く補正(11)

元の明細書と特許請求の範囲において、ある特徴の元の数値範囲のほかの中間数値が記載されておらず、そして、引用文献で開示された内容によって発明の新規性や進歩性に影響を与えること、若しくは当該特徴に元の数値範囲のある部分を取ると、発明が実施できないことに鑑みて、出願人が、具体的に「除く」方式を採用し、前述した元の数値範囲から当該部分を排

(10)『審査操作規程・実質審査分冊』第8章第9.3.9節(2011年2月、知識産権出版社)。

(11)中国専利審査指南(2010)第二部第8章第5.2.3.3.(3)節。

除することにより、特許請求する発明のなかの数値範囲を、全体から見ると、明らかに当該部分を含まないようにした場合、このような補正が、元の明細書と特許請求の範囲に記載された範囲を超え、新規事項に該当する。

出願人が、出願当初の記載内容に基づいて、当該特徴に「放棄」された数値を取ると、同発明が実施できなくなること、若しくは、当該特徴に「放棄」後の数値を取ると、同発明に新規性と進歩性を有するということを証明できる場合を除き、このような補正は認められないものである。

例えば、特許請求する発明において、ある数値範囲がX_1＝600～10000である。引用文献で開示された技術的内容と当該発明との区別は、その記載された数値範囲がX_2＝240～1500であった。Ｘ１とＸ２が部分的に重なっているため、当該請求項に新規性を有しないと指摘される。出願人は具体的に「放棄する」方式を採用して、Ｘ１を補正し、Ｘ１のうちのＸ２と重なった部分である600～1500を排除して、特許請求する発明における当該数値範囲をＸ１＞1500からＸ１＝10000に補正した。もしも出願人が元の出願書類及び既存技術に基づき、同発明がＸ１＞1500からＸ１＝10000の数値範囲が、引用文献で開示されたX_2＝240～1500よりも進歩性があることを証明できない、また、Ｘ１に600～1500を取ると、同発明が実施できないことを証明できないなら、このような補正は認められないので、新規事項に該当する。

3.　審決・判決の事例

３．１．数値範囲の補正が新規事項に該当すると判断された審決事例

2008年３月19日に、中国特許復審委員会は第12896号復審決定を下した(12)。当該復審決定において、日本出願人日亜化学工業株式会社などの中国出願番号02105608.0、公開番号CN1381546B、出願日2002年４月15日の出願（優先権を主張する日本出願の出願番号の特願2001－227470、公開番号の特開2002－309247）に関する復審請求の拒絶審決が下された。数値範囲に対する補正が新規事項に該当する判断要件の説明があったので、ここで説明する(13)。

---

(12) http://app.sipo-reexam.gov.cn/reexam_out/searchdoc/search.jsp、中国国家知識産権局専利復審委員会の前記ウェブサイトに復審番号を入れれば、中国語原文の復審決定が得られる。（最終参照日：2014年２月５日）。

(13)中国国家知的産権局専利復審委員会が作成編集した『専利権付与の他の実質性要件』第577頁～第579頁、（2011年９月、知識産権出版社）。

3．1．1．拒絶査定の概要

本件特許出願の発明の名称は、“窒化ガリウム蛍光体及びその製造方法”である。本発明は、発光特性の優れた窒化ガリウム蛍光体及びその製造方法を提供することに関する。具体的に、一般式で表される蛍光体の表面に、PとSbのうち少なくとも一種を含む表面処理化合物を、被覆することにより、発光特性の優れた窒化ガリウム蛍光体を得る。

元の明細書の技術内容は、“スラリーのpHをpH３以下とする”と記載しているが、実施例では、スラリーのpHをpH４あるいはpH５を挙げている。審査段階に、出願人から、明細書の前記の記載を“スラリーのpHをpH３以上とする”に補正し、クレームに関連する内容も補正した。

2005年12月９日に、審査官は、前記補正を認めず、特許法第26条第３条の規定に基づいて、本件出願について拒絶査定を下した。

3．1．2．復審請求の審理及び審決

出願人は、2006年２月21日に拒絶査定に対して復審を請求した。また、復審段階における、実施例のpH４あるいはpH５の記載に基づいて、特許請求する発明のpH範囲をpH４～pH５に補正した。

前記の補正に対しても、復審委員会の合議審理により、新規事項であると判断され、認めなかった。当該拒絶査定を維持し、拒絶審決を下した。補正を認めない理由は、主には以下のとおりである。

① 元の明細書において“スラリーのpHをpH３以下とする”としか記載されていないので、“スラリーのpHをpH３以上とする”という補正が認められない。

② 実施例において、pH４あるいはpH５の記載があるが、前記補正の範囲であるpH４～pH５の内容が、pH３以下の範囲ではなく、元の明細書にも全く記載されていない。当業者から、pH３以下の範囲とpH４あるいはpH５の端点数値から、pH４～pH５の範囲を直接的に、疑義なく得ることができない。

3．1．3．復審委員会の説明

本事例は、最も多い補正である数値範囲の補正に関する。特許審査基準第二部第８章第５．２．２．１節において、**“数値範囲の技術的特徴を含む請求項における数値範囲に対する補正は、補正後の数値範囲の開始値及び終**

了値が元明細書及び／又は特許請求の範囲において明確に記載されていること、そして補正後の数値範囲が元の数値範囲以内にあることを前提とした場合に限って、認められるものとなる。”と規定されている。

即ち、数値範囲の補正について、以下の二つの要件を満たさなければ、補正は認められない。①補正後の数値範囲の二つの端点数値が元の出願書類に明確に記載されていること；②補正後の数値範囲は、元の出願書類に記載されている数値範囲に属することである。

本事例では、明細書の技術内容の記載のpH３以下と実施例のpH４あるいはpH５の記載が一致していない。また、当業者は、明細書の記載に基づいて、pH３以下の範囲が発明を実施できないことを得られないので、pH３以下の範囲が明白な誤記とは言えない。pH４あるいはpH５の端点数値があるが、pH４～pH５の数値範囲では、元の出願書類に開示したpH３以下の範囲に属さないことが明らかである。従って、pH４～pH５の数値範囲への補正は認められない。

３．１．４．考察及び留意点

同出願人が優先権を主張する日本出願（特願2001－227470、特開2002－309247）を調べた結果、日本では特許法第29条第１項、第２項及び第36条により拒絶査定を受けた。ただし、日本出願の明細書は、“スラリーのpHをpH３以下とする”ではなく、“スラリーのpHをpH３以上とする”と記載されていた。日文から中文に翻訳する際に、誤訳したのではないかと疑う。PCT国際出願の場合は、原文に基づく誤訳訂正が可能であるが、パリ条約の優先権を主張する場合では、誤訳訂正ができない。誤訳により今回の問題に至ったことが疑われる。

更に、本事例から、実施例のpH４あるいはpH５と矛盾する“pH３以下”は、“pH３以上”の明白な誤記ではないと判断されたことにも留意すべきである。復審委員会の判断理由は、当業者が明細書の記載に基づいて、pH３以下の範囲が発明を実施できないことを得られないので、明白な誤記に該当しないとのことである。

３．２．請求項に技術効果を追加する補正が新規事項に該当すると判断された事例

2007年10月30日に、中国特許復審委員会は第11804号復審決定を下した[12]。

当該復審決定において、米国出願人スィーヴィーセラピューティクス社の中国出願番号01815342.9、公開番号CN1482913A、出願日2001年9月7日の出願（PCT出願番号PCT／US2001／028143、国際公開番号WO2002／020024）に関する復審請求の拒絶審決が下された。実施例の個別化合物の効果を一般式化合物の効果として、スイスタイプの製薬用途クレームに追加することが新規事項に該当すると判断された事例である。ここで、新規事項の判断に関する審理を中心に説明する[14]。

3．2．1．拒絶査定の概要

本件特許出願の発明の名称は、“抗不整脈薬としてのプリンリボシド”である。本発明は、プリンリボシドが抗不整脈薬としての新規な製薬用途に関する。

2005年5月13日に、審査官は、特許法第22条第2条の新規性規定に基づいて、本件出願について拒絶査定を下した。

拒絶された請求項1は、“哺乳動物において不整脈を治療する医薬物の製造におけるアデノシンA_1受容体作動薬の使用、ここで、該アデノシンA_1受容体作動薬は以下の一般式Ⅰの構造を有し、

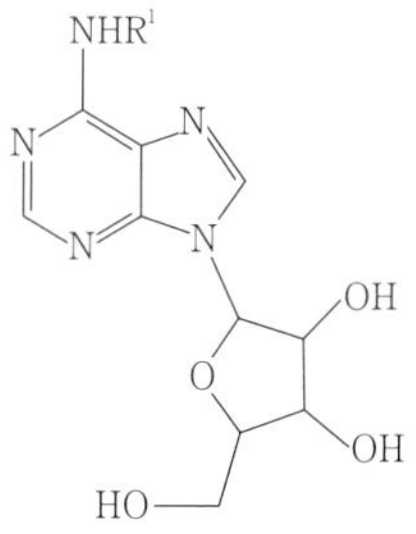

式Ⅰ

式中のR^1は任意に置換された複素環基であり、且つ、前記アデノシンA_1受容体作動薬の治療的に有効な最小投与量が0.0003から0.009mg／kgの範囲である”。

前記の“有効な最小投与量が0.0003から0.009mg／kgの範囲”が引用文献に開示されていないが、該技術的特徴は用薬過程の投与量を限定するのみ

⒁中国国家知的産権局専利復審委員会が作成編集した『専利権付与の他の実質性要件』第565頁～第569頁、（2011年9月、知識産権出版社）。

で、製薬過程に影響しないため、製薬用途として新規性を持たせない。

３．２．２．復審請求の審理及び審決

出願人は、2005年８月29日に拒絶査定に対して復審を請求した。また、出願人は、復審段階の第１回復審通知書を対応する時に、拒絶理由を解消するため、以下の補正を行った。

①請求項１に記載の“有効な最小投与量が0.0003から0.009mg／kgの範囲”を削除し、従属請求項に入れた。②請求項１に“有効な最小投与量が使用される際に、心房性細動、心房性粗動、及び発作性心房性頻拍を快速に中止し、且つ、低血圧、HV 延長を生じることなく、又はSR 回復後に AV 結節伝導を低下させることなく、治療できる”の技術効果の特徴を追加した。

復審委員会は、合議審理により、前記②の補正である“低血圧、HV 延長を生じることなく、又はSR 回復後に AV 結節伝導を低下させることなく”の技術効果が新規事項に該当するとの第２回復審通知書を発行した。理由として、前記の追加した技術効果が実施例のCVT-510の具体的な化合物の技術効果として認めるが、請求項１に記載の一般式による全ての化合物が共に同様な技術効果としては、明細書の記載に基づいて、直接的に、疑義なく確認することができない。即ち、一つの具体的な化合物の効果を、一般式による全ての化合物の技術効果にすることが新規事項に該当する。

３．２．３．復審委員会の説明

本事例は、請求項に技術効果の特徴を追加することが特許法第33条を満たせるか否かに関する。技術効果は、技術課題及び技術課題を解決するための技術手段と共に、発明の全体を構成する。元の明細書に記載されていない内容が、当業者が元の明細書に基づいて直接的に、疑義なく確定できる場合を除く、追加してはならない。

本事例について、元の明細書において、特許請求する一般式の化合物が“心房性細動、心房性粗動、及び発作性心房性頻拍を快速に中止”との記載があるが、“低血圧、HV 延長を生じることなく、又はSR 回復後に AV 結節伝導を低下させることなく”に関する記載がない。

実施例のCVT-510について、前記の技術効果を有すると記載されているが、請求項１に記載の一般式の化合物については記載されていない。請

求項１に記載の一般式の化合物中のCVT-510以外の化合物が同様な技術効果を有することが直接的に、疑義なく得られないため、CVT-510の技術効果を一般式Ⅰの全ての化合物の効果にすることは、元の明細書の開示範囲を超えて、新規事項に該当する。

ここで留意すべきことは、技術的特徴として請求項に追加する際の技術効果は、進歩性を判断する際の技術効果とは、異なる状況である。技術効果は、技術的特徴として請求項に追加する際は、元の開示範囲を超えているか否かについて厳しく審査されるが、発明の進歩性を判断する際では、明細書から合理的に推測できる場合、通常考慮される。

３．２．４．考察

同PCT出願人の日本出願（特願2002－524508、特表2004－508336）を調べた結果、日本では特許法第29条第１項、第２項及び第36条により拒絶査定を受けて、拒絶査定不服審判を請求したが、最終的に拒絶査定になった。

第８節　時期による補正の内容的な制限

時期による補正の内容的な制限について、日中両国の関連規定は大きく異なる。本節では、時期による補正の内容的な制限に関するそれぞれの規定及びバイオ化学分野に特化した審査事例、審決・判決の事例を紹介し、各段階において認められる補正形式と認められない補正形式を説明する[(1)]。

1.　自発的補正

１．１．特許法実施細則第51条第１項の規定

“特許出願人は、実体審査を請求する時及び国務院特許行政部門が発行する発明特許出願が実体審査段階に入る旨の通知書を受領した日より起算して３ヶ月以内に、特許出願書類を自発的に補正することができる。”

１．２．審査基準の関連規定

特許審査基準第２部第８章第５．２．１．２節において、自発補正について以下のように規定されている。

“自発補正のタイミング：

出願人は以下の２つの場合に限って出願書類に対して自発補正を行うことができる。

⑴　**実体審査の請求を提出する場合；**

⑵　**特許庁からの特許出願が実体審査段階に入った通知書を受領した日より３ヶ月以内。特許庁が出した拒絶理由通知書に答弁する際に、自発補正をしてはならない。”**

１．３．実務上の留意点

１．３．１．補正できる時期

中国の自発的補正については、日本と比べて、時期的に厳しく制限されている。日本においては、拒絶理由通知書を最初に受け取る前に、あるいは、拒絶理由通知書が発行されない場合、特許査定の謄本送達前まで、い

⑴何小萍、「中国特許制度の補正及び実務上の留意点」、知財管理、Vol. 58　No９、2008、pp1129－pp1138の一部の内容を本節に入れている。

つでも自発的補正ができるが、それに対して、中国では、①実体審査を請求する際;②「実体審査に入る旨の通知書」を受取った日から３ヶ月以内、の二つの時期のみに制限される。それ以外としては、PCT国際出願の場合、中国への国内移行の時点において自発的補正の機会も与えられている。

また、日本においては、実体審査に入る旨の通知書が発行されないので、日本の出願人は、中国知的財産局（SIPO）が発行する「実体審査に入る旨の通知書」を重視しないことがよくある。しかし、中国の補正制度において、「実体審査に入る旨の通知書」の受領から３ヶ月以内が、分割出願を除いて、特許出願に対する最後の自発的補正が可能な時期である。この最後の自発的補正が可能な時期以降においては、補正時期とそれに対応して補正内容の制限が厳しくなるので、十分に注意する必要がある。

１．３．２．補正できる内容

自発的補正の内容的制限については、前章に説明した中国特許法第33条によって制限される。即ち、特許出願についての補正は、元の明細書と特許請求の範囲に記載した範囲を超えてはならない。よって、この段階においては、新規事項がなければ、自由に補正することができる。

例えば、クレームに対する補正について、①原クレームには、Ａ、Ｂの発明だけが請求されているが、原明細書にＡ、Ｂ、Ｃの発明が記載されているため、自発的補正により、発明Ｃに対して、クレームアップすることができる。②原クレームには、Ａ、Ｂの発明だけが要求されているが、原明細書にＡ、Ｂ、Ｃ、Ｄの発明が記載されているため、自発的補正により、元のＡ、Ｂの発明のクレームを新たなＣ、Ｄの発明のクレームに変更するような、シフト補正をすることができる。③原明細書に記載された範囲を超えなければ、特許の請求範囲の拡大も認められる。

１．３．４．補正に関する費用

補正に関する費用について、日本と中国の規定は若干の相違があるので、ここで簡単に説明する。

日本では、出願から審査を受けるまでに、支払う費用（手数料）として、出願手数料、請求項数に応じた審査請求料、及びその後の補正により増加した請求項数に応じた審査請求手数料などが規定されている。それに対して、中国では、出願手数料、出願時点の明細書頁数と請求項数に応じた出願付加費用、及び固定された審査請求料が規定されている。

即ち、中国において、自発的補正に対しても、独立請求項と従属請求項の増加がいくらあったとしても、その増加した請求項に対する審査費用の追加は要求されない(2)。

1.3.5. 補正できる期限の計算

補正できる期限の起算日について、日本の発送日の起算と違って、中国の起算日では、SIPOの通知書又は決定書の発送日から15日が満了する日の推定受領日である。この起算日制度はEUの規定と似ていて、EUの10日の推定受領期間に対して、中国は15日である。例えば、SIPOが2001年7月4日に出願人に通知書を発送したとすれば、その通知書の推定受領日は2001年7月19日である。即ち、期限の起算日は2001年7月4日ではなく、2001年7月19日となる(3)。

2. 実体審査段階における補正

2.1. 特許法施行細則第51条第3項の規定

“出願人は国務院特許業務部門が発行する拒絶理由通知書を受領した後、特許出願に対して補正する場合は、通知書の要求に基づいて補正しなければならない。”

即ち、実体審査段階において、特許出願に対して補正、通知書の要求に基づいて補正しなければならない。

2.2. 審査基準の関連規定

特許審査基準第二部第8章5.2.1.3節において、以下のように詳細に規定されている。

“特許法実施細則第51条3項の規定によると、拒絶理由通知書に応答する際に、出願書類について補正する場合、通知書で指摘された欠陥に対して補正しなければならない。補正の方式が特許法実施細則第51条3項の規定に従っていない場合、このような補正は通常受け入れられない。

(2) http://www.sipo.gov.cn/zlsqzn/sqq/zlfy/200905/t20090515_460473.html、中国国家知的産権局の専利費用一覧表、(最終参照日：2014年2月5日)。

(3)中国専利審査指南（2010）第五部第7章第2.1節。

ただし、補正の方式が特許法実施細則第51条３項の規定を満たしていないが、補正の内容と範囲は特許法第33条の要求を満たしている場合、補正によって元の出願書類にあった欠陥が解消され、かつ権利付与の見通しがあれば、このような補正は通知書で指摘された欠陥に対する補正と見なされてもよい。従って、このような処理は審査手続の節約につながるため、このように補正された出願書類は受け入れても良い。ただし、以下に挙げた状況であった時、補正の内容が元の明細書と特許請求の範囲に記載された範囲を超えなくても、通知書で指摘された欠陥に対する補正と見なされてはいけない。よって、受け入れられない。

⑴ 自発的に独立請求項の技術的特徴を削除することで、該請求項の特許請求する範囲が拡大した場合。

例えば、出願人が独立請求項から技術的特徴を自発的に削除する、又は関連する技術用語を自発的に削除する、又は具体的な使用範囲を限定する技術的特徴を自発的に削除する場合は、当該自発補正の内容が元の明細書と特許請求の範囲に記載された範囲を超えなくても、補正されたことで請求項が特許請求する範囲の拡大をもたらせば、このような補正は認められない。

⑵ 自発的に独立請求項の技術的特徴を変更することで、該請求項の特許請求する範囲が拡大した場合。

例えば、出願人が元の請求項の技術的特徴「螺旋ばね」を「弾力部品」へと自発的に変更した。元明細書に「弾力部品」という技術的特徴が記載されていても、このような補正は特許請求の範囲を拡大するため、認められない。

⑶ 自発的に元の特許請求する主題との単一性を有しない、明細書だけに記載された技術的内容を補正後の請求項の主題にした場合。

例えば、自転車の新型ハンドルに係る発明の特許出願において、出願人は明細書に新型ハンドルを記載したとともに、自転車のサドルなど別の部品についても記載した。実体審査の結果、請求項で限定した新型ハンドルに進歩性を有しない。そこで、出願人は請求項を自転車のサドルに限定して自発補正をした。補正後の主題が元々特許請求する主題との単一性を有しないため、このような補正は認められない。

⑷ 自発的に新しい独立請求項を追加し、当該独立請求項で限定した技術案は元の特許請求の範囲で示されていない場合。

⑸　自発的に新しい従属請求項を追加し、当該従属請求項で限定した技術案は元の特許請求の範囲で示されていない場合。

出願人が拒絶理由通知書へ対応する時に提出した補正書類は、通知書で指摘された欠陥に対して作成されたものでなく、前記のような受け入れない状況に該当する場合、審査官は拒絶理由通知書を発行し、該補正書類を受け入れない理由を説明して、指定の期限までに特許法実施細則第51条3項の規定を満たす補正書類を提出するように出願人に要求しなければならない。これと同時に、出願人が指定期限の満了日までに提出した補正の書類が依然、特許法実施細則第51条3項の規定を満たしていない、若しくは特許法実施細則第51条3項の規定を満たしていないような別の内容がある場合、審査官は補正前の元の出願書類に対して審査を継続し、権利の付与又は却下を決定しなければならない。"

即ち、実体審査において、通常、補正は通知書で指摘された欠陥に対して行わなければならないが、審査の促進のため、以上の5つの自発的な補正は認めないが、その他の補正は、審査官の判断によって通知書の要求に基づいての補正と見なされ、補正が認められる場合もある。

2．3．実務上の留意点

2．3．1．補正できる時期

実体審査の段階においては、補正できる時期は、拒絶理由通知書の指定期間内である。拒絶理由通知の指定期間について、日本のように国内出願人と国外出願人との区別がなく、同様な期間となっている。即ち、第1回目の拒絶理由通知が出された場合は、4ヶ月の応答期間を設けている。また、延長の請求及び延長費（官費300人民元／月）の支払いによって、1ヶ月を単位として、最長2ヶ月の一回のみの延長が可能である；第2回目以降では、2ヶ月の応答期限となり、同じく1－2ヶ月の一回のみの延長が可能である。ここの期間の起算日は、前に述べたように、発送日より15日を加えた推定受領日である。

2．3．2．補正できる内容

実体審査の段階においては、補正の内容的制限について、前記の特許法施行細則第51条第3項の記載のように、通知書の要求に基づいて補正しなければならないと規定されている。即ち、基本的な方針として、通知書に指摘された事項に対する補正に限る。この段階の補正が、自発的補正の内容的制限と異なって、元の明細書に記載した内容に基づいても、補正として認めない場合がある。

また、中国の拒絶理由通知は、日本のように最初の拒絶理由通知と最後の拒絶理由通知との区別がなく、例え第１回の拒絶理由通知書を受取ったとしても、その後の拒絶理由通知書と同様に、補正の内容的制限がかかってしまう。

ここでの留意点としては、この段階の補正に対して、法律条文上は、厳しく制限されているが、実務上では、審査基準第二部第８章５．２．１．３節に規定された応用になっている。前記規定された認められない５種類の自発的な補正であれば、補正書を提出しても認められないが、それ以外の審査官に指摘されていない事項について、審査官の判断によって、例えば改めて先行技術を調査する必要がなければ、指摘されていない事項への補正が認められる可能性もある。

筆者の理解では、審査官に指摘されている内容と審査官に指摘されていない内容では、特許請求の範囲の補正の内容的制限が異なる。

1）審査官に指摘されていない内容に対する補正、明らかに認められない５種類の補正以外の場合、補正が認められるか否かは審査官の個人的判断となる。即ち、審査の促進の趣旨を逸脱するか否かについての判断となる。

2）審査官に指摘された内容に対する補正、即ち拒絶理由通知書の要求に基づく補正に対して、拒絶理由を解消するため、元の明細書と特許請求の範囲に記載した範囲を超えていなければ、比較的自由に補正ができる。特許審査基準第二部第８章５．２．２．１節において、特許法第33条を満たしているとして、７種類の認められるべきクレームの補正も規定されている。例えば、拒絶理由を解消するために可能な補正として、独立請求項の技術的特徴の変更；独立請求項に明細書のみに記載された技術的特徴の追加；独立請求項のカテゴリー、主題の名称の変更；請求項の削除などがある。

発明の詳細な説明の補正について、特許審査基準第二部第８章５．２．２．節と５．２．３．節において、認める補正と認めない補正が、別々に具体的に規定されている、特許審査基準を参照されたい。基本的な方針は日本と同じと思われる。

２．３．３．その他の留意すべき点

前記紹介した特許審査基準第二部第８章５．２．１．３節によると、もしも拒絶理由通知の指定期間における補正が認められなかった場合、審査官は、必ず補正を受取れない旨の通知書あるいは新たな拒絶理由通知書を発行し、補正が受け入れられない理由を説明して、指定期間内に適切な補正書類の提出をさせなければならない。よって、日本の実務と異なって、中国では、不適切な補正によりいきなりの拒絶査定はないと思う。ただし、補正を受取れない旨の通知書あるいは新たな拒絶理由通知書の指定期間内に、未だ適切な補正書類が提出されていない場合、出願は取下げられたとみなされる。

また、特許審査基準第二部第８章６．１．１．節によると、第１回拒絶理由通知の指定期間内に、拒絶理由を解消するために、特許出願に対する補正を行えば、例え拒絶理由が解消されていなくても、審査の対象が変わる理由で、突然拒絶査定が通達されることはなく、必ずもう一回の補正の機会が与えられる。それ以降の補正に対して、既に通知された拒絶理由があれば、審査官は直接拒絶査定をすることができる。

更に、実務において、補正を提出する時期について、日本の特許実務にない柔軟性もある。例えば、拒絶理由通知書の指定期間内に既に提出した意見書と補正書について、出願人が指定期間を満了した後に不適切な内容を見つけた場合、審査官の個人判断により、更なる拒絶理由通知を避けて審査を促進するため、出願書類の欠陥を解消し且つ特許権付与を見込まれている場合、審査官は、指定期間を満了した後でも、新たに修正した意見書と補正書を受け入れることができる(4)。

3.　復審請求における補正

３．１．特許法及び特許法実施細則の関連規定

“特許法第41条第１項:国務院特許行政部門に特許復審委員会を設立する。いかなる特許出願人も国務院特許行政部門の出願の拒絶査定に不服がある場合は、通知を受取った日から３ヶ月以内に特許復審委員会に復審を請求することができる。特許復審委員会は復審の後、決定をし且つ特許出願人に通知

---

(4)『審査操作規程・実質審査分冊』第８章第３．２．節の第174頁第１段落、(2011年２月、知識産権出版社)。

する。”

“特許法施行細則第61条第1項：復審請求人は復審を請求する際、又は特許復審委員会の復審通知書に応答する時、特許出願を補正することができる。ただし、補正は拒絶査定又は復審通知書の指摘する事項の解消に限られなければならない。”

3．2． 審査基準の関連規定

特許審査基準第四部第2章4．2．節において、補正できる内容について、以下のように規定されている。

“復審を請求する際に、復審通知書（復審請求口頭審理通知書を含む）への応答又は口頭審理に参加する際に、復審請求人は出願書類を補正することができる。ただし、補正は特許法第33条及び特許法実施細則第61条第1項を満たしなければならない。

特許法施行細則第61条第1項の規定に従って、復審請求人が特許出願に対する補正をする場合は、拒絶査定あるいは合議体に指摘された欠陥の解消のために限られる。通常、以下の場合は、上記の規定を満たしていない。

① 補正後の請求項が、拒絶査定における請求項に対して、その保護範囲を拡大する場合。

② 拒絶査定された請求項に限定した発明と単一性を満たさない発明を、補正後の請求項として追加する場合。

③ 請求項のカテゴリーを変更する、又は請求項を追加する場合。

④ 拒絶査定で指摘された欠陥と関係ない請求項又は明細書に対する補正を行う場合。ただし、明らかな誤記、又は拒絶査定で指摘された欠陥と性質が同様の欠陥の補正を除く。

復審手続において、請求人が提出した出願書類が、特許法実施細則第61条第1項を満たしていない場合、一般的に合議体がこれを認めないものとし、かつ復審通知書に当該補正書類が認められない理由を説明すると同時に、それまでの受け入れられた出願書類を審査する。もしも補正書類の一部が特許法実施細則第61条第1項を満たしている場合、合議組は当該一部に対して審査意見を提示し、かつ請求人に当該書類の特許法実施細則第61条第1項を満たしていない部分を修正し、規定に合致する書類を提出すること、さもないと合議組は、これまでの受け入れられる書類を審査する旨を通知する。”

特許審査基準第四部第2章4．3．節において、復審通知書の指定期間について、以下のように規定されている。

“合議体から送付された復審通知書について、復審請求人は当該通知書を受領した日より１ヶ月以内に通知書に指摘された欠陥に対して書面による回答を行わなければならない。期限が過ぎても書面による回答がない場合、その復審請求は取り下げられたものと見なす。復審請求人が具体的な回答内容のない意見陳述書を提出した場合、復審通知書における審査意見に対する反対意見がないものと見なす。

合議体から送付された口頭審理通知書について、復審請求人は口頭審理に参加するか、又は当該通知書を受領した日より１ヶ月以内に通知書に指摘された欠陥に対して書面による回答を行わなければならない。”

３．３．実務の留意点

３．３．１．補正できる時期

復審請求の段階において、補正できる時期は、復審を請求する時点と特許復審委員会が発行する復審通知書に指定する期間内である。

復審を請求できる時期は、中国国内と外国の出願人共に拒絶査定の通知を受取った日から３ヶ月以内である。更に、この３ヶ月の期間が中国の法定期限なので、期間の延長は認められない。また、復審通知書の指定の応答期間は１ヶ月であるが､延長の請求及び延長費用の支払いによって､１ヶ月を単位として最長２ヶ月の一回のみの延長が可能である。

前記期限の起算日は、前文に説明したように、発送日より15日を追加した推定受領日である。

ここでの留意すべきことは、特許審査基準第四部第２章４．３．節によると、復審請求において、拒絶査定を直接に取り消す場合以外は、必ず請求人に復審通知書を発行し、特許出願を補正する機会を与えなければならない。日本においては、拒絶査定の理由と異なる理由で拒絶すべき旨の審決をする場合だけ、拒絶理由通知書が発行されるので、不服審判におけるこの日中特許制度の相違点を注意すべきであると思われる。

実務において、特に、特許されるべきか否かについて異議がある発明に対して、拒絶の審決を出す前に、必ず一回補正の機会があるので、復審を請求する時点で補正よりも、３人又は５人審判官の合議審査の結論を参考にした後の復審通知書の指定期間における補正の方が、適切に特許請求の範囲を請求することができると思われる。

ここで留意すべきことは、中国の審決取消訴訟の段階は、特許出願の補正を認めないので、復審請求段階の補正が、特許査定又は拒絶査定の前における明細書又は特許請求の範囲に対する最後の補正機会である。また、日本のような特許の訂正審判の制度が設けられていないため、無効審判を起こさない限り、特許に対する更なる訂正のチャンスがない。従って、出願人は復審通知書の指定期間での補正を重視すべきである。

3．3．2．補正できる内容

復審段階の補正の内容的制限は、実体審査段階より、更に制限されている。審査官に指摘されているか否かに関わらず、前記審査基準に規定された4種類の補正が一切認められない。以下、実体審査段階の制限と比べながら説明する。

① シフト補正、保護範囲の拡大が認められない。実体審査において、指摘されていない内容に対するシフト補正、保護範囲の拡大は明確に認められないが、復審に入ると、指摘されているか否かに関わらず、一切認められない。

② 例え製品請求項から方法請求項への変更であっても請求項のカテゴリーの変更は認められない。バイオ化学分野の中国実務によくあるが、他国においては、新規医薬用途を有する化合物を含む請求項は新規性が認められるが、中国においては、新規性がないと判断され、発明を用途クレームに変更しないと特許されない(5)。つまり、復審に入ると、カテゴリーの変更の補正が認められなくなり、発明が保護されない可能性があるので、このような補正なら、実体審査段階で行うべきである。

③ 審査官に指摘されていない事項に対する補正は認められない。実体審査において、指摘されていない内容に対して、規定された五つの補正でなければ、審査官の同意を得たとみなされ、認められることが可能であるが、復審に入ると、このような補正は認められない。

---

(5)何小萍、平木祐輔、「バイオ化学分野における中国特許審査基準の主な改正及び実務上の留意点」、日本知的財産協会の会誌『知財管理】、Vol.57　No 1、2007、pp47－pp57。

4. 無効審判における訂正

中国の“無効宣告請求”制度は、日本の無効審判に相当する制度である。中国の無効審判は、復審請求と同様に特許復審委員会の管轄となる。また、中国においては、訂正審判がないため、自らの特許に対して訂正したい場合でも、無効審判の際に訂正しなければならない。

４．１．特許法実施細則第69条第１項の規定

“無効審判の審査過程において、発明又は実用新案の特許権者はその特許請求の範囲を訂正することができるが、元の特許の保護範囲を拡大してはならない。”

４．２．審査基準の関連規定

特許審査基準第四部第３章４．６．節において、無効審判における出願書類の訂正について、以下のように規定されている。

４．２．１．訂正の原則

“発明又は実用新案の特許に対する訂正は、特許請求の範囲に限る。その原則として：

①　元の請求項の主題の名称を変更してはならない。

②　付与された特許請求の範囲と比べて、元の特許の保護範囲を拡大してはならない。

③　元の明細書と特許の保護範囲に記載した範囲を超えてはならない。

④　付与された特許請求の範囲に含まれていない技術的特徴を一般的に追加してはならない。”

４．２．２．訂正の方式

“上記の訂正の原則を満たしている場合、特許請求の範囲を訂正する具体的な方式は、通常請求項の削除、合併、技術的手段の削除に限る。

請求項の削除とは、特許請求の範囲から一項又は複数項の請求項を削除すること、例えば、独立請求項、従属請求項を削除することである。

請求項の合併とは、二項又は二項以上のお互いに従属関係がなく、同じ独立請求項に従属する請求項の合併である。この場合、新たな請求項は、

合併する従属請求項の技術的特徴の組合せによって構成される。この新たな請求項は、合併する従属請求項の全ての技術的特徴を含むべきである。独立請求項を訂正していない場合、その従属請求項に対する合併方式の訂正は認められない。

技術的手段の削除とは、同一請求項に並列する二つ以上の技術的手段から一つ又は一つ以上の技術的手段を削除することである。”

4.2.3. 訂正の方式の制限

“特許復審委員会が審決を行う前に、特許権者は、請求項又は請求項に含まれる技術的手段を削除することができる。

以下の三つの状況の回答期限内のみ、特許権者は合併の方式で特許請求の範囲を訂正することができる：

① 無効請求書に対する場合。

② 請求人により追加された無効審判理由あるいは追加された証拠に対する場合。

③ 特許復審委員会により導入された請求人が言及していない無効審判理由又は証拠に対する場合。”

4.3. 留意点

4.3.1. 訂正できる時期

無効審判において、時期により訂正できる内容の制限も異なる。審決をする前であれば、請求項又は請求項に含まれる発明を削除するのはいつでもできるが、合併方式の訂正では、前文規定された三つの応答期間のみに認められる。

また、無効審判において、特許権者に与える答弁と訂正の指定期間は1ヶ月であるが、復審請求の指定期間と違って、無効審判は特許権侵害訴訟とよく関係するため、指定期間の延長は認められない。そして、期限の起算日は、前に説明したように無効審判通知書の発送日より15日を追加した推定受領日である。

4.3.2. 訂正できる内容

日本の特許法第126条において、訂正審判は、①一、特許請求の範囲の減縮、二、誤記又は誤訳の訂正、三、明りょうでない記載の釈明をする場合に限って請求することができる、また、②新規事項の追加の禁止、及び③特許請求の範囲の拡張、変更の禁止が規定されている。それに対して、中国の無効審判における訂正は、前文に紹介した審査基準の訂正の原則に基づかなければならない。

この原則で注意すべき点は、前記訂正の原則に記載の④である。中国特有の規定で、特許権者は、一般的に明細書に記載されたいかなる技術的特徴に対しても、付与された特許請求の範囲にその技術的特徴が含まれていなければ、例え特許請求の範囲の減縮のためであっても、請求項に追加することができない。言い換えれば、日本では、発明特定事項を直列的に付加する訂正が認められる場合があっても、中国では、そのような訂正は認められにくい。

更に、訂正の方式についても厳しく制限されている。特許権者は、請求項の削除、合併、又は技術的手段の削除の三つの方式によって訂正しなければならない。ここでの留意点としては､請求項の合併である。日本と違って、新たな請求項には、合併された従属請求項の全ての構成要件が含まれなければならない。言い換えれば、請求項に記載された一部分の構成要件だけを他の請求項に追加することはできない。

以上の訂正の内容的制限の規定を鑑みると、中国の特許出願の段階から、日中の無効審判の訂正の制限を予想しながら、できるだけ細かく階層型クレームを設けることが望ましい。

5.　その他の補正

５．１．国際出願の中国移行時点の補正機会

５．１．１．審査基準の関連規定

特許審査基準第三部第１章５．７．節において、以下のように規定されている。

“国際出願が国内段階に移行するとき、出願人は、PCT 条約第28条あるいは第41条に基づいて作成した補正を審査の基礎とすることを要求する場合は、最初の特許出願の翻訳文を提出すると同時に補正書類を提出することができる。このような補正は特許法実施細則第112条の規定に基づいた自発補正と見なす。”

“出願人が補正書類を提出する際に、詳細な補正説明を添付しなければならない。補正説明は、補正前・後の内容の対照表であっても、元の書類

の複製書類における補正の注記であってもよい。補正が国内段階に移行するときに提出された場合は、補正説明の上に「PCT 条約第28条あるいは第41条に基づいた補正」と標記しなければならない。”

5．1．2．留意点

この中国国内移行時点の補正について、中国特許法及びその実施細則において規定されていないが、しかし、出願実務において、前記の審査基準に規定されたように、国際出願に対して、国際段階の PCT 第19条又は第34条に基づく補正以外に、中国国家段階へ移行するときに、PCT 条約第28条（国際段階に予備審査を行っていない出願）あるいは第41条（国際段階に予備審査を行った出願）に基づく補正が認められている。また、この段階において、元の明細書と特許請求の範囲に記載された範囲を超えなければ、補正は自由に行うことができる。この補正時期の留意点としては、補正の提出が認められるのは、中国国内移行と同時に行う必要があるという点である。一旦移行が終わったら、前文に紹介した２つ自発的補正の時期を待たなければならない。

5．2．PCT 国際出願における誤訳訂正

5．2．1．特許法施行細則の関連規定

“特許法施行細則第113条第１項：提出した明細書、特許請求の範囲、図面中の文言の中国語訳文に出願人が誤訳を見つけた場合、以下の規定の期限内に最初の国際出願に基づいて訂正を提出することができる：

①　国務院特許行政部門が国内公開の準備作業を完了する前；

②　国務院特許行政部門が発行した発明特許出願が実体審査段階に移行する旨の通知書を出願人が受取った日から３ヶ月以内。”

“特許法施行細則第117条：国際出願に基づいて付与された特許権について訳文が誤っていた結果、特許法第59条の規定に基づいて特定した保護範囲が国際出願の原文が示す範囲を超えた場合は、原文に基づいて制限を加えた後の保護範囲を基準にする；保護範囲が国際出願の原文が示す範囲より狭くなった場合は、付与時点の保護範囲を基準とする。”

5．2．2．審査基準の関連規定

特許審査基準第三部第１章5．8節において、以下のように規定されて

いる。

“翻訳文の誤りとは、翻訳文と国際局より送付された原文と比べて、個別の用語、個別の文章、個別の段落の翻訳漏れ又は不正確な翻訳を指す。翻訳文と国際局より送付された原文を比べて明らかに一致していない場合では、翻訳文の誤訳訂正の形式としては認められない。

出願人は、特許庁による発明特許出願の公開又は実用新案専利権の公告のための準備作業が完了する前に、誤訳訂正手続を行うことができる。

出願人が誤訳を訂正する時に、誤訳訂正頁を提出する以外、書面による誤訳訂正請求を提出し､所定の誤訳訂正手数料を納付しなければならない。規定に合致しない場合、審査官は未提出とみなす通知書を発行しなければならない。

誤訳訂正頁は、最初の訳文の対応した頁と相互に差し替え可能なものでなければならない。即ち、差し替え後の前・後頁の内容と相互に繋いでいるものでなければならない。

一致しない箇所が数式や化学式など言語でない部分である場合、誤訳訂正として処理せず、出願人に単に補正するように要求する。”

５．２．３．留意点

パリルートによる出願と違い、PCT 国際出願の場合は、外国語特許出願に基づいて、中国語の翻訳ミスの補正の機会が与えられている。

ここでの留意点としては、誤訳訂正を提出できる時期である。現在、誤訳訂正の時期に関する規定は、特許法施行細則第113条のみである。即ち、中国において、誤訳訂正可能な時期は、原則として、SIPO が国内公開の準備を済ませる前までと､「実体審査に入る旨の通知書」を出願人が受取った日から３ヶ月以内の二つの時期のみであり、日本の誤訳訂正の時期より厳しく制限されている。

SIPO が中国国内公開の準備を済ませるまでは通常、国際出願の中国国内移行日から２ヶ月以上である(6)。従って、中国国内移行日から２ヶ月以内であれば、誤訳訂正請求の提出及び官費300人民元によって、補正することができる。その後は、「実体審査に入る旨の通知書」を受取った日から３ヶ月以内に、誤訳訂正請求の提出及び官費の支払いによって、誤訳訂

(6)中国専利審査指南（2010）第三部第１章６．１．節。

正が可能となる。

関連規定を確認すると、上記の誤訳訂正時期を見落とした場合、翻訳ミスを補正する機会はこれ以降設けられていない。しかし、筆者らの経験から、実務上、前記の誤訳訂正できる時期の後に、誤訳が見つかった場合でも救済される可能性はある。例えば、誤訳によって拒絶理由通知の中に、審査官が“記載が不明確である”、“本発明の趣旨に反する”などの形で指摘している場合もある、その時に、応答の機会を利用して、誤訳訂正を提出すれば、通常は認められる。また、例え拒絶理由通知に指摘されていない誤訳ミスについても、拒絶理由通知に応答する際に、理由を説明して誤訳訂正を提出する場合、審査官が審査の促進の趣旨を逸脱しないと判断すれば、認めることもよくある。

6. 補正に関する新しい傾向を示された最高裁の判決事例

中国最高裁判所は、2011年10月8日に上海家化医薬科技有限公司の特許に関する無効審判について、最終判決を下した。該判決において、特許復審委員会の無効審決（無効決定第14275号[7]）を取消、特許法の宗旨から本事例を分析し、特許書類の補正形式、新規事項の判断などについて説明した。本最高裁の判決事例は、特許書類に関する補正について、現行の中国特許庁の補正に関する応用と異なり、補正の新しい傾向を示しているため、ここでは、この事例について詳細に紹介する[8][9]。

6.1. 無効審判の概要

特許番号 ZL 第03150996.7、発明の名称が“アムロジピンとイルベサルタンの複合医薬製剤”である中国特許は2006年8月23日に特許された。出願日

---

(7) http://app.sipo-reexam.gov.cn/reexam_out/searchdoc/search.jsp、中国国家知識産権局専利復審委員会の前記ウェブサイトに復審番号を入れれば、中国語原文の復審決定が得られる。（最終参照日：2014年2月5日）。

(8)毛琎、「専利文献修正標準的新発展——評最高人民法院2011知行字第17号案」、中国発明と専利、2012年第6期。筆者の毛琎は、中国国家知識産権局専利復審委員会行政訴訟処に所属している。

(9)河野英仁、「中国における補正の実務～最高人民法院による補正に対する新たな指針～」http://knpt.com/contents/china/2012.05.16.pdf の一部の内容を参考している。（最終参照日：2014年2月5日）

は2003年９月19日で、特許権者は上海家化医薬科技有限公司であった。特許された請求項１は、以下のとおりである。

“請求項１：複合製剤であって、該製剤は重量比組成が１：10～30のアムロジピンベシル酸塩あるいはアムロジピンベシル酸塩の生理上受け入れることが可能な塩と、イルベサルタンとの活性成分からなる医薬組成物であることが特徴とする。”

また、前記請求項について、実体審査段階において、“重量比組成が１：10～50”から“重量比組成が１：10～30”に補正した経緯がある。

2009年６月19日に、李平氏は本件特許に対する無効審判を特許復審委員会に提出した。李平氏は特許法第26条第４項のサポート要件違反を無効理由として主張した。

無効審判の口頭審理において、特許権者が、前記請求項１に記載の“重量比組成が１：10～30”を“重量比組成が１：30”に訂正した訂正書類を提出し、即ち、特許権者が、元の“１：10～30”の範囲から最高値の“１：30”に限定して、特許権の有効を主張した。

それに対して、特許復審委員会は、元の明細書と特許請求の範囲において、“１：10～50”しか記載されず、元の明細書と特許請求の範囲に記載の範囲を超え、且つ、無効審判において認められる補正方式に属さないことから、当該補正を認めなかった。

更に、2009年12月14日に、復審委員会は、補正前の複合比が「１：10～30」であるが、複合比１：10についての血圧降下作用についての明細書に何ら記載がないことから、サポート要件違反であるとして特許を全部無効とする無効審決（無効決定第14275号）を下した。

６．２．審決取消訴訟の概要

特許権者の上海家化医薬科技有限公司は、当該無効審決に不服として、北京市第一中等裁判所に審決取消訴訟を提起した。2010年６月18日に、北京市第一中等裁判所は、無効審決を維持する一審判決（(2010）一中行初字136号行政判決）を下した。

一審判決は、“本件特許の明細書にはアムロジピン１mg／kgとイルベサルタン30mg／kgの組合せが記載されており、この組み合せは１：30の比率関係を満たしているが、医薬物の具体的な分量の組合せを示しているだけで、比率の関係まで導き出すことはできず、１：30という比率を満たす任意の組合せについても、この組合せと同様の効果を奏することを特定できない。従って、原告は元の請求項１の比率範囲である“重量比組成が１:10～30”を“重量比組成が１：30”という単一値に補正し、かつこの値は当初の特許請求の範囲に記載されていないため、この比率の関係を反映する技術的特徴に対する補正は、元の特許請求の範囲及び明細書の範囲を超えており、元の特許請求の範囲及び明細書から直接的に、疑義なく得ることができないので、認めない”と認定した。

特許権者は、一審判決を不服として、北京市高等裁判所に上訴した。北京市高等裁判所は、2010年12月20日に、二審判決（(2010）高行終字第1022号判決）を下し、無効審決及び一審判決における「請求項１の補正は認めない」との認定を否定した。

二審判決は、無効審判においての“重量比組成が１：10～30”を“重量比組成が１：30”という補正が、本件特許の保護範囲を拡大しておらず、且つ元の特許請求の範囲及び明細書に記載の範囲を超えておらず、特許された請求項に含まれていない技術的特徴を追加してもいないことを認定した。更に、特許審判委員会は、特許権者が口頭審理において提出した本件特許の補正書類に基づいて、無効審判請求人が提出した関連無効理由について審理すべきであることを認定し、一審判決を取消した。

特許復審委員会は、二審判決を不服として、最高裁判所に再審を請求した。最高裁判所は、2011年10月８日、最高裁判所〔2011〕知行字第17号行政裁定書を下し、特許復審委員会の再審請求を却下した。

最高裁の裁定書は、“明細書には、アムロジピン１mgとイルベサルタン30mgの組合せが明記されており、かつアムロジピン１mg／kgとイルベサルタン30mg／kgを分量の最適な比率とし、錠剤調合の実施例においても、１：30という比率の関係を満たす組合せについても記載されている。当業者にとって、１mg／kgと30mg／kgは、単なる固定の分量の組合せを表すのではなく、二成分の比率の関係を表している。したがって、１：30の比率の関係は明細書に記載されていると認められるべきである。１：30の比率は特許権者が当初の明細書にて明確に薦めている最適な分量比であり、請求項を１：30に補正することは、当初の明細書と特許請求の範囲に記載された事項の範囲を超えておらず、当初の権利範囲を拡大することもなく、関連法の規定により制限された補正方式でもない。特許審判委員会の見解のように、補正方式の要求を満たしていないから認められないと判断すれば、本件において補正への制限は特許権者の請求項作成における不適当な点に対する処罰となり、合理的ではない。”と認定した。

更に、“特許審査基準には、関連する補正原則を満足するのを前提として、補正方式は通常、上記３種類に限ると規定されているが、その他の補正方式を完全に除外するわけではない。よって、二審判決において、補正が特許審査基準の規定を満たしていると認定することは、妥当であり、特許審判委員会の特許審査基準の無効段階の補正要件に対する解釈は厳しすぎて、その申立理由は支持できない”と認定した。

６．３．考察及び留意点

本件の判決事例は、主に①「１：30」への補正は新規事項の追加に該当するのか；②「１：30」への補正は特許審査基準に規定する無効審判段階に許される請求項の補正方式であるのか；の二つの争点であった。

本事例の新規事項の判断について、本事例の明細書に、実施例の実際使用量から「１：30」の比率が計算により得られるが、出願書類の発明内容には「１：30」の比率そのものが記載されていない。それに対して、特許復審委員会は、当該「１：30」への補正が、実施例で特定の量の比率から新たに概括したものであり、即ち、近年中国の実務はよく拒絶してきた“新しい概括”に該当するので、認められないと認定していた。

最高裁判所では、当業者の観点からすれば、実施例の具体的な使用量の組合せではなく、確かに「１：30」の比率と理解すべきであると認定した。最高裁判所の本事例の新規性に関する判断は、近年に中国特許庁の“新しい概括”が認められない審理方針への大きな突破であり、緩くなるではないかと考える。

無効審判段階の補正方式について、特許審査基準第四部第３章４．６．節において、特許請求の範囲を補正する具体的な方式は、通常請求項の削除、合併、技術的手段の削除に限ると規定されている。それに対して、特許復審委員会は、本事例の“１：10～30”を“１：30”への補正が前記の補正の方式に該当しないため、認められないと認定した。

最高裁判所では、補正の方式の制限は、特許書類補正の制限に関する立法の宗旨から考慮しなければならない。本事例の“１：10～30”を“１：30”への補正が公衆に対する不利益がなく、且つ請求項の開示作用にも影響していないのみ、当該補正を認めないのは、ただ特許権者の明細書作成不当への処罰となるので、合理ではない。また、特許審査基準の無効審判段階の特許請求の範囲を補正する具体的な方式は、通常は請求項の削除、合併、技術的手段の削除に限るが、その他の補正方式を完全に排除したわけではない。

以上のように、中国最高裁判所では、本事例を通じて、新規事項の判断及び補正の方式について、中国特許庁が近年の厳しい補正制限の審査方針に釘を刺したと思う。ただし、中国では、判例主義ではないため、これからの特許庁の実務応用において、必ず本事例と同様に判断されることを直ぐに期待できるわけではない。これから、本事例の判断指針を法的拘束力がある中国最高裁の司法解釈に入れるか否かを注目していきたい。最高裁の司法解釈に入れられたら、特許庁の実務応用には採用されるべきとなる。

第９節　その他の拒絶理由

1. 多項従属請求項が多項従属請求項を引用することに関する拒絶理由

日本において、多項従属請求項が多項従属請求項を引用する記載形式が認められているため、日本で作成した出願書類にはそのような記載形式のクレームがよくある。それに対して、中国では、特許法実施細則第22条第２項の規定においてこのような記載形式をしてはならないと明確に規定されているので、日本から中国への特許出願の実務には、特許法実施細則第22条第２項の規定に違反する拒絶理由がよく発行される。

１．１．特許法実施細則第22条第２項

“従属請求項はその前のクレームしか引用することができない。二つ以上のクレームを引用する多項従属請求項は、択一形式でのみその前のクレームを引用することができ、且つ他の多項従属請求項の基礎としてはならない。”

１．２．実務の留意点

１．２．１．補正の内容

中国において、特許権を取得した後の訂正審判を有しておらず、且つ前章に紹介したように無効審判における訂正が厳しく制限されている。従って、多項従属請求項が多項従属請求項を引用することに関する拒絶理由が発行されたら、無効審判時の補正を考慮しながら、できるだけそれぞれの重要な発明が全てを残しておいた方が良いと思う。

例えば、補正前クレーム

請求項１、技術的特徴Ａ、及び技術的特徴Ｂを含む発明

請求項２、更に技術的特徴Ｃを含む請求項１の発明

請求項３、更に技術的特徴Ｄを含む請求項１又は２の発明

請求項４、更に技術的特徴Ｅを含む請求項１から３のいずれのかに記載の発明

請求項５、更に技術的特徴Ｆを含む請求項１から４のいずれのかに記載の発明

前記の従属請求項請求項４と５について、自身が多項従属請求項である

のに、多項従属請求項である請求項3あるいは4を引用しているので、拒絶理由が発行される。このような場合は、以下のように請求項4と5に記載の全ての発明を残すことができる。

補正後クレームの例として

請求項1、技術的特徴A、及び技術的特徴Bを含む発明

請求項2、更に技術的特徴Cを含む請求項1の発明

請求項3、更に技術的特徴Dを含む請求項1又は2の発明

請求項4、更に技術的特徴Eを含む請求項1又は2の発明

請求項5、更に技術的特徴Eを含む請求項3の発明

請求項6、更に技術的特徴Fを含む請求項1又は2の発明

請求項7、更に技術的特徴Fを含む請求項3の発明

請求項8、更に技術的特徴Fを含む請求項4の発明

以上の細かく分ける補正により、技術的特徴A～Fの全ての組合せが特許保護されることになる。また、バイオ化学特許出願において、数十項の請求項の場合で、全ての技術案を従属請求項として残すことが難しい場合、重要な組合せの全てを選んで残すようにお勧めする。

更に、中国では、日本と異なって、実体審査料及び特許される後の年金の金額について、請求項の項数と関係せず、同一の金額になるので、請求項の増加により関連費用の増加はない。

1.2.2. 補正の時期

実務の中によくPCT出願が中国国内移行の時に、出願人から中国の実務に向けて、多項従属請求項を引用している多項従属請求項を補正するか否かの問い合わせがある。筆者の経験では、もしも出願の新規性、進歩性などの他の拒絶理由が全くない自信があり且つ早く特許されることを希望するなら、国内移行の時点で補正してもよいが、もしもその他の拒絶理由で拒絶理由通知書を発行されることを予想するなら、拒絶理由通知書を受け取ってから補正することをお勧めする。効率的に良いと考える。

1.2.3. 拒絶理由になるが無効理由にはならない。

2. 遺伝子資源由来の開示に関する拒絶理由

２．１．特許法及び特許法実施細則の関連規定

“特許法第26条第５項：

発明が遺伝資源に依存して完成したものである場合、出願人は出願書類に当該遺伝資源の直接的由来と原始的由来を明示しなければならない。出願人が遺伝資源の原始的由来を明示できない場合、その理由を説明しなければならない。”

“特許法実施細則第26条：

特許法でいう遺伝資源とは、人体、動物、植物又は微生物などから採取した、遺伝機能単位を含み、且つ実際価値又は潜在価値を有する材料を指す。特許法でいう遺伝資源に依存して完成された発明とは、発明の完成が遺伝資源の遺伝機能を利用して完成された発明を指す。

遺伝資源に依存して完成された発明を特許出願する場合、出願人は、願書中で説明をしなければならず、且つ国務院特許行政部門が制定した表に書き込まなければならない。”

２．２．審査基準の関連規定

特許審査基準第二部分第十章第９．５節に実体審査段階の遺伝資源の審査について、以下のように規定されている。

“特許法にいう遺伝資源の直接的由来とは、遺伝資源を取得するための直接的ルートを指す。出願人が遺伝資源の直接的由来を説明する時、当該遺伝資源の取得の時間、場所、方法及び提供者などの情報を提供しなければならない。

特許法にいう遺伝資源の原始的由来とは、遺伝資源が属する生物体の原生的環境における採集地を指す。遺伝資源が属する生物体が、自然育成のものである場合の原生的環境とは、当該生物体の自然育成環境を指す。遺伝資源が属する生物体が植栽されたあるいは馴養されたものである場合の原生的環境とは、当該生物体の特定の性状あるいは特徴を形成した環境を指す。出願人が遺伝資源の原始的由来を説明する時、当該遺伝資源が属する生物体の採集の時間、場所、採集者などの情報を提供しなければならない。”

ここで留意すべきことは、発明が当該遺伝資源に依存している場合のみ、当該遺伝資源について、直接的由来と原始的由来を開示する必要があるが、

発明が所記の遺伝資源に依存していない場合では、直接的由来と原始的由来を開示する必要がない。

“遺伝資源に依存して完成された特許出願について、出願人は願書においてその旨を申告し、かつ特許庁が制定した遺伝資源由来開示登記表に遺伝資源の直接的由来と原始的由来に関する具体的な情報を記入しなければならない。

出願人は直接的由来と原始的由来の開示に当たって、登記表の記入要求に合致し、明晰かつ完全に関連情報を開示するものとする。

遺伝資源の直接的由来は寄託機関や種子バンク（生殖質バンク）、ジーンバンクなどのある機構から取得したもので、当該機構が原始的由来を知っておりかつ提供できる場合、出願人は当該遺伝資源の原始的由来の情報を提供しなければならない。原始的由来について明記できないと主張する出願人は、その理由を陳述し、必要な場合は関連する証拠を提供するものとする。例えば、「当該種子バンクに当該遺伝資源の原始的由来についての記載がない」、「当該種子バンクは当該遺伝資源の原始的由来を提供できない」と申告すると共に、当該種子バンクから発行される関連の書面証拠を提供する。”

ここで留意すべきことは、登録表に要求される情報が提供できない場合、出願人は提供できない理由などを説明し、更に関連の証拠を提出することができる。また、出願当時に遺伝子資源の由来の開示をしていなくても、審査段階で追加提出することができる。

“遺伝資源に依存して完成された発明について、審査官は出願人による登記表の提出があるかを審査しなければならない。

出願人による登記表の提出がない場合は、審査官は拒絶理由通知書において、登記表の追加提出を出願人に通知し、どのような遺伝資源の由来開示が必要かを具体的に指摘し、且つ理由を説明しなければならない。

出願人が提出した登記表には、一部の遺伝資源の由来しか開示されていない場合、審査官は拒絶理由通知書において、登記表に漏れた部分を追加するように出願人に通知し、由来開示の通貨が必要とされる遺伝資源を具体的に指摘し、且つ理由を説明しなければならない。

出願人による登記表の提出があった場合は、審査官は当該登記表において当該遺伝資源の直接的由来と原始的由来が説明されたか、そして原始的由来

の説明のないものについて、理由説明があるかを審査する。出願人が記入した登記表で規定事項に合致しない場合は、審査官は拒絶理由通知書において登記表の欠陥を指摘するべきである。出願人による意見陳述又は補正の後でも尚、特許法第26条５項の規定に合致しない場合、審査官はその特許出願を却下すべきである。

注意してほしいのは、登記表中の内容は元の明細書や特許請求の範囲の記載内容に該当しないため、明細書の開示が十分であるかを判断する根拠としてはならず、明細書や特許請求の範囲を修正するためのベースにすることもできない。”

ここで留意すべきことは、審査官は遺伝子資源の由来開示について指摘する際に、その理由を説明しなければならない、即ち、発明が当該遺伝子資源に依存して完成した発明である場合のみ、当該遺伝子資源の由来開示をしなければならない。

発明が当該遺伝子資源に依存して完成した発明ではないことを有力に反論できるなら、当該遺伝子資源の由来開示をしなくても良い。

２．３．実務の留意点

２．３．１．由来を開示すべき遺伝子資源[1]

(1)　発明が遺伝子資源から遺伝子機能単位を単離し、それを分析と利用した場合。

例えば、特許出願は、海のナメクジウオに由来するアンチエイジングのための鉄タンパクの新しい遺伝子に関する。発明には、特定の海からナメクジウオを採集し、ナメクジウオを使用してcDNAバンクを構築し、cDNAバンクからナメクジウオ鉄タンパク及びその変異体を得られたと記載されている。当該出願は、遺伝子資源における遺伝子機能単位を単離し、分析また利用して、発明を完成したので、ナメクジウオの由来を開示すべきである。

(2)　発明が遺伝性状を変更するあるいは工業の目的を達成するために、遺伝子資源の遺伝子機能単位に対して、遺伝子組み換えを行う場合。

該遺伝子資源の由来を開示すべきである。

---

(1)『審査操作規程・実質審査分冊』第10章第４．８．２．節（2011年２月、知識産権出版社）。

(3) 発明が有性繁殖あるいは無性繁殖を通じて、特定な性状を有する新品種、新品系又は新株を生産する場合。該新品種などの母本と父本の由来を開示すべきである。

(4) 発明が、自然から分離した特定な機能を有する微生物である場合。該微生物の由来を開示すべきである。

2.3.2. 由来を開示すべきではない遺伝子資源(2)

(1) 遺伝子工学の操作において慣用の宿主細胞。

(2) 既存技術に既に開示された（検索する必要もなく、明細書に記載された情報から開示していることを分かる場合）遺伝子あるいはDNA若しくはRNAの断片。

(3) 単に発明の効果を証明するために使用された遺伝子資源。

(4) 単に候補対象として使用され、その後に、除外された遺伝子資源。

(5) 発明の完成において、該遺伝子資源を利用していたが、ただしその遺伝子機能を利用していない。

2.3.3. 拒絶理由になるが無効理由にはならない。

(2)『審査操作規程・実質審査分冊』第10章第4.8.3. 節（2011年2月、知識産権出版社)。

第5章 ・ 中国の医薬品保護に関するその他の規定

1. 後発医薬品の試験免責規定

1．1．特許法第69条の規定

“次の各号の一つに該当するときは、特許権の侵害とみなさない。

⑴ 特許権者又はその許可を得た機関又は組織又は個人が、特許製品又は特許方法により直接得た製品を販売した後に、当該製品の使用、販売の申し出、販売、輸入を行う場合。

⑵ 特許出願日以前にすでに同一製品を製造し、同一方法を使用し、又はすでに製造、使用のために必要な準備をしており、かつ従前の範囲内でのみ製造、使用を継続する場合。

⑶ 一時的に中国の領土、領海、領空を通過する外国の輸送手段が、その属する国と中国とで締結した協定又は共に加盟している国際条約、又は相互主義の原則に従い、その輸送手段自身の必要のためにその装置及び設備において関係特許を実施する場合。

⑷ 科学研究及び実験のためにのみ関係特許を実施する場合。

⑸ 行政審査認可に必要な情報を提供するために、特許医薬品又は特許医療機器を製造、使用、輸入する場合、及びそのためにのみ特許医薬品又は特許医療装置を製造、輸入する場合。”

1．2．説明

特許法第69条の第5項は、後発医薬品の試験免責規定を規定している。中国において、医薬品、医療器械の生産、販売などは、『薬品管理法』、『薬品登録管理弁法』、『医療器械監督管理条例』などの法律法令に基づいて、行政審査を経て認可されなければならない。

2008年の第３回中国特許法の改正において、前記の後発医薬品の試験免責規定について、新たに特許法に追加規定されている。米国法でいうボーラー条項に相当するものと言われている。即ち、特許保護期間を過ぎたら、早速に後発医薬品あるいは後発医療器械を生産、販売できるようになるため、特許保護期間内において、行政審査認可に必要な情報を提供するために、特許医薬品又は特許医療機器の実施する行為が、特許権の効力の例外に該当し、特許侵害から免責される。

日本では、特許法に関連規定がないが、膵臓疾患治療剤事件の平成11年４月の最高裁判決[(1)]は、ボーラー条項と合致したものである。中国でも、2006年にも既に類似する判決が出たが、2008年の特許法改正において、関連内容を特許法に追加された[(1)]。

2.　医薬品の裁定実施権規定

２．１．特許法第50条の規定

“公衆の健康を守るために、特許権が付与された医薬品について、国務院特許行政部門は、それを製造して中華人民共和国の加盟した関連国際条約の規定に合致した国又は地域に輸出つき裁定実施権を与えることができる。”

２．２．説明

日本では公衆の利益のための裁定通常実施権（日本特許法第93条）があるが、上記のような医薬品に対する特別な裁定実施権は設けられていない。更に、ここで留意すべきことは、中国国内での製造だけではなく、輸出まで裁定実施権を与えることができるという点である。

3.　特許の存続期間延長登録制度がない

医薬品、農薬などについては、安全性確保のため、薬事法、農薬取締法に基づく行政処分を得なければ、特許発明の実施をなし得ず、特許権を得た後も、医薬の製造承認などを得るまで実施をできない。そのため、米国、日本などの多くの国では、特許権存続期間の延長登録が設けられている。例えば、日本特許法第67条第２項によって特許権存続期間の延長登録が設けられている。具体

(1)何小萍、「バイオ医薬分野における中国特許実務の留意点及び新しい動向」、知財管理、Vol. 59、No12、2009、pp1585～1594の一部の内容を本節に入れている。

的には、行政処分を受けることが必要であるために、最長5年まで、特許権の存続期間が延長できる制度である。中国には、現段階、このような制度がない[1]。

4. 医薬品のデータ保護の規定

TRIPS協定第39条第3項には、"新規性のある化学物質を利用する医薬品又は農業用の化学品の販売の承認の条件として、作成のために相当の努力を必要とする開示されていない試験データその他のデータの提出を要求する場合には、不公正な商業的使用から当該データを保護する"と規定されている。

即ち、新薬製造承認手続きにおける臨床、毒性などのデータは、新薬メーカーが長期間を費やして得た知的財産ゆえ、第三者は新薬メーカーの許可がなければ一定期間そのデータを利用不可との考え方に基づき、TRIPS協定は、加盟国に対して医薬品のデータに対し一定期間の保護（「Data Exclusivity」）を与えるように要求している。医薬品のデータ保護は、新規医薬品に対する、医薬品の特許保護と並行する異なりの保護形式である。

日本は、薬事法第14条の4に規定されたように、新医薬品、新医療機器の再審査制度を採用し、結果として医薬品の試験データ制度として機能している。再審査期間は医薬品の種類により異なるが、審査期間における新たな申請者は、参照製品の申請者が提出したのと同等な独自データを提出しなければならないとされている[2]。

中国は、TRIPS協定第39条第3項に従って、中国の『薬品管理法実施条例』[3]及び『薬品登録管理弁法』[4]において、医薬品のデータ保護について、明確に規定している。

4.1.『中華人民共和国薬品管理法実施条例』の関連規定

"第35条：我が国は新規な化学成分を有する薬品の生産又は販売の許可を

---

(2)薬事法　http://law.e-gov.go.jp/htmldata/S35/S35HO145.html（最終参照日：2014年2月5日）

(3)中華人民共和国薬品管理法実施条例　http://www.sda.gov.cn/WS01/CL0062/23395.html（中文）、http://www.jetro.go.jp/world/asia/cn/ip/law/pdf/admin/20020804.pdf、（日文翻訳）。（最終参照日：2014年2月5日）。

(4)『薬品登録管理弁法』http://www.sda.gov.cn/WS01/CL0053/24529.html（中文）、http://www.jetro.go.jp/world/asia/cn/law/pdf/invest_053.pdf（日文翻訳）、（最終参照日：2014年2月5日）。

取得した生産者又は販売者が提出したその自ら取得した未発表の実験データ及びその他のデータ対し保護を実行する。その他の何人もその未発表のデータ及びその他のデータを不正に商業利用してはならない。

薬品生産者又は販売者が、新規な化学成分を有する薬品に関する許可証明書類を取得した日から６年以内に、すでに許可を取得した申請者の同意を得ていないその他の申請者が前項のデータを使用し新規な化学成分を有する薬品の生産、販売許可を申請する場合には、薬品監督管理部門は許可しない。ただし､その他の申請者が自ら取得したデータを提出した場合は除外される。

次の事情を除いて、薬品監督管理部門は本条第１項に定めるデータを発表してはならない。

⑴　公共利益のための必要性があること。

⑵　当該データが不正に商業利用されないように保護措置を講じたこと。”

４．２．『薬品登録管理弁法』の関連規定

“第９条医薬品監督管理部門及びその関連団体、並びに医薬品登録業務に携わる関係者は、申請者が提出した技術上の機密及び試験データに対して守秘義務を負う。”

“第20条「医薬品管理法実施条例」第35条の規定に基づき、新規化学物質を含む医薬品の製造もしくは販売の許可を取得した製造業者又は販売業者が提供した、当該業者自身の収集による未公開の試験データもしくはその他のデータに関し、国家食品医薬品監督管理局は、その許可を行った日から起算して６年間は、許可を取得した申請者の同意を得ることなく、これら未公開のデータを用いた申請に対して承認を与えないものとする。ただし、提出されたデータが申請者自身により独立に収集されたものである場合は、この限りでない。”

筆者の紹介

何　小萍　（He Xiaoping）中国弁理士

1986～1991年　中国南華大学臨床医学部　卒業
1991～1995年　中国南華大学臨床医学部薬理学研究室　助教
1995～1997年　中国暨南大学薬学部薬理学修士課程　卒業
1997～2001年　日本奈良先端科学技術大学院大学バイオサイエンス研究科博士課程　卒業

中国暨南大学の在学期間の1997年に日本政府の文部省国費奨学金を取得し、奈良先端科学技術大学院大学にて留学。2001年４月に米国のカリフォルニア大学サンフランシスコ校医学部にてポストドクターとして勤務。その後、奈良先端科学技術大学院大学、慶応義塾大学医学部にて研究。2005年４月１日平木国際特許事務所に入所、主に中国の知財関連業務に携わる。2007年に中国弁理士資格及び2009年に日本二級知的財産管理技能士資格を取得。2014年４月１日アステラス製薬に入社。

バイオ化学分野の中国特許出願

平成26年４月24日　初版　第１刷発行

著　者　　何　小萍

発　行　　一般社団法人発明推進協会

発行所　　一般社団法人発明推進協会

所在地　〒105-0001
東京都港区虎ノ門２－９－14
電　話　03（3502）5433（編集）
電　話　03（3502）5491（販売）
ＦＡＸ　03（5512）7567（販売）

乱丁・落丁本はお取替えいたします。

ISBN978-4-8271-1235-1

印刷：藤原印刷㈱
Printed in Japan